"十四五"职业教育国家规划教材

冷冲压工艺与模具设计（第六版）

主　编　杨关全

副主编　曹秀中　苏新义　陈森林

　　　　吉　丽

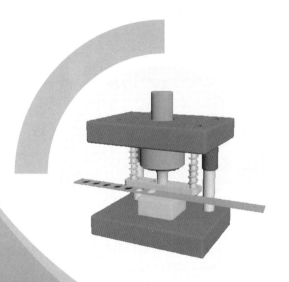

U0244111

大连理工大学出版社

图书在版编目(CIP)数据

冷冲压工艺与模具设计 / 杨关全主编. -- 6 版. --
大连：大连理工大学出版社，2024.7
ISBN 978-7-5685-4934-9

Ⅰ. ①冷… Ⅱ. ①杨… Ⅲ. ①冷冲压－生产工艺－高
等职业教育－教材②冲模－设计－高等职业教育－教材
Ⅳ. ①TG38

中国国家版本馆 CIP 数据核字(2024)第 073836 号

大连理工大学出版社出版

地址：大连市软件园路 80 号　邮政编码：116023
发行：0411-84708842　邮购：0411-84708943　传真：0411-84701466
E-mail：dutp@dutp.cn　URL：https://www.dutp.cn
大连天骄彩色印刷有限公司印刷　　　　大连理工大学出版社发行

幅面尺寸：185mm×260mm　　　印张：18.75　　　字数：478 千字
2007 年 8 月第 1 版　　　　　　　　　　　　2024 年 7 月第 6 版
2024 年 7 月第 1 次印刷

责任编辑：刘　芸　　　　　　　　　　　责任校对：吴媛媛
封面设计：方　茜

ISBN 978-7-5685-4934-9　　　　　　　　定　价：63.80 元

前　言

　　《冷冲压工艺与模具设计》(第六版)是"十四五"职业教育国家规划教材、"十三五"职业教育国家规划教材、"十二五"职业教育国家规划教材,与《冷冲模设计资料与指导》(第六版)配套使用,也可以根据需要单独使用。

　　本教材是为适应冷冲压行业的最新发展以及职业教育改革而进行修订的。本教材历经前五版教材的传承、优化、完善和发展,坚持守正与创新,注重从同类相关优秀教材、省级及国家级网络精品课、模具专业国家教学资源库、冷冲模设计手册、模具行业专业期刊以及校企合作企业的典型案例等资料中进行归纳总结、提炼升华以及吸收精华,从而不断完善教材内容,提高教与学的质量。

　　本次修订的内容主要包括:全面贯彻党的二十大精神,完善了涵盖家国情怀、文化自信、工匠精神等方面的思政案例;为了更好地体现岗课赛证融通(拉延模具数字化设计1+X证书),更好地服务于汽车冲压行业的需求,增加了汽车覆盖件模具设计等内容,各校可以根据实际需求选修;增加了四套用三维软件设计的模具结构图,包括完整的模具零件三维图,作为学生使用三维软件进行模具结构设计的入门引导;增加了模具结构三维设计的微课资源。由于篇幅及学时限制,对上版教材中的"冷冲压工艺制定"内容进行了精减。

　　本教材的主要内容包括:冷冲压基础;冲裁;弯曲;拉深;其他冲压成形工艺与模具设计;级进冲压工艺与模具设计;汽车覆盖件冲压工艺与模具设计。本教材与《冷冲模设计资料与指导》(第六版)自成完整的冷冲模设计体系,涵盖了全部典型模具设计实例及一般复杂程度的冷冲压工艺及模具设计所需要的全部资料,内容齐全、实用;教材编写团队中的成员均具有多年冷冲压生产行业和高职院校模具设计与制造专业教学的从业经历;每个模块均采用案例式结构,实例全部来自企业生产实际;所使用的标准均为现行国家标准和行业标准。

　　为适应数字化和信息化发展,方便教师教学和学生线上线下学习，我们为纸质教材配套开发了丰富的数字化资源，包括网络精品课、AR、微课、课程标准、电子教案、授课计划、多媒体课件、实际生产用的模具结构图纸(.prt)、实际生产用的模具图纸(.dwg)、课程设计与课程实验指导书、模具拆装与测绘课程标准与考核标准、任务工单及试题库等。

本教材可作为高等职业学校、部分成人高等学校模具设计与制造、数控技术、机械制造及自动化等专业的教材，也可供有关从事模具设计与制造工作的工程技术人员工作时参考。

本教材由襄阳汽车职业技术学院杨关全任主编，无锡职业技术学院曹秀中、河北机电职业技术学院苏新义、合肥职业技术学院陈森林、山西机电职业技术学院吉丽任副主编，山东红旗机电集团股份有限公司聂兰启任参编。具体编写分工如下：杨关全编写模块二、六及附录；曹秀中编写模块四；苏新义编写模块三；陈森林编写模块一；吉丽编写绪论及模块七；聂兰启编写模块五。全书由杨关全负责统稿并定稿。

在编写本教材的过程中，我们参考、引用和改编了国内外出版物中相关资料和网络资源，请相关著作权人看到本教材后与出版社联系，出版社将按照相关法律的规定支付稿酬。此外，校企合作单位东风模具冲压技术有限公司、中航工业航宇救生装备有限公司、襄阳昊瑞模具有限公司为教材的编写提供了大量素材，在此对这些合作单位一并表示衷心的感谢！

教材的编写是一项不断完善、不断发展进步且长久的工程，尽管我们在教材特色的建设方面做出了许多努力，但由于编者水平有限，教材中仍可能存在一些疏漏和不妥之处，恳请各教学单位和读者在使用本教材时多提宝贵意见，以便下次修订时改进。

编 者

2024 年 6 月

所有意见和建议请发往：dutpgz@163.com

欢迎访问职教数字化服务平台：https://www.dutp.cn/sve/

联系电话：0411-84707424　84708979

目　录

绪 论

在现代工业产品的批量和大量生产中,广泛采用了各种类型的模具。模具是铸造、锻造、冲压、塑料、橡胶、玻璃、粉末冶金、陶瓷等行业的重要工艺装备。模具的设计和制造水平在很大程度上反映和代表了一个国家机械工业的综合能力和水平。冷冲模是模具的一种,它在模具行业生产总值中约占 40%。特别是在汽车、仪器、仪表和日用五金等产品中,采用冷冲压方式进行生产的更是占有很大的比例。

1. 冷冲压术语

冷冲压:在常温下利用安装在压力机上的模具对材料施加压力,使其产生分离、成形或接合,从而获得具有一定形状、尺寸和性能的零件的加工方法。当被加工的材料为板料时,也常称为板料冲压。冷冲压属于压力加工范畴。

冷冲模:通过加压将金属或非金属板料(或型材)分离、成形或接合而得到制件的工艺装备。

其余常用冷冲压术语见附录 1。

2. 冷冲压应用示例

我们先通过实例来了解冷冲压在生产实践中的一些具体应用。一根根光滑锃亮的手用缝衣针,即使在机械、电动缝纫服装业发达的今天,依然不可或缺,它是家家户户的必备用品。论价格,它十分低廉,但其生产工艺并不简单。要使针的质量达到针杆坚韧、富有弹性、针尖不起钩、针孔不割线、光滑顺手、操作利索,并不是件容易的事。手用缝衣针的生产过程为:拉丝—校直—切断—磨尖—压形—冲孔—切鼻—磨鼻—淬火—研磨—串亮—针尖精磨—抛光—包装。手用缝衣针的原料一般为 $\phi 6.5$ mm 的钢丝,经过多道拉丝模冷拉,使钢丝直径逐渐减小到 $\phi 0.55 \sim \phi 1.05$ mm。例如某厂生产的产品中,9 号针为 $\phi 0.55$ mm,5 号针为 $\phi 0.7$ mm,1 号针为 $\phi 1.05$ mm。其中拉丝、切断、压形、冲孔、切鼻等工序都要使用模具,都属于冷冲压范畴。如图 0-1 所示为手用缝衣针的压形、冲孔、切鼻。压形是在钢丝中间冲压出两个针孔形状,也称为制鼻;冲孔是冲掉针鼻内的钢皮,形成两个蛋形针孔,废料从下模内腔排出;切鼻是冲去连接两根钢针的工字形废边,制成两根针坯。

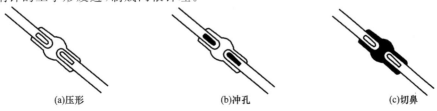

(a)压形　　　　　　(b)冲孔　　　　　　(c)切鼻

图 0-1　手用缝衣针的压形、冲孔、切鼻

图 0-2～图 0-6 所示为冷冲压产品的冲压工艺过程,图 0-7 所示为冷冲压产品实物,图 0-8 所示为冷冲压模具,图 0-9 所示为利用三维软件设计的冷冲压零件和冷冲压模具,图 0-10 所示为制模及试模现场。

图 0-2 插接件级进冲压

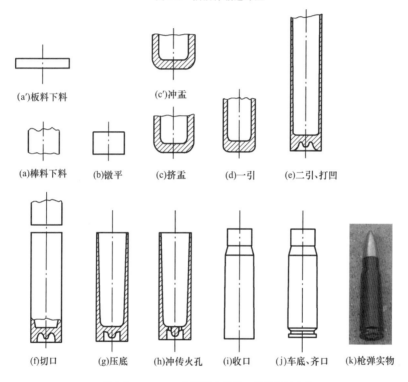

图 0-3 7.62 mm 枪弹弹壳制造工艺流程及实物

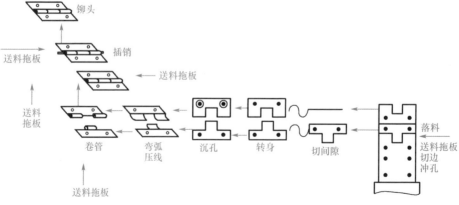

图 0-4 铰链工艺流程

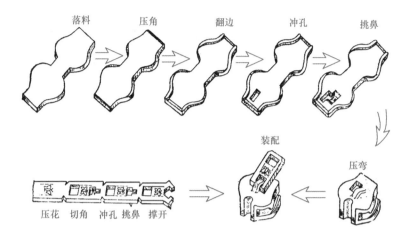

落料 → 压角 → 翻边 → 冲孔 → 挑鼻 → 压弯

装配

压花 切角 冲孔 挑鼻 撑开

图 0-5 拉链头子工艺流程

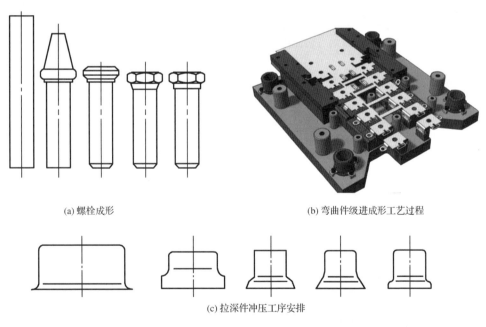

(a) 螺栓成形   (b) 弯曲件级进成形工艺过程

(c) 拉深件冲压工序安排

图 0-6 冲压件冲压工艺

图 0-7　冷冲压产品实物

图 0-8　冷冲压模具

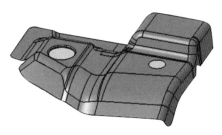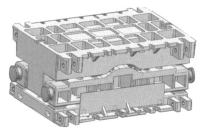

图 0-9　利用三维软件设计的冷冲压零件和冷冲压模具

图 0-10　制模及试模现场

3.冷冲压的应用及特点

冷冲压的应用范围很广：它不仅可以冲压金属材料，还可以冲压非金属材料；不仅可以制造很小的如仪表等零件，还可以制造如汽车大梁等大型零件，例如东风汽车公司生产的商用车大梁，其材料厚度可达 7 mm，长度可达 12 m，压力机吨位可达 5 000 t；不仅可以制造一般精度和形状的零件，还可以制造精密和形状复杂的零件。据不完全统计，汽车上有 60%～70%的零件是采用冷冲压工艺生产出来的。例如：东风汽车公司 EQ153(8 t 平头双排座商用车)整车约有 2 200 套模具，其中大型模具(模具下模板边长＋下模板边宽＞2 100 mm)125 套；上汽集团 Santana-Lx(五座四门乘用车)整车约有 2 500 套模具，其中大型模具131 套，一个车型的模具费用为 2 亿～3 亿元；车身七套模具，每套为 200 万～300 万元；一台冰箱的投产需要配套 350 副以上的各类专用模具；一台洗衣机的投产需要配套 200 副以上的各类模具。

冷冲压与传统的金属切削加工方式相比具有以下特点：

(1)冷冲压是少、无切屑的高效加工方法，材料废料少，利用率高。

(2)冷冲压零件在形状和尺寸精度方面互换性较好，可以满足一般装配和使用要求。

(3)冷冲压零件经过塑性变形，金属内部组织得到改善，机械强度有所提高。

(4)冷冲压操作简单，易于实现机械化和自动化，生产率高。大型冲压件(如汽车覆盖件)的生产率可达每分钟几件，高速冲压成形小件的生产率则可达每分钟几千件(一般把 600 次/min 以上的冲压称为高速冲压)。像上面介绍的手用缝衣针、插接件、7.62 mm 枪弹弹壳、铰链、拉链头子、螺栓等产品的冷冲压生产一般均为自动化或高速冲压。

绝大多数冷冲模都是针对特定用户而单件生产的，因此模具企业与一般工业产品生产企业相比数量多、规模小，多为中小型企业。由于模具产品技术含量高、活化劳动比例大、增值率高、生产周期长，因而模具制造行业具有技术密集和资金密集、均衡生产和企业管理难度大、对特定用户有特殊的依赖性、增值税负重、企业资金积累慢以及投资回收期长等特点。由于模具产品品种繁多、大小悬殊且要求各异，所以模具企业的发展具有"小而精、小而专、小而特"的特点。

4.我国模具工业现状

受益于中国完备的工业体系，以及多年积累、发展而形成的制造业大国、强国优势，中国模具产业近十年来以年均 15%的速度增长，是 GDP(国内生产总值)增速的 2 倍。目前，我国模具产业已建立起包括模具技术研发机构、模具生产和供应体系在内的完整工业体系，产业规模和技术水平位居世界前列。

目前全国共有模具生产企业(厂、点)约 3 万个，从业人员近 100 万人。冲压模具约占模具行业份额的 37%，塑料模具约占模具行业份额的 45%。从产业布局来看，模具生产集聚地主要有深圳、宁波、台州、苏州、无锡、常州、青岛和胶东地区、珠江下游地区、成渝地区、京津冀(泊头、黄骅)地区、合肥和芜湖地区以及大连、十堰等。

模具企业的装备水平和实力有了很大提高，生产技术长足进步，CAD/CAM 技术已普及；多工位级进冲压技术得到较好推广；CAE、CAPP、PLM(产品生命周期管理)、ERP(企业资源管理)等数字化技术已经普遍使用，并收到了较好的效果；3D 打印、高速加工、并行工程、逆向工程、虚拟制造、无图生产和标准化生产已在一些重点骨干企业实施。技术的进步，促使模具产品水平提高,高端发展的趋向明显。其中具有代表性的,如单套模具质量达到120 t的大型模具、加工精度达到0.3～0.5 μm的超精模具、使用寿命达到3亿～4亿次的长寿命模具、能与2 500次/min高速冲床配套的高速精密冲压模具、实现多料和多工序成形的多功能复合模具、能实现智能控制的复杂模具等。

5. 我国模具工业的主要问题

我国模具工业差距主要表现为:模具使用寿命低30%～50%(精冲模寿命一般只有国外先进水平的1/3左右),生产周期长30%～50%,质量可靠性与稳定性较差,制造精度和标准化程度较低等。

存在的主要问题如下:

(1)模具设计制造的数字化、智能化、信息化水平有待提高;国产模具工业软件研发和应用有待提升;企业标准化水平不高。

(2)标准和标准件生产供应滞后于模具生产的发展。

冲模标准化是指在模具设计与制造中应遵循和应用的技术规范与基准。实现标准化的意义主要体现在以下五个方面:可缩短模具设计与制造周期;实现模具标准化后可简化模具设计过程,同时,外购标准件的增加则可大大减少模具制造的工作量,从而达到缩短模具制造周期的目的;有利于保证质量;有利于实现模具的计算机辅助设计与制造;有利于国内和国际的交流与合作。

在模具行业中推广使用经全国模具标准化技术委员会制定并由国家技术监督局批准的国家标准(GB)和机械行业标准(JB),以及国际模具标准化组织ISO/TC29/SC28制定的冲模和成形模标准。TC29是ISO组织中的第29技术委员会,即小工具技术委员会,SC28是TC29委员会中的一个分委员会,即冲压和模塑工具分委员会。此外,由于我国一些企业从国外引进了大量级进模与汽车覆盖件模具,所以国外冲模标准也在我国一些企业中大量引用,如日本三住商事株式会社的Face标准、德国Strack公司标准、美国Danly公司标准等。

常用冷冲模标准见配套教材《冷冲模设计资料与指导》附录七。

(3)以模具为核心的产业链各个环节协同发展不够,尤以模具材料发展滞后最为明显。

6. 冷冲压工艺与冷冲模的发展趋势

模具是工业生产的基础工艺装备,被誉为"工业之母",模具制造在工业生产领域的质量要求越来越高,实现其生产制造的数字化、专业化、智能化势在必行。立足工业软件制造业数字化转型的关键支撑作用,依托软件技术加速传统制造业改造和转型,重点围绕汽车、绿色制造、工业母机等优势产业数字化转型工程。

冷冲模CAD/CAE/CAM技术的进一步推广应用,快速原型制造和快速模具制造技术的发展,高速铣削和超精加工及复杂加工的进一步采用和发展,冷冲模标准化程度的不断提高,优质模具材料的开发和采用,先进表面处理技术的发展,虚拟技术、逆向工程和并行工程的采用等,都将是冷冲压工艺与模具的发展趋势。具体体现在重点发展大型、精密、复杂、组合、多功能复合模具和高速多工位级进模、连续复合精冲模、高强度厚板精冲模、子午线轮胎活络模具以及微特模具;对于在航空航天、高速铁路、电子和城市轨道交通、船舶、新能源等领域要求的高强、高速、高韧、耐高温、高耐磨性材料的新的成形工艺及模具制造,要有突破。

7.本课程的内容、目的和学习方法

本课程是模具专业学生的专业主干课,是一门注重理论和实践相结合的课程。本教材以典型实用的冲孔落料模、弯曲模、落料拉深模、切边成形模作为相对独立的学习单元,采用案例式教学,将冷冲压的基础知识融于具体的典型应用中(各院校可以根据学时的不同,视具体情况加以选学)。

本教材的主要内容:首先分析冲裁、弯曲、拉深、成形、多工位级进冲压以及汽车典型零件的冲压等基本工艺特征,确定其主要工艺参数和相应模具的结构、尺寸、公差;其次是冷冲压设备、冷冲压材料、冷冲压新工艺等与模具设计有关的基本知识。

本课程的目的是让学生能够拟定一般冷冲压零件的工艺规程,比较熟练地独立进行一般复杂程度的典型单一冲压工序模具的设计,基本具有借助于资料设计中等复杂程度的复合模的能力,掌握模具设计的一般步骤和方法,学会查找相关的模具设计资料。

在学习过程中应注意:

(1)有意识地培养较强的识读模具图纸的能力。识图要结合模具专业的图形表达特点以及各类模具的特点,例如按照零部件功能、模具工作过程、工作原理等进行分析理解,还必须结合、比照零件图等。

(2)本课程的学习重在实践,应该坚持理论与实践相结合。学习模具专业知识必须敢于动手,根据冷冲压相关标准和设计资料,敢于多对实际零件工艺进行分析,对模具结构进行综合设计分析,具备条件的要敢于拆装模具。动手时要灵活运用所学的理论知识,做到举一反三、融会贯通。

(3)学会查找模具设计手册、模具图册以及模具应用等资料,注重对本专业知识的长期积累。

(4)掌握好基础知识和典型冷冲压工序的工艺以及模具设计的重点、要点。

(5)本课程的学习重在积累,注重通过各种途径广泛获取本专业的相关知识,做好现场教学和课件教学等。

(6)重视并利用好网络资源,不断培养和提高学习兴趣以及自学能力。

(7)要特别重视三维软件在产品造型、模具结构设计、受力分析、模具制造中的重要作用。如图 0-11 所示的冲压件产品图、冲压成形模具主要零件,如果不使用三维软件来进行辅助设计,将会非常困难。

(a)产品图　　　　　　　　　　(b)成形模具

图 0-11　复杂型面的冲压件及冲模零件示例

模块一
冷冲压基础

任务描述

　　本模块主要介绍常用冷冲压术语、冷冲压基本工序分类及应用、冷冲压材料、冷冲压设备、金属塑性变形基本理论(选学)等内容。其中冷冲压设备的内容可结合实训(内容包括冷冲模安装、调试、试冲与压力机操作等)进行现场学习。

一、冷冲压基本工序

　　在产品生产过程中,将经过冲压而得到的零件称为冲压件。对于不同类型冲压件的生产,要使用不同类型的模具和坯料,其变形方式不同,变形情况也有所不同。冷冲压工序是指一个或一组工人,在一个工作地点对同一个或同时对几个冲压件连续完成的那一部分冲压工艺过程。冷冲压工序可以按照不同的方法进行分类,根据材料的变形性质,可以将冷冲压工序划分为分离工序和变形工序。

冷冲压工序

　　分离工序是指该道冲压工序完成后,材料变形部分的应力达到了该材料破坏应力 σ_b,造成材料断裂而分离,如冲孔、落料、切边、切断等。

　　变形工序是指该道冲压工序完成后,材料变形部分的应力超过了该材料屈服应力 σ_s 但未达到破坏应力 σ_b,从而使材料产生塑性变形,并且改变了材料原有的形状和尺寸,如弯曲、卷边、拉深、翻边、缩口、胀形、立体压制等。其中立体压制是利用冲压的方法,使毛坯的体积重新分布并转移,从而改变毛坯的轮廓、形状或厚度的冲压工序,如正、反挤压和复合挤压等。

　　表 1-1 为冷冲压工序的分类示例。

表 1-1　　　　　　　　　　　　　　　冷冲压工序的分类示例

类别	工序名称	工序简图	工序性质	应用示例
分 离	冲孔		在毛坯或板料上,沿封闭轮廓分离出废料而得到带孔制件,切下的部分是废料	垫圈内形、转子内孔、合页螺钉孔

类别	工序名称	工序简图	工序性质	应用示例
分离	落料		沿封闭轮廓将制件或毛坯与板料分离。切下的部分是工件,其余部分是废料	垫圈外形、电机定子和转子外形
	切边		切去成形制件多余的边缘材料	电机外壳切口、相机外壳切口、水槽切边
	切断		将板料沿不封闭的轮廓分离	冲压前剪板下料、级进模的废料切断
	切舌		沿不封闭轮廓将部分板料切开并使其下弯	电器触片、某些级进模定距、百叶窗
变形	弯曲		将毛坯或半成品制件沿弯曲线弯成一定角度和形状	机壳、灯罩、自行车把、电极触片
	卷边		把板料端部弯曲成接近封闭圆筒形	合页、铰链、器皿外缘、饮料罐、易拉环
	拉深		把平板毛坯拉压成空心件,或者把空心件拉压成外形更小而板厚没有明显变化的空心体件	电机外壳、饭盒、口杯、金属瓶盖

续表

类别	工序名称	工序简图	工序性质	应用示例
变 形	变薄 拉深		凸、凹模之间的间隙小于空心毛坯壁厚,把空心毛坯加工成侧壁厚度小于毛坯壁厚的薄壁制件	高压锅、碳酸饮料易拉罐
	翻边		使毛坯平面部分或曲面部分的边缘沿一定曲线翻起竖立直边	VCD 外壳、机壳螺纹孔、冲压件铆接部位
	缩口		使空心毛坯或管状毛坯端部的径向尺寸缩小	水壶、压力容器、弹壳
	胀形		使空心毛坯内部在双向拉应力作用下产生塑性变形,从而获得凸肚形制件	铃铛、水管头、皮带轮
	成形		使板料发生局部塑性变形,按凸模与凹模的形状直接复制成形	脸盆、车轮挡泥板、电池正极片、硬币
	整形		校正制件成准确的形状和尺寸	技术要求较高的冲压件
	旋压		把平板形坯料用小滚轮旋压出一定形状(分为变薄与不变薄两种)	水壶缩口、弹片、皮带轮

续表

类别	工序名称	工序简图	工序性质	应用示例
变形（立体压制）	正挤压	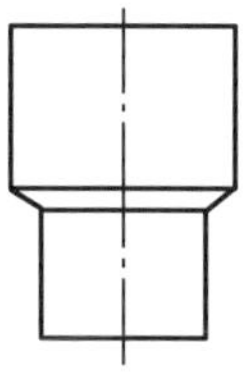	在挤压成形时,金属流动方向与凸模运动方向相同	螺钉、芯轴、管子、弹壳
	反挤压	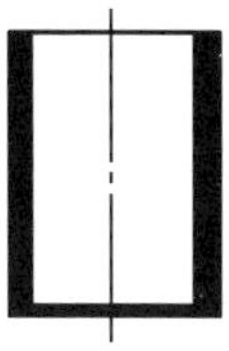	在挤压成形时,金属流动方向与凸模运动方向相反	仪表罩壳、万向节、轴承套
	复合挤压	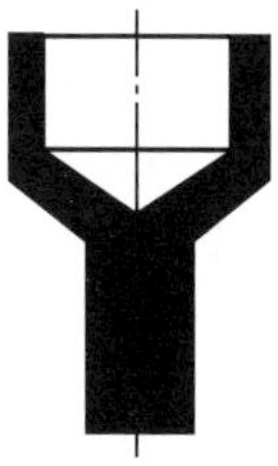	在挤压成形时,金属一部分的流动方向与凸模运动方向相同,而另一部分的流动方向则与凸模运动方向相反	汽车活塞销、缝纫机梭芯

二、金属塑性变形基础知识

1. 材料的塑性及塑性变形

塑性是指固体材料在外力作用下发生永久变形而不破坏其完整性的能力。塑性可以用材料在不被破坏条件下所能获得的塑性变形的最大值来评价。不同的材料其塑性不同,即使是同一种材料在不同的变形条件下,也会表现出不同的塑性。

影响金属塑性的因素主要包括金属本身的晶格类型、化学成分、金相组织以及变形时的外部条件,如变形温度、变形速度和变形方式等。

常用塑性指标来表示金属塑性的高低。塑性指标以材料开始被破坏时的塑性变形量来表示,并可以借助于各种试验方法来确定。对于拉伸试验的塑性指标,可以用伸长率 δ 和断面收缩率 ψ 来表示。

塑性变形是指物体在外载荷作用下发生的永久变形。发生塑性变形时,通常伴有弹性变形。弹性变形是指在外载荷作用下物体发生变形,但外载荷去除后物体又恢复原状的变形。弹性变形阶段应力与应变之间的关系是线性的、可逆的,与加载历史无关;而塑性变形阶段应力与应变之间的关系是非线性的、不可逆的,与加载历史有关。

2. 变形抗力

金属在变形时反作用于运动着的工具的力称为变形抗力。一般来说变形抗力反映了金属在外力作用下抵抗塑性变形的能力。金属的内部性质、变形温度、变形速度以及变形程度等是影响金属变形抗力的主要因素。

要注意区分塑性与变形抗力的区别:塑性的好坏是指从金属受力后直至被破坏前的变形程度的大小,而非变形抗力的大小。例如,奥氏体不锈钢允许的变形程度大,即塑性好,但其变形抗力也大,需要较大的外力才能产生塑性变形。因此,变形抗力是从力的角度反映塑性变形的难易程度的。

3. 变形温度对塑性和变形抗力的影响

变形温度对金属塑性和变形抗力有很大的影响。一般的规律是随着金属变形温度的升高,金属塑性提高,变形抗力降低。例如在板料成形加工中,就可以采取加热使板料软化、增加板料的变形程度、降低板料的变形抗力以及提高工件的成形精确度等措施。

但金属加热软化的趋势并不是绝对的。如非合金钢加热到 $200\sim400$ ℃时,钢的性能变坏,易于脆断,断口呈蓝色,该温度范围称为蓝脆区;$800\sim950$ ℃温度范围称为热脆区,此时非合金钢的塑性也降低。因此在选择变形温度时,非合金钢应避开蓝脆区和热脆区。总之,应根据材料的温度-力学性能对应关系和其他影响塑性的因素合理灵活选用变形温度。

4. 变形速度对塑性变形的影响

从概念上讲,变形速度是指单位时间内应变的变化量,而非工具的运动速度或变形体中质点的移动速度。变形速度对金属塑性的影响是多方面的:一方面当变形速度增加时,会因加工硬化而引起金属塑性降低;另一方面由于热效应的影响,可能引起金属变形温度升高,使金属塑性得到改善。例如,黄铜 H59 在 $600\sim700$ ℃时塑性低,在 $700\sim800$ ℃时塑性高;把黄铜 H59 加热至 700 ℃,并使其在高速下变形,即使热效应不大,只增加 $30\sim40$ ℃,也会引起黄铜塑性的显著提高。

冲压设备的加载速度在一定程度上可以反映金属的变形程度。一般冷冲压使用的压力机工作速度较低,对金属的塑性变形性能影响不大,此时考虑速度因素主要是基于零件的尺寸和形状。对于冲裁、弯曲、浅拉深、翻边等工序中小尺寸零件的生产,可以不必考虑压力机的加载速度;而对于大型复杂零件的成形、深拉深,因为各部分变形不均匀,变形程度大,局部容易拉裂或起皱,所以为便于金属流动和塑性变形的顺利进行,应选用低速的压力机或液压机成形。对于不锈钢、耐热合金、钛合金等对变形速度敏感的材料,也应该采用低速成形,加载速度应低于 0.25 m/s。

5. 应力状态对塑性变形的影响

德国学者卡尔曼对通常认为是脆性材料的大理石(红砂石)进行了加压试验,他在对试件加压的同时还对试件周围通以压力液体,实际上是使试件处于三向压应力状态。试验结果表明:大理石在单向压缩时,压缩率不到 1% 就会被破坏;但在 7.75×10^8 Pa 的静水压力下压缩时,压缩率达到 9% 左右才被破坏。

大量的实践表明,单向压缩允许的变形程度比单向拉伸允许的变形程度大得多,三向压应力状态的挤压比两向压缩、一向拉伸的拉拔能发挥更大的塑性。上述卡尔曼的试验结果也表明,强化三向压应力状态能充分发挥材料的塑性,这其实是应力状态中静水压力分量在起作用。若应力状态中的压应力数量多、压应力大,即静水压力大,则材料的塑性好;反之,若压应力数量少、压应力小或者存在拉应力,则材料的塑性差。

6. 应力状态对变形抗力的影响

塑性变形主要是由滑移产生的,若要产生滑移,则在滑移面上的剪应力必须达到临界剪应力,其值取决于滑移平面的阻力。

7. 金属超塑性成形简介

当恰当地把金属的组织结构、变形温度、变形速度等因素配合利用起来时,可以使金属表现出特别好的塑性,即超塑性。所谓超塑性,是指在特定条件下拉伸金属试样时,其变形抗力大幅度地降低,而伸长率超过100%。目前已经发现的超塑性金属材料有纯Pb、Al、Cu、铸铁、钢和以Al、Ti、Zn、Fe、Ni为基的各种合金等150多种。

要实现材料的超塑性成形,必须寻求两点突破:第一是要找到该材料超塑性成形的条件;第二是要在制造工艺上严格控制并执行这些条件。目前研究最多、应用较广的是细晶超塑性。其过程为:对金属进行晶粒细化处理,希望晶粒等轴,晶粒的大小为$1\sim2$ μm(一般冲压变形过程中金属晶粒的大小为$10\sim100$ μm),然后施以一定的恒温和变形速度条件,即可得到超塑性。通常这种超塑性的变形温度为$0.5T_{熔}$($T_{熔}$表示金属的绝对熔点)。另外一种超塑性成形方式是相变超塑性,它不对金属进行细晶处理,但金属必须具有相变或同素异构转变的性质。其过程为:在低载荷作用下,使金属在相变点附近反复加热、冷却,经过一定次数的循环后,获得很高的伸长率。目前该超塑性成形方式由于实际生产困难,仍处于实验室研究阶段。

金属出现超塑性时,变形抗力大幅度降低,这无疑为冲压加工开辟了新的加工方式和途径。当前金属超塑性在冲压方面的应用有吹塑成形、拉深、挤压等。由于超塑性成形需要提供恒温条件,采取抗氧化措施,成形速度低,以及模具需要耐高温等技术和经济上的原因,目前只局限应用于常规冲压工艺难以加工的零件和材料。

8. 金属的弹塑性变形共存规律

在金属的塑性变形过程中不可避免地伴随有弹性变形。如图1-1所示为低碳钢的拉伸试验曲线。其中OA段为弹性变形阶段,ABG段为均匀塑性变形阶段,A点为屈服点,G点为失稳点,σ_s为屈服强度,σ_b为抗拉强度,G点处载荷最大,G点以后出现缩颈,K点为断裂点。

如果在OA弹性变形阶段卸载,则外力和变形按原路退回原点,不产生永久变形。若在塑性变形阶段如B点卸载,则外力和变形并不按原路逆向BAO退回,而是沿BC退回。其中ΔL_b与ΔL_c之差即弹性变形量,而ΔL_c为加载到B点时的塑性变形量。当外力去除后,弹性变形恢复而塑性变形保留,因此在金属塑性变形阶段必然同时伴随弹性变形,这就是弹塑性变形共存规律。在冷冲压生产中,弹

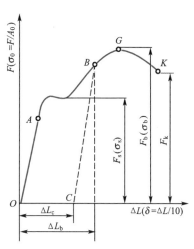

图1-1　低碳钢的拉伸试验曲线

性变形的影响,使得冷冲压产品与模具的形状和尺寸不完全一致,进而影响产品精度,这是模具设计与制造过程中要重点解决的问题之一。

9. 屈服准则

当物体中某一点处于单向受力状态时,只要该向应力达到材料的屈服点,该点就开始屈服,并且由弹性变形状态进入塑性变形状态。但是对于复杂应力状态,不能仅根据一个应力分量来判断该点是否屈服,而是必须同时考虑其他应力分量综合作用的结果。只有当各个分量之间符合一定的关系时,该点才开始屈服,这种关系就称为屈服准则,又称屈服条件或塑性条件。1864年,法国工程师屈雷斯加通过对金属的挤压提出:当材料(质点)中的最大切应力达到某一定值时,材料就开始屈服,并且通过试验确定该定值就是材料屈服强度的一半,即$\sigma_s/2$。设$\sigma_1\geqslant\sigma_2\geqslant\sigma_3$,可得屈雷斯加屈服准则的数学表达式为

$$\tau_{max}=\frac{\sigma_1-\sigma_3}{2}=\frac{\sigma_s}{2}$$

或
$$\sigma_1-\sigma_3=\sigma_s \tag{1-1}$$

1913 年,德国力学家密席斯提出了另外一个准则:当材料中的等效应力 σ_i 达到某一定值时,材料就开始屈服。该定值通过试验可以确定就是材料屈服强度的一半,即 $\sigma_s/2$。密席斯屈服准则的数学表达式为

$$(\sigma_1-\sigma_2)^2+(\sigma_2-\sigma_3)^2+(\sigma_3-\sigma_1)^2=2\sigma_s^2 \tag{1-2}$$

试验表明,对于绝大多数金属材料来说,密席斯屈服准则比屈雷斯加屈服准则更接近试验数据。目前在工程上常使用密席斯屈服准则的简化形式来表达硬化材料的屈服条件,即

$$\sigma_1-\sigma_3=\beta\sigma \tag{1-3}$$

式中 σ ——真实应力,$\sigma=A\varepsilon^n$;

β ——体现中间主应力 σ_2 影响的系数,其值的变化范围为 $1\sim1.55$。

10. 塑性变形的应力应变关系

一般认为金属材料在塑性变形时体积不变。设试样长、宽、厚分别为 l_0、b_0、t_0,均匀塑性变形后尺寸变为 l、b、t,由于材料变形前、后体积不变,即

$$\frac{lbt}{l_0b_0t_0}=1$$

两边取对数,得

$$\ln\frac{l}{l_0}+\ln\frac{b}{b_0}+\ln\frac{t}{t_0}=0$$

转化为应变形式,即

$$\varepsilon_1+\varepsilon_2+\varepsilon_3=0 \tag{1-4}$$

式(1-4)表示了金属材料在塑性变形时体积不变的条件。

11. 塑性变形理论的应用

在拉伸试验的弹性变形阶段,无论加载或卸载,应力与应变都是成正比的线性关系。应力与应变的关系与加载历史无关,变形过程是可逆的,加载与卸载沿着同一路线。而在塑性变形阶段情况则完全不同,材料屈服以后变形过程是不可逆的,加载与卸载沿不同的路线进行。卸载后重新加载,物体的弹性模数不因有冷作硬化而有所改变,重新加载时的屈服点即卸载时的应力。

卸载后反向加载(如先拉伸后压缩),弹性模数没有变化,但材料的屈服点有所降低,我们称这种现象为反载软化现象。

判断毛坯变形时的伸长与缩短不能仅根据应力的性质。拉应力方向不一定发生伸长变形,而压应力方向也不一定发生压缩变形,具体应根据主应力的差值来确定。

我们把冷冲压过程中当作用于毛坯变形区的压应力绝对值最大时,在该方向上的压缩变形称为压缩类变形,其特征是使变形区板料厚度增加,如圆筒件拉深以及缩口等冲压工序。压缩类变形在冷冲压过程中容易出现的问题是变形区在压应力的作用下因失稳而起皱。

三、冷冲压材料

在冷冲压生产中要使用大量各种类型的冷冲压材料,合理选用冷冲压材料要从两个方面加以考虑:一是选用的材料要满足产品设计的技术要求,如强度、刚度、电磁性、导热性、防腐性等物理化学性能;二是选用的材料应能满足冷冲压成形性能,即具有较好的冷冲压工艺性能和后续加工性能,如良好的冲裁性、弯曲性、拉深性、连续拉深性等。

（一）对冷冲压材料的基本要求

1. 对冲压成形性能的要求

对于成形工序,为了便于成形和提高制件质量,要求冷冲压材料具有良好的冲压成形性能,即具有良好的抗破裂性、贴模性和定形性;对于分离工序,则要求材料具有一定的塑性。冲压成形性能与材料的强度、刚度、塑性、各向异性等机械性能密切相关。

冷冲压概论

具体来说,对于冲裁工序的冷冲压材料应该满足:具有足够的塑性以确保冲裁时不开裂;材料硬度要比冲模工作部分的硬度小得多。软的材料尤其是黄铜,其冲裁性能最好,能够得到光滑而倾斜度很小的零件断面,青铜也能得到满意的冲裁质量。硬的材料如高碳钢和不锈钢,其冲裁质量不好,断面不平度很大。材料越厚,这种情况越严重。材料越脆,冲裁时越容易产生撕裂。非金属材料冲裁时大多需要进行去毛刺或整修等辅助加工。

对于弯曲工序,要求材料具有足够的塑性和较低的屈服极限以及较高的弹性模数。最适于弯曲工序的材料有软钢(碳的质量分数不超过 0.2%)、黄铜和铝等。对于脆性较大的材料如磷青铜、弹簧钢等,要求具有较大的弯曲半径。对于非金属材料,只有塑性较大的纸板、有机玻璃才能弯曲,一般还需要预加热(如冲裁有机玻璃一般需要加热到 60 ℃ 左右)以及较大的弯曲半径。

对于拉深工序,则要求材料塑性高、屈服极限低且稳定性好。常用于拉深的材料有软钢(碳的质量分数一般不超过 0.14%)、软黄铜(铜的质量分数为 68%～72%)、纯铝以及铝合金、奥氏体不锈钢等。

对于冷挤压工序,则要求高塑性与低屈服极限,最合适的材料有铝、铜、软钢等。

2. 对表面质量的要求

冷冲压材料的表面应光洁、平整、无氧化皮、无划伤、无裂纹。因为表面质量好的材料在冲压时不易开裂和擦伤模具,制件的表面质量也好。

3. 对材料厚度公差的要求

材料的厚度公差应符合国家标准的规定。部分常用冷冲压材料的厚度公差标准详见本教材附录二。因为一定的模具间隙只能适应一定厚度的材料,所以如果材料厚度公差太大,则不仅直接影响制件的质量,还会导致废品产生。在校正弯曲、整形等工序中,有可能因为厚度上偏差太大而引起模具或压力机的损坏;同时,对于具体的一批毛坯,在进行模具设计需考虑模具间隙时,也可以根据毛坯具体的厚度偏差情况,更加合理地确定模具间隙。例如某批毛坯厚度偏差绝大多数为上偏差,则在确定模具间隙时,就可以根据上偏差值来确定零件的具体厚度值,进而确定模具间隙。

（二）常用冷冲压材料

常用冷冲压材料主要有两类:金属材料和非金属材料。金属材料包括黑色金属和有色金属。黑色金属包括普通非合金结构钢、优质非合金结构钢、合金结构钢、弹簧钢、非合金工具钢、不锈钢、硅钢、电工纯铁等;有色金属包括纯铜、黄铜、青铜、白铜、铝合金等。

金属材料以板料和卷料为主,另外还有块料。板料的尺寸较大,一般用于大型零件的冲压,主要规格有 500 mm×1 500 mm、900 mm×1 800 mm、1 000 mm×2 000 mm 等;条料根据冲压件的排样尺寸由板料裁剪而成,主要用于中小型零件的冲压;卷料(带料)有各种宽度和长度规格,成卷供应的主要是薄料,常用于自动送料的大批量生产,以提高生产率;块料一般用于单件小批量生产和价值昂贵的有色金属的冲压生产,并且广泛用于冷挤压。为了提高材料利用率,在生产量大的情况下可优先选用卷料,以便根据需要在开卷剪切下料线上裁切成合适的长度;卷料既可裁切成矩形,也可裁切成平行四边形、梯形、三角形等形状。

一般厚板($t>4$ mm)为热轧板,薄板($t\leqslant4$ mm)为冷轧板。冷轧板尺寸精度高,表面光亮,内部组织更致密。带料主要是薄料,宽度在 300 mm 以下,长度可达数十米,成卷供应。普通非合金结构钢冷轧带料的厚度范围为 0.10~3.00 mm,宽度范围为 10~250 mm。

表 1-2 列出了部分黑色金属的力学性能,表 1-3 列出了部分有色金属的力学性能。板料的化学成分可查阅相关手册。

表 1-2　　　　　　　　　　　　部分黑色金属的力学性能

材料名称	牌号	状态	τ/MPa	σ_b/MPa	σ_s/MPa	δ_{10}/%	$E/10^3$ MPa
电工纯铁	DT1~DT3	已退火	177	225	—	26	
电工硅钢	D11 等	已退火	190	230	—	26	
普通非合金钢	Q195	未退火	255~314	314~392	195	28~33	
	Q235		304~373	432~461	235	21~25	—
	Q275		392~490	569~608	275	15~19	
非合金结构钢	08F	已退火	216~304	275~383	177	32	—
	08		255~355	324~441	196	32	186
	10F		216~333	275~412	186	30	
	10		255~333	294~432	206	29	194
	15F		245~363	314~451	—	28	
	15		265~373	333~471	225	26	198
	20F		275~383	333~471	225	26	196
	20		275~392	353~500	245	25	206
	25		314~432	392~539	275	24	198
	30		353~471	441~588	294	22	197
	35		392~511	490~637	314	20	197
	40		412~530	511~657	333	18	209
	45		432~549	539~686	353	16	200
	50		432~569	539~716	373	14	216
	60	已正火	539	≥686	402	13	204
	70		588	≥745	422	11	206
	10Mn2	已退火	314~451	392~569	225	22	207
	65Mn		588	736	392	12	207
非合金工具钢	T7~T12A	已退火	588	736	—	≤10	—
合金结构钢	25CrMnSiA	已低温	392~549	490~686	—	18	
	30CrMnSiA	退火	432~588	539~736	—	16	—
弹簧钢	60Si2Mn	已低温	706	883		10	196
	65Si2WA	退火					
不锈钢	2Cr13	已退火	314~392	392~490	411	20	206
	4Cr13		392~471	490~588	490	15	206
	1Cr18Ni9Ti	热处理	451~511	569~628	196	35	196

表 1-3　　　　　　　　　　　　　部分有色金属的力学性能

材料名称	牌号	状态	τ/MPa	σ_b/MPa	σ_s/MPa	δ_{10}/%	E/10^3 MPa
铝	1 060～1 200	已退火	78	74～108	49～78	25	71
		冷作硬化	98	118～147	—	4	
防锈铝	3A21	已退火	69～98	108～142	49	19	70
		半硬化	98～137	152～196	127	13	
	3A20	已退火	127～158	177～225	98	—	69
		半硬化	158～196	225～275	206	—	
硬铝（杜拉铝）	2A12	已退火	103～147	147～211	—	12	—
		淬硬＋自然时效	275～304	392～432	361	15	71
		淬硬＋冷作硬化	275～314	392～451	333	10	71
纯铜	T1～T3	软	157	196	69	30	106
		硬	235	294	—	3	127
黄铜	H62	软	255	294		35	98
		半硬	294	373	196	20	—
		硬	412	412		10	—
	H68	软	235	294	98	40	108
		半硬	275	343	—	25	108
		硬	392	392	245	15	113
铅黄铜	HPb59-1	软	294	343	142	25	91
		硬	392	441	412	5	103
铍黄铜	QBe2	软	235～471	294～588	245～343	30	115
		硬	511	647	—	2	129～138
白铜	B19	软	235	392		35	108
		硬	353	784		5	140
钛合金	TA2	退火	353～471	441～588		25～30	
	TA3		432～588	539～736		20～25	
	TA5		628～667	785～834		15	102

　　为了满足某些特殊需要,冲压生产中可能会用到复合金属板,如钢-铜复合板、钢-铝复合板、钢-不锈钢复合板、不锈钢-铝复合板等。此外还有覆塑钢板、镀层钢板、双相钢板等。这些板料兼有其组分的力学性能和物理性能,但详细的数据资料还有待完善。

1. 黑色金属板料

(1)技术指标

①轧制精度。《冷轧钢板和钢带的尺寸、外形、重量及允许偏差》(GB/T 708—2019)规定,对于厚度在 4 mm 以下的轧制薄钢板,按轧制精度分为 A、B、C 三级,其中 A 级为高级精度,B 级为较高精度,C 级为普通精度。

②表面质量。《优质碳素结构钢热轧钢板和钢带》(GB/T 711—2017)规定,优质非合金结构钢薄钢板和钢带的表面质量分为Ⅰ、Ⅱ、Ⅲ、Ⅳ四组。其中Ⅰ组为特别高级的精整表面,Ⅱ组为高级的精整表面,Ⅲ组为较高级的精整表面,Ⅳ组为普通的精整表面。

③拉深级别。拉深级别分为 Z、S、P 三级。其中 Z 级为最深拉深,S 级为深拉深,P 级为普通拉深。

（2）钢板标记示例

按国标规定,可用以下标记方式在图样和工艺文件上标记所用钢板的牌号：

$$钢板 \frac{B\text{-}2.0\times1000\times1500\text{-}GB/T\ 708\text{—}2019}{20\text{-}II\text{-}S\text{-}GB/T\ 13237\text{—}2013}$$

该标记表示:钢板牌号为 20,尺寸为 2.0 mm×1 000 mm×1 500 mm,轧制精度为 B 级,表面质量组别为 II,拉深级别为 S 级。

2. 有色金属板料或卷料

常用的有色金属板料或卷料主要有铜板（或铜带）、黄铜板和铝板（或铝带）,牌号有 T_1、T_2、T_3、H68、H62、QSn4-4-2.5、1060（原牌号为 L_2）、1050A（原牌号为 L_3）、1200（原牌号为 L_5）、2A12（原牌号为 LY12）、3A21（原牌号为 LF21）及 3A02（原牌号为 LF）等。

3. 非金属材料

冷冲压选用的非金属材料主要有纸板、胶木板、橡胶板、塑料板、纤维板以及皮革等。

■ （三）板料的冲压成形性能

板料的冲压成形性能是指其对各种冷冲压工艺的适应能力。研究板料的冲压成形性能及其试验方法的意义在于:用于板料的验收,作为板料的验收标准;有助于分析生产中出现的与板料性能有关的质量问题,找出产生的原因和解决方法;根据冲压件的形状特点及其成形工艺对板料冲压性能的要求,正确选择板料的种类与具体牌号;为冲压材料提供发展方向和鉴定方法。

板料重要的冲压成形指标如下：

1. 均匀伸长率 δ_b 与伸长率 δ

用图 1-2 所示的拉伸试验试样,在万能材料试验机上进行拉伸试验,可得图 1-3 所示的拉伸曲线。其中伸长率 δ 为

$$\delta=\frac{L-l_0}{l_0} \tag{1-5}$$

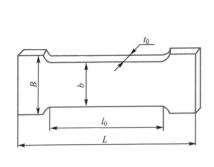

图 1-2 拉伸试验试样

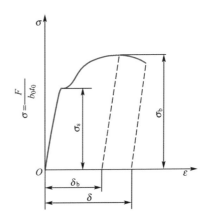

图 1-3 拉伸曲线

均匀伸长率 δ_b 是材料拉伸试验中试样开始缩颈前的伸长率,伸长率 δ 是试样拉断前的伸长率。冲压成形一般都在板料的均匀变形范围内进行。δ_b 表示板料产生均匀塑性变形的能

力,也可以直接或间接表示伸长类变形的极限变形程度,如翻边系数、扩口系数、最小弯曲半径、胀形系数等。大多数材料的翻边系数都与其 δ_b 值成正比,板料的杯突试验值也与 δ_b 值成正比。

2. 屈强比 σ_s/σ_b

小的屈强比几乎对所有的冲压成形都有利。当材料的 σ_s 较低时,冲压加工所需要的变形力小,可以降低冲压设备的吨位、功率以及满足模具结构的强度、润滑等要求,并可以提高模具的使用寿命。

对于一些伸长类成形工艺,如拉弯、曲面形状制件的拉深、胀形、校形等,板料的 σ_s 低,冷冲压的工艺稳定性好,不易出废品,并且容易做到在变形区全部厚度上的拉应力都大于 σ_s,使制件在模具内受力作用下所形成的形状和尺寸得到冻结,有利于消除制件的松弛等缺陷,并能提高制件的尺寸精度。对于压缩类成形,如拉深等,当板料的 σ_s 低时,引起失稳起皱的压应力也小,可以简化防皱措施,提高极限变形程度和制件表面质量。

对于同一种材料,当拉伸率相近时,较小的屈强比表明其硬化指数大,因此可以用 σ_s/σ_b 代替硬化指数 n 来表示板料在伸长类成形中的冲压性能。

3. 硬化指数 n

硬化指数是表示材料加工硬化程度的指标之一。n 反映材料产生均匀变形的能力,当 n 较大时,在伸长类变形过程中可以使变形均匀化,具有扩展变形区、减小坯料的局部变薄和增大极限变形参数的作用。对于复杂曲面形状的拉深,上述作用更为明显。n 值与杯突试验值成正比,其测定参见 GB/T 5028—2008 的有关规定。

4. 板厚方向性系数 R(又称塑性应变比)

板料的塑性会因金属结晶和板料的轧制而在板料的不同方向发生变化。板厚方向性系数 R 是板料在拉伸试验中伸长大于 20% 时的宽度应变 ε_b 与厚度应变 ε_t 之比,即

$$R = \frac{\varepsilon_b}{\varepsilon_t} = \frac{\ln\dfrac{b}{b_0}}{\ln\dfrac{t}{t_0}} \tag{1-6}$$

式中,b_0、b、t_0、t 分别是变形前、后试样的宽度与厚度。

板料变形时,一般希望发生在板料的平面方向而厚度方向不发生大的变化。当 $R>1$ 时,板材厚度方向的变形比宽度方向的变形困难,故 R 值大的材料在复杂形状的曲面制件拉深成形时,坯料中间部分变薄量小;又由于与拉应力垂直的板料平面方向上的压缩变形比较容易,结果使中间部分起皱的趋向性降低。同时,R 值大时圆筒件的拉深极限变形程度增大。

5. 板料平面方向性(凸耳参数)

板料平面不同方向 R 值的差异会影响板料的冲压成形性能,其各向异性值的大小用凸耳参数 ΔR 来表示。凸耳现象是拉深时由于板料平面的方向性表现在零件的口部不齐而形成的,如图 1-4 所示。

板料平面的方向性越大,凸耳现象越明显。生产中由于凸耳现象的影响,往往会造成制件总体的变形程度减小,甚至壁厚不等,导致制件的质量降低,因此,需增加工序来切除凸耳。

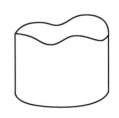

图 1-4 拉深件的凸耳

（四）板料冲压成形性能试验方法及指标

板料冲压成形性能试验可分为直接试验和间接试验两类。直接试验时板料的应力状态和变形情况与真实冲压时基本相同；而间接试验与实际冲压有一定差别，其试验结果只能间接反映材料的性能，有时还需要进行一定的分析。间接试验方法主要有拉伸试验、剪切试验、硬度检查、金相检查等。以下介绍几种重要的直接试验方法。

1. 胀形成形性能试验（又称杯突试验或爱利克辛试验）

如图 1-5（a）所示，金属杯突试验的方法是将 70 mm×70 mm 的方形板料压紧在凹模和压边圈之间，使受压部分的金属无法流动，然后用直径为 $\phi20$ mm 的球形凸模将板料压入凹模，板料中间部分受到两向拉应力而胀形，直至试件出现裂纹为止。将此时的冲头压入深度记为杯突试验值 IE（又称为爱利克辛值）。IE 值越大，板料的胀形成形性能越好。

2. 拉深-胀形成形性能试验（又称福井试验或锥杯试验）

如图 1-5（b）所示，金属锥杯试验的方法是利用球形凸模和 60°锥形凹模对圆形毛坯进行试验，使毛坯成形为无凸缘的球底锥形件。凸模实际压入深度包括拉深深度和胀形深度两部分。通过试验测出试件顶部刚出现裂纹时的 CCV 值（锥杯试验值），即

$$CCV = \frac{D_{cmax} + D_{cmin}}{2} \tag{1-7}$$

CCV 值综合反映了板料同时拉深和胀形的能力，CCV 值越大，板料的成形性能越好。

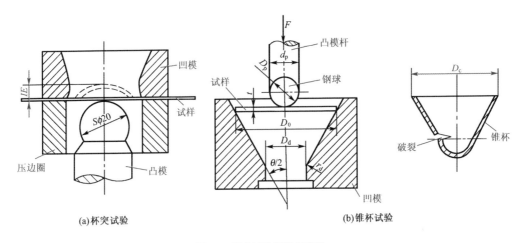

(a)杯突试验　　　　　　　　　　(b)锥杯试验

图 1-5　杯突试验及锥杯试验

四、冷冲压设备

根据加工工序性质的不同，冷冲压生产过程中使用的设备可分为辅助设备和冷冲压压力机。冷冲压压力机主要有曲柄压力机、摩擦压力机和油压机三类。其中曲柄压力机和摩擦压力机属于机械压力机，以曲柄压力机最为常用。冷冲压设备根据自动化程度不同可分为普通压力机、数控（CNC）压力机、自动压力机等。下面对常用的冷冲压设备进行介绍。

■ (一)剪板机(剪床)

剪板机用于冷剪板料,常用于下料工序,将尺寸较大的板料或成卷的带料按零件排样要求裁剪成所需宽度的条料。剪板机分为平刃和斜刃两类,下面以平刃剪板机为例进行介绍。

1. 平刃剪板机

如图 1-6 所示,该平刃剪板机是特殊的曲柄压力机。工作时,上、下刀片的整个刀刃同时与板材接触,工作时所需剪切力较大,剪切质量较好。

2. 剪板机的规格型号

剪板机的代号为 Q,其规格型号按所能裁剪的板料宽度和厚度来表示。例如 Q11-6×2000 剪板机,表示可裁剪板料的最大尺寸(厚×宽)为 6 mm×2 000 mm。

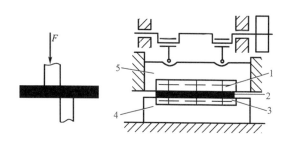

图 1-6　平刃剪板机裁剪
1—上刀片;2—板料;3—下刀片;4—工作台;5—滑块

■ (二)曲柄压力机

曲柄压力机是最常用的冷冲压设备,根据床身的结构不同可分为开式压力机和闭式压力机两类。下面介绍其概况、主要类型、规格型号及主要技术参数。

1. 曲柄压力机概况

图 1-7 为曲柄压力机的结构简图。曲柄压力机主要由床身(床身上固定有工作台,用于安装固定冲模的下模)、曲柄连杆工作机构(由滑块、连杆、曲轴组成,冲模的上模就固定在滑块上)、操纵系统(由离合器、制动器组成)、传动系统(带传动、齿轮传动)、能源系统(电动机、飞轮)等基本部分组成,另外还有润滑系统、保险装置、计数装置、气垫等辅助装置。

(1)床身　床身是压力机的机架。在床身上直接或间接地安装着压力机上的所有其他零部件,床身是这些零部件的安装基础。在工作中,床身承受冲压载荷,并提供和保持所有零部件的相对位置精度。因此,除了应具有足够的精度外,床身还应有足够的强度和刚度。

(2)传动系统　传动系统的作用是将电动机的转动变成滑块连接的模具的往复冲压运动。运动的传递路线为:电动机—小带轮—传动带—大带轮—传动轴—小齿轮—大齿轮—离合器—曲轴—连杆—滑块。大齿轮的转动惯量较大,滑块的惯性较大,它们在运动中具有储存和释放能量且使压力机工作平稳的作用,如图 1-8 所示。

(3)离合器　离合器是用来接通或断开大齿轮—曲轴的运动传递的机构,即控制滑块是否产生冲压动作,由操作者操纵,如图 1-9 所示。离合器的工作原理是,大齿轮空套在曲轴上,可以自由转动。离合器壳体和曲轴通过抽键刚性连接。在离合器壳体中,抽键随着离合器壳体同步转动,通过抽键插入到大齿轮的弧形键槽中或从弧形键槽中抽出来实现传动接通或断开。由操作者将闸叉下拉,以使抽键在弹簧(图 1-9 中未画出)的作用下插入大齿轮的弧形键槽中,从而接通传动;当操作者松开时,复位弹簧将闸叉送回原位,闸叉的楔形和抽键的楔形相互作用,使抽键从弧形键槽中抽出,从而断开传动。

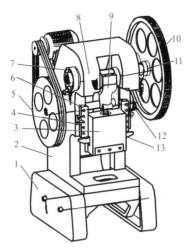

图 1-7　曲柄压力机的结构简图

1—底座；2—床身；3—滑块；4—限位螺钉；5—大带轮；

6—导轨；7—制动器；8—曲轴；9—连杆；10—大齿轮；

11—离合器；12—小齿轮；13—横杆

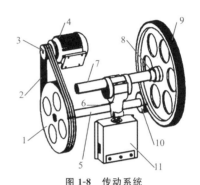

图 1-8　传动系统

1—大带轮；2—传送带；3—小带轮；4—电动机；

5—传动轴；6—连杆；7—曲轴；8—离合器；

9—大齿轮；10—小齿轮；11—滑块

（4）制动器　确保离合器脱开时，滑块比较准确地停止在曲轴转动的上死点位置附近。制动器的工作原理是，利用制动轮对旋转中心的偏心，使制动带对制动轮的摩擦力随之转动而变化，以实现制动。当曲轴转到上死点位置时，制动轮中心和固定销中心之间的距离达到最大。此时，制动带的张紧力最大，从而在此处产生制动作用。转过该位置后，制动带放松，制动器则不制动。制动力的大小可通过调节拉紧弹簧来实现，如图 1-10 所示。

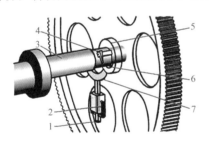

图 1-9　离合器

1—人工下拉；2—复位弹簧；3—曲轴；4—抽键；

5—离合器壳体；6—弧形键槽；7—闸叉

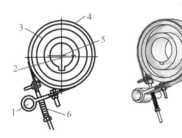

图 1-10　制动器

1—固定销；2—旋转中心；3—制动轮；

4—制动带；5—制动中心；6—拉紧弹簧

（5）上模固定　模具的上模部分固定在滑块上，由压块、紧固螺钉压住模柄来进行固定，如图 1-11 所示。

（6）连杆长度调节　为适应不同的模具高度，滑块底面相对于工作台面的距离必须能够调整。由于连杆的一端与曲轴连接，另一端与滑块连接，所以拧动调节螺杆就相当于改变连杆的长度，即可调整滑块行程下死点到工作台面的距离。

（7）打料装置　在有些模具的工作中，需要将制件从上模中排出，这需要通过模具打料装置与曲柄压力机上的相应机构的配合来实现。其工作原理是，当冲压结束后，制件紧紧地卡在模具孔中，并且托着打料杆下端。而打料杆上端顶着横杆，三者一起随滑块向上移动。当滑块移动到接近上死点位置时,横杆受到两端限位螺钉的阻挡,便停止移动,迫使打料杆和与其紧密接触的制件也停止移动。而模具和滑块仍然向上移动若干毫米,于是打料杆和制件就产生了相对于滑块的运动,即可将制件从模具中推下来,如图1-12所示。

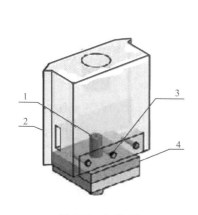

图1-11 上模固定

1—滑块;2—模柄;

3—紧固螺钉;4—上模

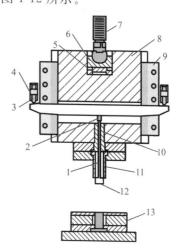

图1-12 打料装置

1—打料杆;2—锁紧螺母;3—限位螺钉;4—固定块;5—安全块;

6—支撑座;7—调节螺杆;8—滑块;9—导轨;10—模柄;

11—凸凹模;12—制件;13—下模

(8)导轨 导轨安装在床身上,为滑块导向。因滑块导向精度有限,故模具往往自带导向装置。安全块的作用是当压力机超载时,将其沿一周面积较小的剪切面切断,起到保护重要零件使其免遭破坏的作用,如图1-12所示。压力机工作台中设有落料孔(又称漏料孔),以便冲下的制件或废料从中漏下,如图1-13所示。床身倾斜是通过对紧固螺杆的操作使床身后倾,以便落料向后滑落排出,如图1-13所示。

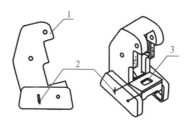

图1-13 落料孔及床身倾斜

1—床身(倾斜);2—紧固螺杆;3—落料孔

2. 曲柄压力机的主要类型

(1)按照床身结构可分为开式压力机和闭式压力机两种。图1-14所示为开式单点压力机,图1-15所示为闭式双点压力机。开式压力机床身前面、左面和右面三个方向完全敞开,具有能够安装模具和操作方便的特点,但床身呈C形,刚性较差。深喉式压力机工作台纵向尺寸大,适用于面板、箱体类钣金件冲压。闭式压力机床身两侧封闭,只能在前后方向操作,具有刚性好、适用于一般要求的大中型压力机和精度要求较高的轻型压力机的特点。

(a)普通式

(b)深喉式

(c)高精钢架式

图 1-14 开式单点压力机

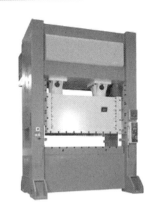

图 1-15 闭式双点压力机

（2）按照连杆数目可分为单点、双点和四点压力机。单点压力机只有一根连杆,而双点和四点压力机分别有两根和四根连杆。

（3）按照滑块数目分为单动压力机、双动压力机和三动压力机。双动和三动压力机主要用于复杂工件的拉深。图 1-16 所示为双动压力机。其工作过程为:凸模固定在拉深滑块上,凹模固定在工作台上,压边圈固定在压边滑块上。工作开始时,工作台在凸轮的作用下上升,压紧坯料并在该位置停留。同时,固定在拉深滑块上的凸模对坯料进行拉深,直至拉深滑块下降到最低位置。拉深结束后,拉深滑块先上升,然后工作台下降,完成一轮冲压行程。

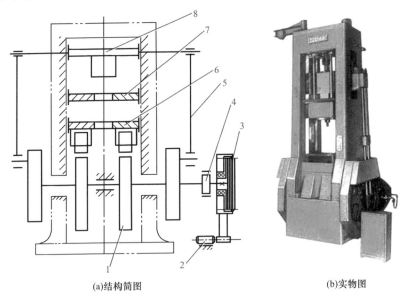

(a)结构简图　　　　　　　　(b)实物图

图 1-16 双动压力机

1—凸轮;2—电动机;3—离合器;4—制动器;5—连杆;6—工作台;7—压边滑块;8—拉深滑块

（4）按传动方式可分为上传动和下传动两种。图 1-14 所示为上传动方式,图 1-16 所示为下传动方式。

（5）按照工作台结构可分为固定式、可倾式和升降台式三种,如图 1-17 所示,其中以固定式最为常用。

（6）按滑块行程是否可调分为曲柄压力机和偏心压力机。偏心压力机与曲柄压力机的不同在于其滑块行程是否可以适当调节。如图 1-18 所示为偏心压力机的结构。偏心压力机(图 1-19(a))的主要特点是行程不大,但可少量调节,其行程调节原理如图 1-19(b)所示。偏心轴的前端为偏心部分,其上套有偏心套。偏心套与接合套由端齿啮合,并由螺母锁紧。接合套与偏心轴由平键连接(图 1-19(b)中未画出)。连杆套在偏心套上。主轴转动带动偏心套绕主轴中心转动,使连杆和滑块做上下往复运动,其行程长度为偏心距的 2 倍。松开螺母,使接合套的端齿脱开,转动偏心套,从而改变偏心套中心到主轴中心的距离,即可调节滑块行程。

(7)按行程次数可分为一般压力机和高速压力机。图 1-20 所示为纽扣冲压高速压力机。

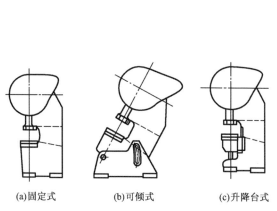

(a)固定式   (b)可倾式   (c)升降台式

图 1-17 开式压力机工作台的结构

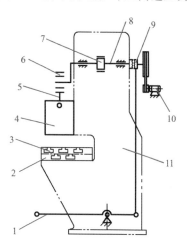

图 1-18 偏心压力机的结构

1—脚踏板;2—工作台;3—垫板;4—滑块;
5—连杆;6—偏心套;7—制动器;8—主轴;
9—离合器;10—电动机;11—床身

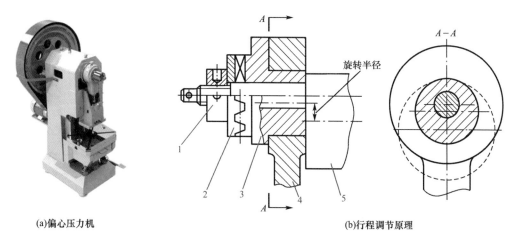

(a)偏心压力机   (b)行程调节原理

图 1-19 偏心压力机及其行程调节原理

1—螺母;2—接合套;3—偏心套;4—连杆;5—偏心轴

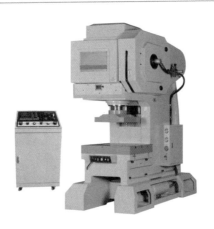

图 1-20　纽扣冲压高速压力机

3. 曲柄压力机的规格型号及主要技术参数

曲柄压力机的规格型号及主要技术参数见表 1-4。

表 1-4　　　　　　　　　　开式双柱可倾式压力机(部分)技术参数

型号	公称压力/kN	滑块行程/mm	行程次数/(次·min⁻¹)	最大闭合高度/mm	连杆调节长度/mm	工作台尺寸(前后×左右)/(mm×mm)	电动机功率/kW	模柄孔尺寸(孔径×孔深)/(mm×mm)
J23-10A	100	60	145	180	35	240×360	1.1	φ30×50
J23-16	160	55	120	220	45	300×450	1.5	
J23-25	250	65	55/105	270	55	370×560	2.2	φ50×70
JD23-25	250	10~100	55	270	50	370×560	2.2	
J23-40	400	80	45/90	330	65	460×700	5.5	
JC23-25	250	90	65	210	50	380×630	4	
J23-63	630	130	50	360	80	480×710	5.5	
JB23-63	630	100	40/80	400	80	570×860	7.5	
JC23-63	630	120	50	360	80	480×710	5.5	
J23-80	800	130	45	380	90	540×800	7.5	
JB23-80	800	115	45	417	80	480×720	7	
J23-100	1 000	130	38	480	100	710×1 080	10	φ60×75
J23-100A	1 000	16~140	45	400	100	600×900	7.5	
JA23-100	1 000	150	60	430	120	710×1 080	10	
JB23-100	1 000	150	60	430	120	710×1 080	10	
J23-125	1 250	130	38	480	110	710×1 080	10	
J13-160	1 600	200	40	570	120	900×1 360	15	φ70×80

(1)规格型号

压力机的规格型号是按照压力机的类别、列、组编制的,分别用字母和数字表示。以机械(曲柄)压力机为例做如下说明。《锻压机械　型号编制方法》(GB/T 28761—2012)中规定,曲

柄压力机的型号用汉语拼音正楷大写字母和阿拉伯数字表示。例如,JC23-63A 型号的含义如下:

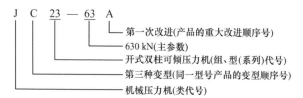

第一个字母为类代号,用汉语拼音字母表示。在 GB/T 28761—2012 所列的八类锻压设备中,与曲柄压力机有关的有五类:机械压力机、自动锻压(成形)机、锻机、剪切与切割机和弯曲矫正机,它们分别用"机""自""锻""切""弯"的拼音的第一个字母表示,即 J、Z、D、Q、W。

第二个字母表示同一型号产品的变型顺序号。凡主参数与基本型号相同,但其他某些基本参数与基本型号不同的,称为变型。用字母 A、B、C……表示第一种、第二种、第三种……变型产品。

第三、四个数字分别为组、型(系列)代号。如 23 为开式双柱可倾压力机。

横线后面的数字表示主参数。一般用压力机的标称压力作为主参数。型号中的标称压力用工程单位制的"tf"表示,故转化为法定单位制的"kN"时,应把该数字乘以 10。如上例中的"63"表示 63 tf,即 630 kN。最后一个字母表示产品的重大改进顺序号,凡是型号已确定的锻压机械,若结构和性能上与原产品有显著不同,则称为改进。用字母 A、B、C……表示第一次、第二次、第三次……改进。有些锻压设备,紧接组、型代号的后面还有一个字母,代表设备的通用特性。例如,J21G-20 中的"G"表示高速,J92K-25 中的"K"表示数控。

(2)主要技术参数

曲柄压力机的主要技术参数反映其工作能力、安装模具的配合尺寸和生产率等。

①公称压力。曲柄压力机的压力是指滑块下压时的冲击力。由曲柄连杆机构的工作原理可知,曲柄压力机滑块的压力在整个行程中不是一个常数,而是随曲柄转角的变化而不断变化的,如图 1-21 所示。曲柄压力机的公称压力是指当滑块离下止点前一位置或曲柄旋转到离下止点前一角度(称该角度为压力机的公称压力角,一般为 20°~30°)时,滑块上所能承受的最大压力,是压力机的主参数。h_a 为滑块离下止点的距离。图 1-21 中还给出了压力角所对应的滑块位移点。我国压力机的公称压力已经系列化,如 63 kN、100 kN、160 kN、250 kN、400 kN、800 kN、1 250 kN、1 600 kN 等。压力机的公称压力必须大于冷冲压工艺所需要的冲压力。应注意的是,在压力机压力满足冷冲压工艺需要的情况下,还会出现压力机的冲压功(主要由飞轮动能组成)小于冷冲压工艺要求的功的情况,因此必要时还需校核曲柄压力机的冲压功。

②滑块行程。滑块行程指滑块从上止点运动到下止点所经过的距离,一般为曲柄半径的 2 倍。

③行程次数。行程次数指滑块每分钟从上止点运动到下止点,再回到上止点所往复的次数。

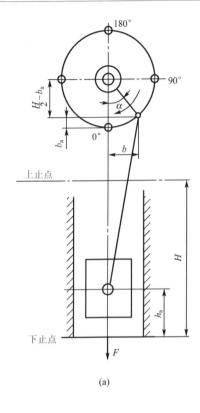 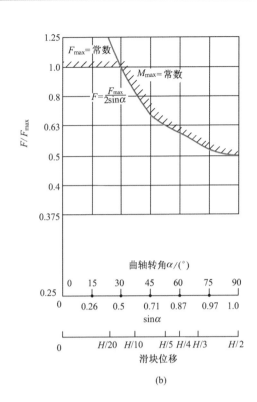

(a)   (b)

图 1-21　曲柄压力机的工作原理及许用压力曲线

④连杆调节长度。连杆调节长度又称装模高度调节量。曲柄压力机的连杆通常做成两部分,其长度可以调节。在安装不同闭合高度的模具时,可以通过改变连杆长度来改变压力机的闭合高度,以适应不同的安装要求。该参数一般用于微调压力机的闭合高度。

⑤闭合高度。闭合高度指压力机的滑块位于下止点位置时,滑块下端面到工作台上表面之间的距离。当连杆调节到最短时,压力机的闭合高度达到最大值,可以安装的模具闭合高度值最大;当连杆调节到最长时,压力机的闭合高度达到最小值,可以安装的模具闭合高度值最小。

▪ (三)摩擦压力机

摩擦压力机是利用螺杆与螺母的相对运动原理工作的,它具有结构简单、制造容易、维修方便、生产成本低等特点。摩擦压力机工作时灵活性大,其作用力的大小可以根据需要通过操作来调节,超负荷时摩擦轮打滑而不会损坏模具及设备,适用于弯曲大而厚的工件以及校正、压印、成形和温、热挤压等冲压工序。其缺点是飞轮轮缘磨损大,生产率和精度较低。

图 1-22(a)所示为摩擦压力机的结构简图。其传动原理为:启动后,电动机通过皮带轮带动轴 3 旋转,装于轴上的摩擦盘 2、5 同时旋转。工作时,压下手柄 14,轴 3 右移,使摩擦盘 2 与飞轮 4 接触,从而使飞轮 4 带动螺杆 6 顺时针旋转,滑块 16 向下运动进行冲压。相反,若将手柄上提,则滑块上升。通过手柄控制飞轮与摩擦盘接触的紧密程度,可使压力得到调整。摩擦压力机适用于弯曲较大而厚的工件。

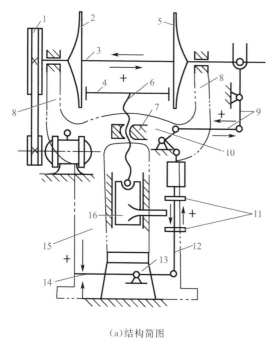

(a)结构简图

(b)实物图

图 1-22　摩擦压力机

1—带轮;2、5—摩擦盘;3—轴;4—飞轮;6—螺杆;7—圆螺母;8—支架;9、12—传动杆;
10—横梁;11—挡块;13—工作台;14—手柄;15—机身;16—滑块

摩擦压力机的主要技术参数见表 1-5。

表 1-5　　　　　　　　　　　摩擦压力机的主要技术参数

型号	技术参数							
	公称压力/kN	最大动能/J	滑块行程/mm	行程次数/(次·min⁻¹)	滑块尺寸(前后×左右)/(mm×mm)	工作台尺寸(前后×左右)/(mm×mm)	模柄孔尺寸(孔径×孔深)/(mm×mm)	最小闭合高度/mm
J53-100	1 000	5 000	310	19	380×355	500×450	$\phi70×90$	220
J53-160	1 600	10 000	360	17	400×458	560×510	$\phi70×90$	260
J53-300	3 000	25 000	380	15	520×400	650×570	$\phi70×100$	300
J53-400	4 000	40 000	500	14	635×635	820×730	—	400

（四）油压机

图 1-23 所示为常见的 Y28 系列万能油压机。其工作原理为电动机带动液压泵向液压缸输送高压油,推动活塞或柱塞带动活动横梁做上下方向的往复运动。模具安装在活动横梁和工作台上,能够完成弯曲、拉深、翻边、整形等冲压工序。油压机工作行程长,在整个行程中都能承受公称载荷,但其工作效率低,如果不采取特殊措施,一般不能用于冲裁工序。

图 1-23　Y28 系列万能油压机

■ (五)数控冲模回转头压力机

数控冲模回转头压力机是由计算机控制并带有模具库的数控冲切及步冲压力机,其优点是能自动快速地更换模具,通用性强,生产率高,突破了冲压加工离不开专用模具的传统方式。图 1-24 所示为数控冲模回转头压力机的机械原理。其工作原理是:主电动机通过带轮、蜗轮副带动曲轴—连杆—肘杆动作,使滑块往复运动,进行冲裁。冲模回转头装在床身上。通过两级圆锥齿轮和一级圆柱齿轮的传动,电液脉冲电动机使上、下转盘同步回转,以选择模具,并用液动定位销使转盘定位,保持上、下模的位置精度。制件板料由夹钳固定在工作台上。两个电液脉冲电动机通过滚珠丝杠—滚珠螺母传动,使工作台纵、横向移动,以确定制件冲孔的坐标位置。数控冲模回转头压力机的外形如图 1-25 所示。

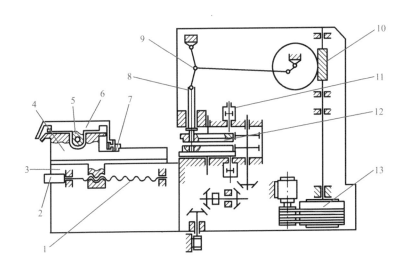

图 1-24　数控冲模回转头压力机的机械原理

1、5—滚珠丝杠;2—电液脉冲电动机;3—下滑块;4—工作台;6—上滑块;7—夹钳;

8—滑块;9—肘杆;10—蜗杆;11—液动定位销;12—回转头;13—离合器

数控冲模回转头压力机的冲孔方式与常规冲床的冲孔工艺不同。以图 1-26 所示的冲压件为例,按照常规方式冲裁,通常在冲床上装一副模具,将一批板材上的这一相同孔冲出,然后再换另一副模具,冲另外的孔。这种方式对板材的操作循环次数多,换模时间长。若在回转压力机上冲裁,仅一次装夹就能冲出同一块板上所有相同的孔,然后回转头自动换模,工作台带动板材移动位置,就可冲裁另一种孔。同样,利用组合冲裁可以冲出形状较复杂的孔,例如可加工开关柜面板等不同形状的孔。

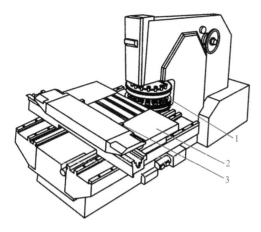

图 1-25　数控冲模回转头压力机的外形
1—回转头；2—工作台；3—夹钳

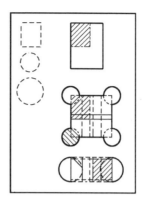
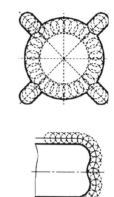

图 1-26　数控冲模回转头压力机的冲裁方式

（六）压力机的选用

选用压力机是冷冲压工艺与模具设计中的一项重要内容，直接关系到设备的安全和合理使用，同时也关系到冲压工艺过程能否顺利完成以及模具的寿命、产品质量、生产率、生产成本等一系列问题。选用压力机主要包括选择压力机的类型和规格两个方面。

1. 根据冲压工艺的性质选择压力机的类型

在中小型冲裁、弯曲或拉深件生产中，主要采用单柱具有弓形床身的开式机械压力机。虽然这类压力机刚性差，但操作方便，容易安装机械化、自动化附属装置，并且其小行程降低了传动部分的结构尺寸和成本。在大中型冲压生产中，多采用双柱结构形式的闭式机械压力机，大型拉深件的批量生产应选用专用的双动压力机。在大量生产或形状复杂的大批量生产中，应尽量选用高速压力机或多工位自动压力机。生产洗衣桶类的深拉深件，最好选用配有拉深垫的拉深液压机。

2. 确定压力机的规格

确定压力机的规格应遵循以下原则：

（1）压力机的公称压力必须大于冲压工序所需的压力，同时在冲床的全部行程中，滑块的作用力都不能超出冲床的允许压力与行程关系曲线的范围。图 1-27 所示为压力机压力曲线与变形力曲线的关系，这种情况只适用于冲裁而不适用于拉深。

（2）压力机滑块行程应满足制件的取出与毛坯的安放。对于拉深件，压力机的行程应大于零件高度的 2 倍。

（3）压力机的行程次数应符合生产率和材料变形速度的要求。

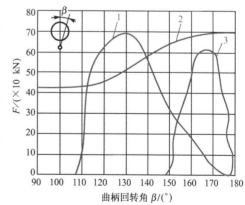

图 1-27　压力机压力曲线与变形力曲线的关系
1—拉深变形力曲线；2—冲床压力曲线；3—冲裁力曲线

（4）工作台面尺寸必须保证模具能正确安装到台面上，每边一般应大于模具底座 50～70 mm；工作台底孔尺寸一般应大于工件或废料尺寸，以便于工件或废料从中通过。

(5)模柄孔的尺寸与滑块的配合尺寸应相适应。

(6)压力机的闭合高度与模具的闭合高度(模具闭合时上模上端面到下模下端面之间的距离)应符合式(1-8)的关系,如图1-28所示。

$$H_{max} - 5 \geqslant H + h \geqslant H_{min} + 10 \tag{1-8}$$

式中　H——模具的闭合高度;

　　　H_{max}——压力机的最大闭合高度;

　　　H_{min}——压力机的最小闭合高度;

　　　h——压力机的垫板厚度。

图1-28中的尺寸M为压力机连杆调节长度。

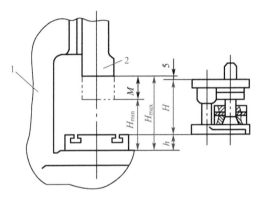

图1-28　压力机闭合高度与模具闭合高度的关系

1—床身;2—滑块

冷冲模调试实训

冷冲模安装与压力机操作

1.实训目的

(1)了解冷冲模安装、调试的过程和方法。

(2)了解凸模和凹模刃口间隙大小、凸模和凹模刃口状态对冲裁件断面质量的影响;了解凸模和凹模刃口间隙大小对冲裁件尺寸精度的影响。

(3)演示、观摩、验证冲床的操作;了解冲床结构、操作要领。

2.实训内容

在冲床上安装与调试模具,是模具钳工的一项技术含量高且必须掌握的重要工作,同时也是模具设计和制造技术人员以及车间现场管理技术人员必备的一项技能。实际生产中,模具安装与调试工作直接影响到冷冲压零件的质量和生产安全。因此,现场安装和调整冷冲模不但要熟悉压力机的性能和模具结构,而且要严格遵守安全操作制度(要点:安全为了生产,生产必须安全;安全生产,预防为主;安全生产工作为实际生产规章制度中的一票否决项。操作者经过安全培训、考核合格、持证上岗;操作者熟悉冲床结构、检查冲床状况、一人操作、做好安全防护等)。实训和实习期间,涉及冲床启动、运转,应特别注意安全工作,一般应以观摩、验证为主,演示者应为经过专业培训且具有资质的实训指导教师。

3. 实训用设备、工具和材料

160 kN(最小)曲柄压力机;无导向冷冲模一副(无导向结构,以便于调整冲裁间隙);若时间允许,可以增加一副带导向的冲孔落料复合模;1 mm厚Q235钢板条料若干。

4. 实训步骤

(1)由实训指导教师讲解压力机的结构和工作过程,加注润滑油,检查设备状况是否正常,特别是安全制动装置是否正常。

(2)清理冲床工作台面,将冲模放在工作台上,垫上一块垫铁,分开上、下模。

(3)调节冲床滑块连杆到较短的位置,踩下离合器踏板,搬动飞轮,使滑块慢慢降到下止点,在滑块下降过程中调节下模位置,将模柄导入滑块下端面的模柄孔中。

(4)用扳手调节冲床滑块上的连杆长短(属于微调,应保证连杆与滑块有足够的配合长度),使滑块下行,直到滑块下平面与冲模上模板的上平面接触,用扳手锁紧滑块的紧固螺栓,将上模紧固在滑块上。

(5)扳动飞轮,分开上、下模,取出垫铁。

(6)扳动飞轮,使滑块降到下止点,调节冲床滑块连杆使滑块缓慢下降并左右、前后移动下模(微调),使凸模进入凹模1 mm左右。

(7)观察上、下模刃口间的间隙是否均匀,若不均匀,则用木槌轻轻敲下模,直到间隙均匀为止,用压板和固定螺栓压紧下模。

(8)扳动飞轮,试冲一纸板,观察断面情况,判断间隙是否均匀,若不均匀,则再次调整,直到凸、凹模间隙均匀为止。

(9)模具调整好后,清除模具和工作台上的杂物,开动冲床,空冲一次后再试冲钢板。

(10)观察冲件断面情况,若周边毛刺不均匀,则再次调整间隙试冲,直到毛刺均匀为止。

(11)根据试冲钢板情况调节滑块连杆,使凸模进入凹模深度最小(只要能冲下钢板即可,以延长模具寿命)。

(12)调整完毕后开动冲床,进行冲裁,冲压过程中绝对禁止打连车。

(13)若时间安排允许,可以增加一副带导向的冲孔落料复合模,重复安装调试过程。带导向的冲孔落料复合模的凸、凹模间隙不能直接调整。

(14)实训完毕后卸下模具,涂油保护,清理现场。

5. 实训报告

(1)记录比较凸模和凹模刃口间隙大小不同时,冲件断面质量有何不同,特别是毛刺长短、断面四个带区的分布。

(2)记录比较凸模和凹模刃口状态(锋利和钝化)以及零件的断面和毛刺状况。

(3)简述冲模安装调试的方法和过程。

(4)若为有导向装置的冲模,是否也要同无导向模具一样调整间隙?为什么?

(5)简述打料原理和过程。

(6)如何调整冲床的闭合高度?

素养提升

　　通过介绍我国自行研制的 8 万吨模锻压力机等大国重器的相关内容,激发学生的家国情怀以及文化自信。更多内容扫描延伸阅读二维码进行延伸阅读与学习。

延伸阅读

/////////// **复习与思考题** ///////////

　　1.简述冲压工序的分类,对利用基本冲压工序成形的日常用品各列举两例。

　　2.通过网络等方式查找资料,了解我国目前各省、市地区模具工业的分布状况,模具行业大型企业以及上市企业的概况,以及国外相关冷冲压模具企业的概况。

　　3.何谓冷冲压工序? 试列举几例含有单一工序和多道工序的冷冲压产品。

　　4.什么叫塑性? 什么叫变形抗力? 二者有何区别?

　　5.材料的成形性能与其屈服强度 σ_s、极限强度 σ_b、屈强比 σ_s/σ_b 有何关系?

　　6.试述曲柄压力机闭合高度的调整原理及调整步骤。

　　7.对于型号为 J23-63 的曲柄压力机,闭合高度分别为 $H_{m1}=380$ mm、$H_{m2}=350$ mm、$H_{m3}=260$ mm、$H_{m4}=210$ mm 的模具能否装入其中? 采取措施后,哪些模具可以装入该压力机?

　　8.某拉深零件高度为 60 mm、直径为 $\phi150$ mm,需要的冲压力为 245 kN,生产纲领为 20 万件/年。试选择压力机的型号规格,并确定模具的外形尺寸范围。

　　9.冷冲压对材料有何要求?

　　10.解释以下代号的含义:Q235、H68、1050A、J23-63。

　　11.如何选择冷冲压设备?

　　12.解释:钢板 $\dfrac{\text{B-1.0}\times1000\times1500-\text{GB/T }708—2019}{\text{Q235-II-S-GB/T }13237—2013}$。

模块二
冲　裁

- 零件名称:起子。
- 零件简图:如图 2-1 所示。
- 材料:45 钢。
- 批量:大批量。
- 工作任务:制定冲压加工工艺并设计模具。

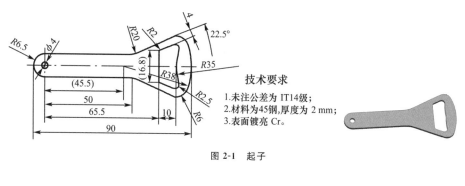

技术要求
1.未注公差为 IT14 级;
2.材料为45钢,厚度为 2 mm;
3.表面镀亮 Cr。

图 2-1　起子

一、概　述

　　冲裁是利用模具使板料沿着一定的轮廓形状产生分离的一种冲压工序。它包括落料、冲孔、切断、修边、切舌、剖切等工序,其中落料和冲孔是冲裁中最常见的两种工序,如图 2-2 所示。冲裁是冷冲压最基本的工序之一,它既可以直接冲出成品零件,也可以为弯曲、拉深等其他工序准备坯料,还可以对已成形的工件进行再加工(切边、切舌、冲孔等)。根据冲裁变形机理的不同,冲裁工艺可以分为普通冲裁和精密冲裁两大类。本模块主要讨论普通冲裁。

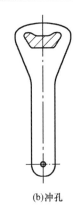

(a)落料   (b)冲孔

图 2-2　落料和冲孔

二、冲裁变形过程

掌握冲裁变形机理和变形过程,了解冲裁时板材上受到的应力,对应用冲裁工艺、正确设计模具及控制冲裁件质量具有重要意义。

（一）冲裁变形时板料变形区受力状态分析

图 2-3 所示为用模具对板料进行冲裁时的受力情况,当凸模下降至与板料接触时,板料就受凸、凹模端面的作用力。由于凸、凹模之间存在间隙,使 F_{P1}、F_{P2} 不在同一垂直线上,凸、凹模施加于板料的力产生一个力矩 M,其值等于凸、凹模作用的合力与稍大于间隙的力臂之积。在无压料板压紧装置冲裁时,力矩使板料产生弯曲,故模具与板料仅在刃口附近的狭小区域内保持接触,接触宽度为板厚的 1/5～2/5;并且凸、凹模作用于板料的垂直压力呈不均匀分布,随着向模具刃口靠近而急剧增大。

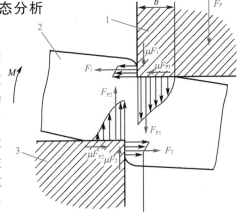

图 2-3　冲裁时作用于板料上的力
1—凸模；2—板料；3—凹模

图 2-3 中的 F_{P1}、F_{P2} 为凸、凹模对板料的垂直作用力；F_1、F_2 为凸、凹模对板料的侧压力；μF_{P1}、μF_{P2} 为凸、凹模端面与板料间的摩擦力,其方向与间隙大小有关,一般指向模具刃口；μF_1、μF_2 为凸、凹模侧面与板料间的摩擦力。

（二）冲裁时板料的变形过程

1. 弹性变形阶段

如图 2-4(a)所示,在凸模压力下,材料产生弹性压缩、拉伸和弯曲变形,凹模上的板料则向上翘曲,间隙越大,弯曲和上翘越严重。同时,凸模稍许挤入板料上部,板料下部则略挤入凹模洞口,但材料内应力未超过材料的弹性极限。

2. 塑性变形阶段

如图 2-4(b)所示,因板料发生弯曲,凸模沿宽度为 b 的环形带继续加压,当材料内应力达到屈服强度时便开始进入塑性变形阶段。凸模挤入板料上部,同时板料下部挤入凹模洞口,形成光亮的塑性剪切面。随着凸模挤入板料深度的增大,塑性变形程度增大,变形区材料硬化加剧,冲裁变形抗力不断增大,直到刃口附近侧面的材料由于拉应力的作用出现微裂纹时,塑性变形阶段便告终,此时冲裁变形抗力达到最大值。因凸、凹模间存在间隙,故在这个阶段中板料还伴随着弯曲和拉伸变形。间隙越大,弯曲和拉伸变形也越大。

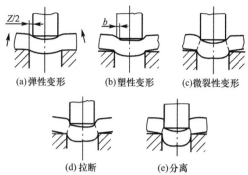

(a)弹性变形　(b)塑性变形　(c)微裂性变形

(d)拉断　　　　(e)分离

图 2-4　冲裁时板料的变形过程

3. 断裂分离阶段

如图 2-4(c)～图 2-4(e)所示,材料内裂纹首先在凹模刃口附近的侧面产生,紧接着才在凸模刃口附近的侧面产生。已形成的上、下微裂纹随凸模继续压入,沿最大切应力方向不断向材料内部扩展,当上、下裂纹重合时,板料便被拉断并分离。随后,凸模将分离的材料推入凹模洞口。

从图 2-5 所示冲裁力-凸模行程曲线可明显看出冲裁变形过程的三个阶段:OA 段是冲裁的弹性变形阶段;AB 段是塑性变形阶段,B 点为冲裁力的最大值,在 B 点材料开始剪裂;BC 段为微裂纹扩展直至材料分离的断裂分离阶段;CD 段主要用来说明用于克服摩擦力将冲裁件推出凹模孔口时所需的力。

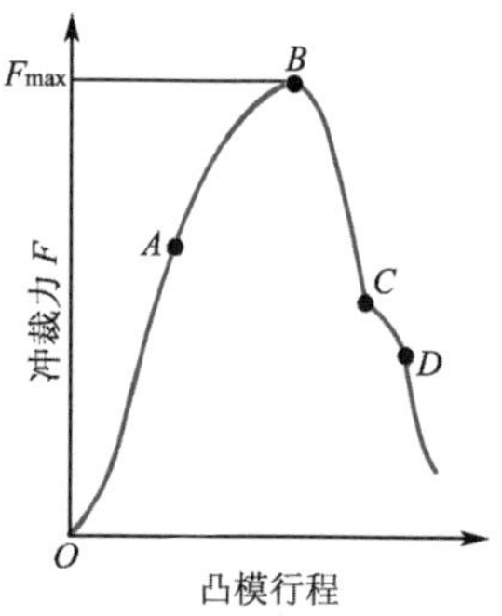

图 2-5　冲裁力-凸模行程曲线

（三）冲裁件质量及其影响因素

冲裁件质量包括断面质量、尺寸精度和形状误差。断面应尽可能垂直、光洁、毛刺小;尺寸精度应保证在图纸规定的公差范围之内;零件外形应满足图纸要求,表面应尽可能平直,即拱弯小。实践表明,影响冲裁件质量的因素有材料性能、间隙大小及均匀性、刃口锋利程度、模具精度以及模具结构形式等。

1. 断面质量及其影响因素

（1）断面质量　如图 2-6 所示,由于冲裁变形的特点,冲裁件的断面明显地分成四个特征区,即圆角带 a、光亮带 b、断裂带 c 与毛刺区 d。

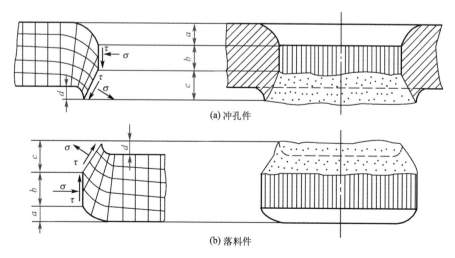

(a)冲孔件

(b)落料件

图 2-6　冲裁区应力、变形和冲裁件的正常断面

①圆角带 a。该区域的形成是当凸模刃口压入材料时,刃口附近的材料产生弯曲和伸长变形,材料被拉入间隙的结果。

②光亮带 b。该区域发生在塑性变形阶段,当刃口切入材料后,材料与凸、凹模切刃的侧表面挤压而形成光亮垂直的断面,通常占全断面的 1/3～1/2。

③断裂带 c。该区域在断裂分离阶段形成。它是由刃口附近的微裂纹在拉应力作用下不断扩展而形成的撕裂面,其断面粗糙,具有金属本色,且略带有斜度。

④毛刺区 d。毛刺的形成是由于在塑性变形阶段后期,当凸模和凹模的刃口切入被加工板料一定深度时,刃口正面材料被压缩,刃尖部分是高静水压应力状态,使裂纹的起点不会在刃尖处发生,而是在模具侧面距刃尖不远处发生。在拉应力的作用下,裂纹加长,材料断裂而产生毛刺,裂纹的产生点和刃口尖的距离成为毛刺的高度。在普通冲裁中毛刺是不可避免的,普通冲裁允许的毛刺高度见表 2-1。

表 2-1　　　　　　　　　　普通冲裁允许的毛刺高度　　　　　　　　　　mm

材料厚度 t	≤0.3	0.3～0.5	0.5～1.0	1.0～1.5	1.5～2
生产时	≤0.05	≤0.08	≤0.10	≤0.13	≤0.15
试模时	≤0.015	≤0.02	≤0.03	≤0.04	≤0.05

（2）影响因素　在四个特征区中,光亮带越宽,断面质量越好。四个特征区的大小及其在断面上所占的比例大小并非一成不变,而是随着材料性能、模具间隙、刃口状态等条件的不同而变化。影响断面质量的因素如下:

①材料性能。材料塑性好,冲裁时裂纹出现得较迟,材料被剪切的深度较大,所得断面光亮带所占的比例就大,圆角也大。而塑性差的材料容易拉断,材料被剪切不久就出现裂纹,使断面光亮带所占的比例小,圆角小,大部分是粗糙的断裂带。

②模具间隙。当间隙过小时,如图 2-7(a)所示,上、下裂纹互不重合。两裂纹之间的材料随着冲裁的进行将被第二次剪切,在断面上形成第二光亮带,该光亮带中部有残留的断裂带(夹层)。小间隙会使应力状态中的拉应力成分减小,挤压作用增大,使材料塑性得到充分发挥,裂纹的产生受到抑制而推迟。因此,光亮带宽度增大,圆角、毛刺、斜度翘曲、拱弯等缺陷都有所减小,工件质量较好,但断面质量也有缺陷,像中部的夹层等。当间隙过大时,如图 2-7(b)所示,上、下裂纹仍然不重合。因变形材料应力状态中的拉应力成分增大,材料的弯曲和拉深也增大,材料容易产生微裂纹,使塑性变形较早结束。因此,光亮带变窄,断裂带、圆角带增宽,毛刺和斜度较大,拱弯、翘曲现象显著,冲裁件质量下降,并且拉裂产生的斜度增大,断面出现两个斜度,断面质量也是不理想的。

当间隙合理时,如图 2-7(c)所示,上、下裂纹处于同一条直线。尽管断面有斜度,但零件比较平直,圆角、毛刺斜度均不大,综合断面质量较好。

当模具间隙不均匀时,冲裁件会出现部分间隙过大、部分间隙过小的断面状况。这对冲裁件断面质量也是有影响的,要求模具制造和安装时必须保持间隙均匀。

③刃口状态。刃口状态对冲裁过程中的应力状态有较大影响。当模具刃口磨损成圆角时,挤压作用增大,则冲裁件圆角和光亮带增大。钝的刃口,即使间隙选择合理,在冲裁件上也将产生较大的毛刺。凸模钝时,落料件产生毛刺;凹模钝时,冲孔件产生毛刺。

2. 尺寸精度及其影响因素

冲裁件的尺寸精度是指冲裁件的实际尺寸与图纸上公称尺寸之差。该差值越小,精度越高,它包括两方面的偏差:一是冲裁件相对于凸模或凹模尺寸的偏差;二是模具本身的制造偏

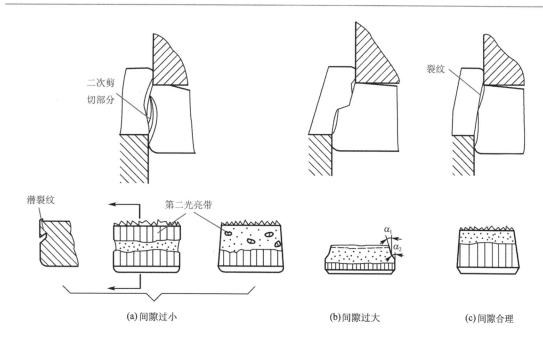

图 2-7　间隙对剪切裂纹与断面质量的影响

差。冲裁件的尺寸精度与许多因素有关,如冲模制造精度、冲裁间隙、材料性质等。

(1)冲模制造精度对尺寸精度的影响　冲模制造精度对冲裁件尺寸精度有直接影响。冲模制造精度越高,冲裁件的精度越高。当冲裁模具有合理间隙与锋利刃口时,其冲模制造精度与冲裁件尺寸精度的关系见表 2-2。需要指出的是,冲模制造精度与冲模结构、加工、装配等多方面因素有关。

表 2-2　　　　　　　　　　　　冲模制造精度与冲裁件尺寸精度的关系

冲模制造精度	冲裁件尺寸精度											
	材料厚度 t/mm											
	0.5	0.8	1.0	1.5	2	3	4	5	6	8	10	12
IT6~IT7	IT8	IT8	IT9	IT10	IT10	—	—	—	—	—	—	—
IT7~IT8	—	IT9	IT10	IT10	IT12	IT12	IT12	—	—	—	—	—
IT9	—	—	—	IT12	IT12	IT12	IT12	IT12	IT12	IT12	IT14	IT14	IT14

(2)冲裁间隙对尺寸精度的影响　当间隙较小时,由于材料受凸、凹模挤压力大,故冲裁结束后,材料的弹性恢复使落料件尺寸增大,冲孔孔径变小。当凸、凹模间隙较大时,材料所受拉伸作用增大,冲裁结束后,因材料的弹性恢复使冲裁件尺寸向实体方向收缩,落料件尺寸小于凹模尺寸,冲孔孔径大于凸模直径,如图 2-8 所示。尺寸变化量 δ 的大小与材料性质、厚度、轧制方向等因素有关。

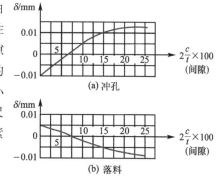

图 2-8　冲裁间隙对尺寸精度的影响

3.冲裁件形状误差及其影响因素

冲裁件的形状误差是指翘曲、扭曲、变形等缺陷。冲裁件呈曲面不平现象称为翘曲,它是由于间隙过大、弯矩增大、变形拉深和弯曲成分增多而造成的,材料的各向异性和卷料未矫正也会产生翘曲。冲裁件呈扭歪现象称为扭曲。它是由于材料不平、间隙不均匀、凹模后角对材料摩擦不均匀等造成的。冲裁件的变形是由于坯料的边缘冲孔或孔中心距太小等原因,导致零件刚性不足而引起的。

综上所述,用普通冲裁方法所能得到的冲裁件,其尺寸精度与断面质量都不太高。金属冲裁件所能达到的经济精度为 IT10～IT14,要求高的可达到 IT8～IT10 级。厚料比薄料更差。若要进一步提高冲裁件的质量要求,则要在冲裁后增加整修工序或采用精密冲裁法。

三、冲裁间隙

冲裁间隙 Z 是指冲裁模中凹模刃口尺寸 $D_凹$ 与凸模刃口尺寸 $d_凸$ 的差值,即

$$Z=D_凹-d_凸 \tag{2-1}$$

如图 2-9 所示,Z 表示双面间隙,单面间隙用 $Z/2$ 表示,如无特殊说明,冲裁间隙就是指双面间隙。Z 值可为正,也可为负,但在普通冲裁中均为正值。

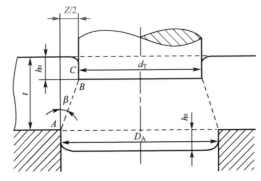

图 2-9 冲裁合理间隙的确定

■ (一)冲裁间隙对冲裁工艺的影响

冲裁间隙对冲裁件质量、冲裁力和模具寿命均有很大影响,是冲裁工艺与冲裁模设计中的一个非常重要的工艺参数。

1.冲裁间隙对冲裁件质量的影响

冲裁间隙是影响冲裁件质量的主要因素之一,详见前面"冲裁变形过程"部分的内容。

2.冲裁间隙对冲裁力的影响

随着间隙的增大,材料所受的拉应力增大,材料容易断裂分离,因此冲裁力减小。通常冲裁力的减小并不显著,当单边间隙为材料厚度的 5％～20％时,冲裁力的减小不超过 5％～10％。间隙对卸料力、推件力的影响比较显著。间隙增大后,从凸模上卸料和从凹模里推出零件都省力,当单边间隙达到材料厚度的 15％～25％时,卸料力几乎为零。但若间隙继续增大,因为毛刺增大,将引起卸料力、推件力迅速增大。

3.冲裁间隙对模具寿命的影响

模具寿命受各种因素的综合影响,间隙是影响模具寿命诸因素中最主要的因素之一。冲裁过程中,凸模与被冲的孔之间以及凹模与落料件之间均有摩擦,而且间隙越小,模具作用的压应力越大,摩擦也越严重。所以过小的间隙对模具寿命极为不利,而较大的间隙可使凸模侧面及材料间的摩擦减小,并减缓由于受到制造和装配精度的限制,出现间隙不均匀的不利影响,从而提高模具寿命。

(二)冲裁间隙值的确定

由以上分析可知,冲裁间隙对冲裁件质量、冲裁力、模具寿命等都有很大影响,但很难找到一个固定的间隙值能同时满足冲裁件质量最佳、冲模寿命最长、冲裁力最小等各方面要求。因此,在冲压实际生产中,主要根据冲裁件断面质量、尺寸精度和模具寿命这三个因素综合考虑,给间隙规定一个范围。只要间隙在这个范围内,就能得到质量合格的冲裁件和较长的模具寿命。这个间隙范围称为合理间隙(Z),这个范围的最小值称为最小合理间隙(Z_{min}),最大值称为最大合理间隙(Z_{max})。考虑到在生产过程中的磨损使间隙变大,故设计与制造新模具时应采用最小合理间隙(Z_{min})。

确定合理间隙有理论确定法和经验确定法两种。

1. 理论确定法

理论确定法主要遵循凸、凹模刃口产生的裂纹相互重合的原则进行计算。图 2-9 所示为冲裁过程中开始产生裂纹的瞬时状态,则

$$Z = 2(t - h_0)\tan\beta = 2t(1 - h_0/t)\tan\beta \tag{2-2}$$

式中　　t——材料厚度;

　　　　h_0——产生裂纹时凸模压入材料的深度;

　　　　h_0/t——产生裂纹时凸模压入材料的相对深度;

　　　　β——裂纹角,即剪切裂纹与垂线方向的夹角。

从式(2-2)可看出,合理间隙 Z 与材料厚度 t、产生裂纹时凸模压入材料的相对深度 h_0/t 及裂纹角 β 有关,而 h_0/t 又与材料塑性有关,β 又与冲裁件断面质量有关。因此,影响冲裁间隙值的主要因素是冲裁件材料性质、材料厚度和冲裁件断面质量。材料厚度越大、塑性越低的硬脆材料,其断面质量要求低,则所需合理间隙 Z 就越大;材料厚度越薄、塑性越好的材料,其断面质量要求高,则所需合理间隙 Z 就越小。

由于理论确定法在生产中使用不方便,故目前广泛采用的是经验确定法。

2. 经验确定法

根据研究与实际生产经验,冲裁间隙可按要求分类查表确定。对于尺寸精度、断面质量要求高的冲裁件,应选用较小的冲裁间隙(表 2-3),这时冲裁力与模具寿命作为次要因素考虑。对于尺寸精度和断面质量要求不高的冲裁件,在满足冲裁件要求的前提下,应以减小冲裁力、提高模具寿命为主,选用较大的双面冲裁间隙(表 2-4)。可详见《冲裁间隙》(GB/T 16743—2010)。

也可按下列经验公式选用:

软材料:

$t < 1$ mm,$Z = (6\% \sim 8\%)t$;

$t = 1 \sim 3$ mm,$Z = (10\% \sim 16\%)t$;

$t = 3 \sim 5$ mm,$Z = (16\% \sim 20\%)t$。

硬材料:

$t < 1$ mm,$Z = (8\% \sim 10\%)t$;

$t = 1 \sim 3$ mm,$Z = (12\% \sim 16\%)t$;

$t = 3 \sim 8$ mm,$Z = (16\% \sim 26\%)t$。

从以上分析可知,合理冲裁间隙有一个相当大的变动范围($6\% \sim 26\%$)t。取较小的冲裁

间隙有利于提高冲裁件的质量,取较大的冲裁间隙有利于提高模具寿命。因此,在满足冲裁件质量要求的前提下,应采用较大的冲裁间隙。

表 2-3　　　　　　　冲裁模初始双面冲裁间隙 Z(电器、仪表行业)　　　　　　　mm

材料厚度 t	软铝		纯铜、黄铜、软钢 $w_C=0.08\%\sim0.2\%$		杜拉铝、中等硬钢 $w_C=0.3\%\sim0.4\%$		硬钢 $w_C=0.5\%\sim0.6\%$	
	Z_{min}	Z_{max}	Z_{min}	Z_{max}	Z_{min}	Z_{max}	Z_{min}	Z_{max}
0.2	0.008	0.012	0.010	0.014	0.012	0.016	0.014	0.018
0.3	0.012	0.018	0.015	0.021	0.018	0.024	0.021	0.027
0.4	0.016	0.024	0.020	0.028	0.024	0.032	0.028	0.036
0.5	0.020	0.030	0.025	0.035	0.030	0.040	0.035	0.045
0.6	0.024	0.036	0.030	0.042	0.036	0.048	0.042	0.054
0.7	0.028	0.042	0.035	0.049	0.042	0.056	0.049	0.063
0.8	0.032	0.048	0.040	0.056	0.048	0.064	0.056	0.072
0.9	0.036	0.054	0.045	0.063	0.054	0.072	0.063	0.081
1.0	0.040	0.060	0.050	0.070	0.060	0.080	0.070	0.090
1.2	0.050	0.084	0.072	0.096	0.084	0.108	0.096	0.120
1.5	0.075	0.105	0.090	0.120	0.105	0.135	0.120	0.150
1.8	0.090	0.126	0.108	0.144	0.126	0.162	0.144	0.180
2.0	0.100	0.140	0.120	0.160	0.140	0.180	0.160	0.200
2.2	0.132	0.176	0.154	0.198	0.176	0.220	0.198	0.242
2.5	0.150	0.200	0.175	0.225	0.200	0.250	0.225	0.275
2.8	0.168	0.225	0.196	0.252	0.224	0.280	0.252	0.308
3.0	0.180	0.240	0.210	0.270	0.240	0.300	0.270	0.330
3.5	0.245	0.315	0.280	0.350	0.315	0.385	0.350	0.420
4.0	0.280	0.360	0.320	0.400	0.360	0.440	0.400	0.480
4.5	0.315	0.405	0.360	0.450	0.405	0.490	0.450	0.540
5.0	0.350	0.450	0.400	0.500	0.450	0.550	0.500	0.600
6.0	0.480	0.600	0.540	0.660	0.600	0.720	0.660	0.780
7.0	0.560	0.700	0.630	0.770	0.700	0.840	0.770	0.910
8.0	0.720	0.880	0.800	0.960	0.880	1.040	0.960	1.120
9.0	0.870	0.990	0.900	1.080	0.990	1.170	1.080	1.260
10.0	0.900	1.100	1.000	1.200	1.100	1.300	1.200	1.400

注:①初始双面冲裁间隙的最小值相当于冲裁间隙的公称数值。
②初始双面冲裁间隙的最大值是考虑到凸模和凹模的制造公差所增加的数值。
③表中所列最小值、最大值是指制造模具初始冲裁间隙的变动范围,并非磨损极限。
④在使用过程中,由于模具工作部分的磨损,冲裁间隙将有所增大,因而冲裁间隙的使用最大数值会超过表中所列数值。
⑤w_C 为碳的质量分数。

表 2-4 　　　　　冲裁模初始双面冲裁间隙 Z（汽车、拖拉机行业）　　　　　mm

材料厚度 t	08、10、35、Q295、Q235A		Q345		40、50		65Mn	
	Z_{min}	Z_{max}	Z_{min}	Z_{max}	Z_{min}	Z_{max}	Z_{min}	Z_{max}
<0.5	极小间隙							
0.5	0.040	0.060	0.040	0.060	0.040	0.060	0.040	0.060
0.6	0.048	0.072	0.048	0.072	0.048	0.072	0.048	0.072
0.7	0.064	0.092	0.064	0.092	0.064	0.092	0.064	0.092
0.8	0.072	0.104	0.072	0.104	0.072	0.104	0.064	0.092
0.9	0.090	0.126	0.090	0.126	0.090	0.126	0.090	0.126
1.0	0.100	0.140	0.100	0.140	0.100	0.140	0.090	0.126
1.2	0.126	0.180	0.132	0.180	0.132	0.180		
1.5	0.132	0.240	0.170	0.240	0.170	0.240		
1.75	0.220	0.320	0.220	0.320	0.220	0.320		
2.0	0.246	0.360	0.260	0.380	0.260	0.380		
2.1	0.260	0.380	0.280	0.400	0.280	0.400		
2.5	0.360	0.500	0.380	0.540	0.380	0.540		
2.75	0.400	0.560	0.420	0.600	0.420	0.600		
3.0	0.460	0.640	0.480	0.660	0.480	0.660	—	—
3.5	0.540	0.740	0.580	0.780	0.580	0.780		
4.0	0.640	0.880	0.680	0.920	0.680	0.920		
4.5	0.720	1.000	0.680	0.960	0.780	1.040		
5.5	0.940	1.280	0.780	1.100	0.980	1.320		
6.0	1.080	1.440	0.840	1.200	1.140	1.500		
6.5			0.940	1.300				
8.0			1.200	1.680				

注：冲裁皮革、石棉和纸板时，间隙取 08 钢的 25%。

四、凸模和凹模的刃口尺寸计算

凸模和凹模的刃口尺寸及其公差直接影响冲裁件的尺寸，模具的合理间隙值也靠凸、凹模的刃口尺寸及其公差来保证。因此，正确确定凸、凹模的刃口尺寸及其公差是冲裁模设计中的一项重要工作。

（一）刃口尺寸计算的基本原则

（1）设计冲裁模应先确定基准模刃口尺寸，落料件以凹模为基准模，间隙取在凸模上，即冲裁间隙通过减小凸模刃口尺寸来取得；冲孔件以凸模为基准模，间隙取在凹模上，冲裁间隙通过增大凹模刃口尺寸来取得。

凸、凹模刃口尺寸计算

（2）考虑冲裁模在使用过程中刃口尺寸的磨损规律，冲裁过程中凸、凹模要与冲裁件或废料发生摩擦，使凸、凹模的刃口尺寸越磨越大，引起冲裁件对应的尺寸发生变化。如果基准模的刃口尺寸磨损后引起工件对应尺寸变大,则基准模刃口公称尺寸应取接近或等于工件的下极限尺寸;如果基准模的刃口尺寸磨损后引起工件对应尺寸变小,则基准模刃口公称尺寸应取接近或等于工件的上极限尺寸。这样,凸、凹模在磨损到一定程度时,仍能冲出合格的零件。模具磨损预留量与工件制造精度有关,用 $x\Delta$ 表示,其中 Δ 为工件的公差,x 为磨损系数,其值为 0.5~1,可查表 2-5,根据工件制造精度进行选取。

工件精度在 IT10 以上	$x=1$
工件精度为 IT11~IT13	$x=0.75$
工件精度在 IT14 以下	$x=0.5$

表 2-5   工件公差 Δ 和磨损系数 x 的关系

材料厚度 t/mm	工件公差 Δ/mm				
	磨损系数 x(非圆形)			磨损系数 x(圆形)	
	1	0.75	0.5	0.75	0.5
≤1	<0.16	0.17~0.35	≥0.36	<0.16	≥0.16
1~2	<0.20	0.21~0.41	≥0.42	<0.20	≥0.20
2~4	<0.24	0.25~0.49	≥0.50	<0.24	≥0.24
>4	<0.30	0.31~0.59	≥0.60	<0.30	≥0.30

(3)不管是落料还是冲孔,冲裁间隙一般选用最小合理间隙($Z_{\min}$)。

(4)选择模具刃口制造公差时,要考虑工件精度与模具精度的关系,既要保证工件的精度要求,又要保证有合理的间隙。一般冲模精度较工件精度高 2~4 级。对于形状简单的圆形、方形刃口,其制造偏差可按 IT6~IT7 级来选取,也可查表 2-6 选取。对于形状复杂的刃口制造偏差,可按工件相应部位公差的 1/4 来选取;对于刃口尺寸磨损后无变化的制造偏差,可取工件相应部位公差的 1/8 并加"±"。

表 2-6   规则形状(圆形、方形)冲裁时凸、凹模的制造偏差   mm

公称尺寸	凸模偏差	凹模偏差	公称尺寸	凸模偏差	凹模偏差
≤18	0.020	0.020	180~260	0.030	0.040
18~30	0.020	0.025	260~360	0.035	0.050
30~80	0.020	0.030	360~500	0.040	0.060
80~120	0.025	0.035	>500	0.050	0.070
120~180	0.030	0.040			

(5)工件尺寸公差与冲模刃口尺寸的制造偏差原则上都应按"入体"原则标注为单向公差。所谓"入体"原则,是指标注工件尺寸公差时应向材料实体方向单向标注,但对于刃口尺寸磨损后对应工件尺寸无变化的尺寸,一般标注双向偏差。

■ (二)凸、凹模刃口尺寸的计算方法

模具加工方法不同,凸模与凹模刃口部分尺寸的计算公式与制造公差的标注也不同,刃口尺寸的计算方法可分为如下两类:

1. 凸模与凹模分开加工

凸模与凹模分开加工是指凸模和凹模分别按图纸要求加工至尺寸。这种方法主要适用于圆形或简单规则形状的工件,故此类冲裁件的凸、凹模制造相对简单,精度容易保证。设计时,需在图纸上分别标注凸模和凹模刃口尺寸及制造公差。冲模刃口尺寸及公差与工件尺寸及公差的分布情况如图 2-10 所示。

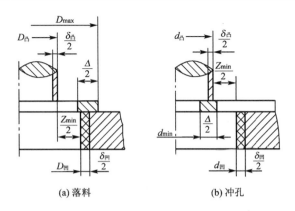

图 2-10 冲模刃口尺寸及公差与工件尺寸及公差的分布情况

为了保证初始间隙值小于最大合理间隙 Z_{max}，分开加工必须满足下列条件：

$$|\delta_凹|+|\delta_凸|\leqslant Z_{max}-Z_{min} \qquad (2\text{-}3)$$

或取

$$\delta_凸=0.4(Z_{max}-Z_{min}) \qquad (2\text{-}4)$$

$$\delta_凹=0.6(Z_{max}-Z_{min}) \qquad (2\text{-}5)$$

即新制造的模具应确保 $|\delta_凹|+|\delta_凸|+Z_{min}\leqslant Z_{max}$，否则新制造的模具凸、凹模间隙已超过允许变动范围（$Z_{min}\sim Z_{max}$）。

下面对单一尺寸落料和冲孔两种情况分别进行讨论。

（1）落料 设工件的尺寸为 $D_{-\Delta}^{\ 0}$（若零件标注为其他形式，必须先转换成单向负偏差形式），根据计算原则，落料时以凹模为设计基准。首先确定凹模尺寸，使凹模的公称尺寸接近或等于工件轮廓的下极限尺寸（凹模刃口尺寸磨损后工件尺寸变大），将凹模尺寸减去最小合理间隙即得到凸模尺寸，即

$$D_凹=(D_{max}-x\Delta)_{\ 0}^{+\delta_凹} \qquad (2\text{-}6)$$

$$D_凸=(D_凹-Z_{min})_{-\delta_凸}^{\ 0}=(D_{max}-x\Delta-Z_{min})_{-\delta_凸}^{\ 0} \qquad (2\text{-}7)$$

（2）冲孔 设冲孔尺寸为 $d_{\ 0}^{+\Delta}$（若零件标注为其他形式，必须先转换成单向正偏差形式），根据计算原则，冲孔时以凸模为设计基准。首先确定凸模尺寸，使凸模的公称尺寸接近或等于工件孔的上极限尺寸（凸模刃口尺寸磨损后工件尺寸变小），将凸模尺寸加上最小合理间隙即得到凹模尺寸，即

$$d_凸=(d_{min}+x\Delta)_{-\delta_凸}^{\ 0} \qquad (2\text{-}8)$$

$$d_凹=(d_凸+Z_{min})_{\ 0}^{+\delta_凹}=(d_{min}+x\Delta+Z_{min})_{\ 0}^{+\delta_凹} \qquad (2\text{-}9)$$

（3）孔中心距 孔心距是磨损后工件尺寸基本不变的尺寸。在同一工步中，在工件上冲出孔中心距为 $L\pm\Delta$ 的孔时，其凹模型孔中心距的计算公式为

$$L_d=L\pm\frac{1}{8}\Delta \qquad (2\text{-}10)$$

式中　　$D_凹$——落料凹模公称尺寸；

　　　　$D_凸$——落料凸模公称尺寸；

　　　　D_{max}——落料件的上极限尺寸；

　　　　$d_凸$——冲孔凸模公称尺寸；

　　　　$d_凹$——冲孔凹模公称尺寸；

　　　　d_{min}——冲孔件的下极限尺寸；

　　　　L_d——凹模孔中心距公称尺寸；

L——工件孔中心距尺寸；

Δ——冲裁件公差；

$Z_{\min}$——凸、凹模最小初始双面间隙；

$\delta_{凸}$——凸模下偏差，可查表 2-6，也可按 IT6 选用或比冲压件高 3～4 级，凸模可比凹模 高 1 级；

$\delta_{凹}$——凹模上偏差，可查表 2-6，也可按 IT7 选用或比冲压件高 3～4 级；

x——磨损系数。

例 2-1

如图 2-11 所示零件，其材料为 Q235 钢，材料厚度 $t=0.5$ mm，试求凸、凹模刃口尺寸及公差。

解 由图 2-11 可知，该零件属于无特殊要求的一般冲孔、落料。$\phi36_{-0.62}^{0}$ 由落料获得，$2\times\phi6_{0}^{+0.12}$ 及 18 ± 0.09 由冲孔同时获得。查表 2-4，得 $Z_{\min}=0.04$，$Z_{\max}=0.06$，则

$$Z_{\max}-Z_{\min}=0.06-0.04=0.02 \text{ mm}$$

由公差表（附录三）查得：$2\times\phi6_{0}^{+0.12}$ 为 IT12 级，取 $x=0.75$；$\phi36_{-0.62}^{0}$ 为 IT14 级，取 $x=0.5$。

设凸、凹模分别按 IT6 级和 IT7 级加工制造（$\delta_{凸}$ 按 IT6 级、$\delta_{凹}$ 按 IT7 级，查附录三），则

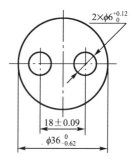

图 2-11 工件图

① 冲孔

$$d_{凸}=(d_{\min}+x\Delta)_{-\delta_{凸}}^{0}=(6+0.75\times0.12)_{-0.008}^{0}=6.09_{-0.008}^{0} \text{ mm}$$

$$d_{凹}=(d_{凸}+Z_{\min})_{0}^{+\delta_{凹}}=(6.09+0.04)_{0}^{+0.012} \text{ mm}=6.13_{0}^{+0.012} \text{ mm}$$

校核：$|\delta_{凹}|+|\delta_{凸}|=0.012+0.008=0.02=Z_{\max}-Z_{\min}$（满足间隙公差条件）

孔中心距尺寸：$L_{d}=L\pm0.125\Delta=18\pm0.125\times(0.09\times2)=18\pm0.023$ mm

② 落料

$$D_{凹}=(D_{\max}-x\Delta)_{0}^{+\delta_{凹}}=(36-0.5\times0.62)_{0}^{+0.025}=35.69_{0}^{+0.025} \text{ mm}$$

$$D_{凸}=(D_{凹}-Z_{\min})_{-\delta_{凸}}^{0}=(35.69-0.04)_{-0.016}^{0}=35.65_{-0.016}^{0} \text{ mm}$$

校核：$|\delta_{凹}|+|\delta_{凸}|=0.025+0.016=0.041>Z_{\max}-Z_{\min}$

由此可知，只有缩小 $\delta_{凸}$、$\delta_{凹}$（提高制造精度），才能保证间隙在合理范围内，此时可取

$$\delta_{凸}=0.4\times0.02=0.008 \text{ mm}$$

$$\delta_{凹}=0.6\times0.02=0.012 \text{ mm}$$

故 $D_{凹}=35.69_{0}^{+0.012}$ mm，$D_{凸}=35.65_{-0.008}^{0}$ mm。

2. 凸模与凹模配合加工

采用凸、凹模分开加工时，为了保证凸、凹模间具有一定的间隙值，必须严格限制冲模制造公差，这样往往会造成冲模制造困难甚至无法制造。对于冲制薄材料（$Z_{\max}$ 与 $Z_{\min}$ 的差值很小）的冲模、复杂形状工件的冲模或单件生产的冲模，常采用凸模与凹模配合加工方法。

配合加工就是先按设计尺寸制出一个基准模(凸模或凹模),然后根据基准模的实际尺寸再按最小合理间隙配制另一件。这种加工方法的特点是模具的间隙由配制保证,与模具制造精度无关,这样可放大基准模的制造公差,一般可取 $\delta=\Delta/4$,使制造容易。设计时,基准模的刃口尺寸及制造公差应详细标注,而配制件上只标注公称尺寸,不标注公差,但在图纸技术要求上应注明"凸(凹)模刃口按凹(凸)模实际刃口尺寸配制,保证双面合理间隙值为 $Z_{\min}\sim Z_{\max}$"。

采用配合加工计算凸模或凹模刃口尺寸,首先应根据凸模或凹模磨损后轮廓变化情况正确判断出模具刃口各个尺寸在磨损过程中是增大、减小还是基本不变,然后分别按不同的公式计算。

(1)第一类尺寸——凸模或凹模磨损后零件尺寸增大。落料凹模或冲孔凸模磨损后制件尺寸将会增大的尺寸,相当于简单形状的落料凹模尺寸,因此它的公称尺寸及制造公差的确定方法与式(2-6)相同,即

$$A_{j}=(A_{\max}-x\Delta)^{+\Delta/4}_{0} \tag{2-11}$$

(2)第二类尺寸——凸模或凹模磨损后零件尺寸减小。冲孔凸模或落料凹模磨损后制件尺寸将会减小的尺寸,相当于简单形状的冲孔凸模尺寸,因此它的公称尺寸及制造公差的确定方法与式(2-8)相同,即

$$B_{j}=(B_{\min}+x\Delta)^{0}_{-\Delta/4} \tag{2-12}$$

(3)第三类尺寸——凸模或凹模磨损后零件尺寸基本不变。凸模或凹模在磨损后制件尺寸基本不变的尺寸,不必考虑磨损的影响,相当于简单形状的孔中心距尺寸,因此它的公称尺寸及制造公差的确定方法与式(2-10)相同,即

$$C_{j}=(C_{\min}+\frac{1}{2}\Delta)\pm\frac{1}{8}\Delta \tag{2-13}$$

式中　　A_{j}、B_{j}、C_{j}——基准模公称尺寸;

　　　　$A_{\max}$、$B_{\min}$、$C_{\min}$——工件极限尺寸;

　　　　Δ——工件公差。

例 2-2

如图 2-12 所示,$a=80^{0}_{-0.42}$ mm,$b=40^{0}_{-0.34}$ mm,$c=35^{0}_{-0.34}$ mm,$d=22\pm0.14$ mm,$e=15^{0}_{-0.12}$ mm,材料厚度 $t=1$ mm,材料为 10 钢。配合加工时计算冲裁件的凸、凹模刃口尺寸及制造公差。

解　该冲裁件属落料件,选凹模为设计基准件,只需计算落料凹模刃口尺寸及制造公差即可,凸模刃口尺寸由凹模的实际尺寸按间隙要求配作。图 2-12 中尺寸 a、b、c 对于凹模来说属于第一类尺寸;尺寸 d 对于凸模来说属于第一类尺寸,对于凹模来说属于第二类尺寸;尺寸 e 对于凸、凹模来说都属于第三类尺寸。

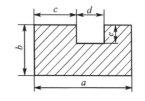

图 2-12　复杂形状冲裁件的尺寸分类

由表 2-4 查得,$Z_{\min}=0.10$ mm,$Z_{\max}=0.14$ mm。由表 2-5 查得:尺寸为 80 mm,选 $x=0.5$;尺寸为 15 mm,选 $x=1$;其余尺寸均选 $x=0.75$;制造公差按复杂件取 $\dfrac{\Delta}{4}$。

落料凹模的公称尺寸计算如下:

$$a_{凹} = (80 - 0.5 \times 0.42)^{+0.25 \times 0.42}_{0} = 79.79^{+0.105}_{0} \text{ mm}$$

$$b_{凹} = (40 - 0.75 \times 0.34)^{+0.25 \times 0.34}_{0} = 39.75^{+0.085}_{0} \text{ mm}$$

$$c_{凹} = (35 - 0.75 \times 0.34)^{+0.25 \times 0.34}_{0} = 34.75^{+0.085}_{0} \text{ mm}$$

$$d_{凹} = (22 - 0.14 + 0.75 \times 0.28)^{0}_{-0.25 \times 0.28} = 22.07^{0}_{-0.070} \text{ mm}$$

$$e_{凹} = (15 - 0.12 + 0.5 \times 0.12) \pm \frac{1}{8} \times 0.12 = 14.94 \pm 0.015 \text{ mm}$$

落料凸模的公称尺寸与凹模相同,分别是 79.79 mm、39.75 mm、34.75 mm、22.07 mm、14.94 mm。不必标注公差,但要在技术要求中注明"凸模刃口尺寸按凹模刃口实际尺寸配制,保证双面合理间隙为 0.10～0.14 mm"。落料凸、凹模刃口尺寸如图 2-13 所示。

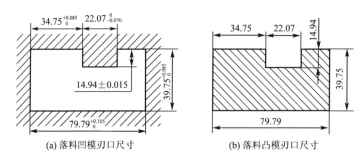

(a) 落料凹模刃口尺寸　　　　　　　　(b) 落料凸模刃口尺寸

图 2-13　落料凸、凹模刃口尺寸

五、冲裁力和压力中心的计算

(一)冲裁力的计算

冲裁力是冲裁过程中凸模对板料施加的压力,它是随凸模进入材料的深度(凸模行程)而变化的,如图 2-5 所示。通常所说的冲裁力是指冲裁力的最大值,它是选用压力机和设计模具的重要依据之一。

用普通平刃口模具冲裁时,其冲裁力 F 的计算公式为

$$F = KtL\tau \tag{2-14}$$

式中　K——系数;

　　　t——材料厚度;

　　　L——冲裁周边长度;

　　　τ——材料抗剪强度。

系数 K 是考虑实际生产中,模具间隙的波动和不均匀、刃口的磨损、材料力学性能和厚度波动等因素的影响而给出的修正系数,一般取 $K=1.3$。

为计算简便,也可按下式估算冲裁力:

$$F = tL\sigma_b \tag{2-15}$$

式中,σ_b 为材料的抗拉强度。

■■ (二)辅助力的计算

在冲裁过程中,除了冲裁力之外,还需要外力将工件或废料从凸模上或凹模中取出,该力称为辅助力,如图 2-14 所示。它不参与冲裁工件,但是在冲裁工艺中是必需的,它包括卸料力、推件力、顶件力。在冲裁结束时,由于材料的弹性回复(包括径向弹性回复和弹性翘曲回复)及摩擦的存在,将使冲落部分的材料梗塞在凹模内,而冲裁剩下的材料则紧箍在凸模上。为使冲裁工作继续进行,必须将箍在凸模上的材料卸下,将卡在凹模内的材料推出。从凸模上卸

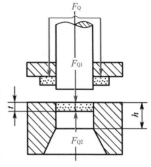

图 2-14 辅助力示意图

下箍着的材料所需要的力称为卸料力;将梗塞在凹模内的材料顺冲裁方向推出所需要的力称为推件力;逆冲裁方向将材料从凹模内顶出所需要的力称为顶件力。

辅助力是由压力机和模具卸料装置或顶件装置传递的,因此在选择设备的公称压力或设计冲模时,应分别予以考虑。影响辅助力的因素较多,主要有材料的力学性能、材料厚度、模具间隙、凹模洞口的结构、搭边大小、润滑情况、制件的形状和尺寸等。可见,要准确地计算辅助力是困难的,生产中常用经验公式计算,即

卸料力 $$F_{Q} = KF \tag{2-16}$$

推件力 $$F_{Q1} = nK_1 F \tag{2-17}$$

顶件力 $$F_{Q2} = K_2 F \tag{2-18}$$

式中　F——冲裁力;

　　　　K——卸料力系数,其值为 0.02~0.06(薄料取大值,厚料取小值);

　　　　K_1——推件力系数,其值为 0.03~0.07(薄料取大值,厚料取小值);

　　　　K_2——顶件力系数,其值为 0.04~0.08(薄料取大值,厚料取小值);

　　　　n——梗塞在凹模内的制件或废料数量($n = h/t$,其中 h 为直刃口部分的高度,t 为材料厚度)。

卸料力和顶件力还是设计卸料装置和弹顶装置中弹性元件的依据。

■■ (三)压力机公称压力的选取

冲裁时,压力机的公称压力必须大于冲裁各工艺力的总和 F_z,并留有一定的余量。

采用弹压卸料装置和下出件的模具时

$$F_z = F + F_Q + F_{Q1} \tag{2-19}$$

采用弹压卸料装置和上出件的模具时

$$F_z = F + F_Q + F_{Q2} \tag{2-20}$$

采用刚性卸料装置和下出件的模具时

$$F_z = F + F_{Q1} \tag{2-21}$$

■■ (四)减小冲裁力的措施

为实现小设备冲裁大工件或使冲裁过程平稳以减轻压力机振动,常用下列方法来减小冲裁力。

1.阶梯凸模冲裁

在多凸模的冲模中,将凸模设计成不同长度,使工作端面呈阶梯式布置,如图 2-15(a)所示,这样各凸模冲裁力的最大峰值不同时出现,从而达到减小冲裁力的目的。在几个凸模直径相差较大、相距又很近的情况下,为了避免小直径凸模由于承受材料流动的侧压力而产生折断或倾斜现象,应该采用阶梯布置,即将小凸模做短一些。

凸模间的高度差 H 与板料厚度 t 有关,即

$t<3$ mm 时 $\qquad\qquad\qquad H=t$

$t\geqslant3$ mm 时 $\qquad\qquad\qquad H=0.5t$

阶梯凸模冲裁的冲裁力,一般只按产生最大冲裁力的那一个阶梯进行计算。

2.斜刃冲裁

用平刃口模具冲裁时,因沿刃口整个周边同时冲切材料,故冲裁力较大。若将凸模(或凹模)刃口平面做成与其轴线倾斜一个角度的斜刃,则冲裁时刃口就不是全部同时切入,而是逐步地将材料切离,这样就相当于把冲裁件整个周边分成若干小段进行剪切分离,因而能显著减小冲裁力。

斜刃冲裁时会使板料产生弯曲,因而斜刃配置的原则是:必须保证工件平整,只允许废料发生弯曲变形。因此,落料时凸模应为平刃,将凹模做成斜刃,如图 2-15(b)所示。冲孔时则凹模应为平刃,凸模为斜刃,如图 2-15(c)所示。斜刃还应当对称布置,以免冲裁时模具承受单向侧压力而发生偏移,啃伤刃口。

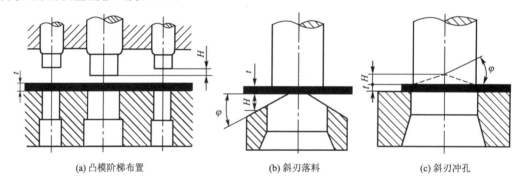

(a) 凸模阶梯布置 (b) 斜刃落料 (c) 斜刃冲孔

图 2-15 减小冲裁力的设计

3.加热冲裁(红冲)

金属在常温时,其抗剪强度是一定的,但是当金属材料加热到一定温度之后,其抗剪强度显著降低,因此加热冲裁能减小冲裁力。但加热冲裁易影响工件表面质量,同时会产生热变形,精度低,因此应用比较少。

(五)压力中心的确定

模具压力中心是指冲压时各个冲压力合力的作用点位置。为了确保压力机和模具正常工作,应使冲模的压力中心与压力机滑块中心相重合。否则,会使冲模和压力机滑块产生偏心载荷,使滑块和导轨间产生过大磨损,模具导向零件加速磨损,会降低模具和压力机的使用寿命。

1.简单几何图形压力中心的位置

对称冲裁件的压力中心位于冲裁件轮廓图形的几何中心上。冲裁直线段时,其压力中心位于线段的中心;冲裁圆弧时,其压力中心的位置如图 2-16 所示,其计算公式为

$$y = 180R\sin\alpha/(\pi\alpha) = Rs/b \tag{2-22}$$

式中,b为弧长,其他字母含义如图2-16所示。

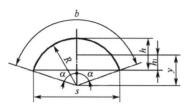

图 2-16　圆弧压力中心

2. 确定复杂形状零件和多凸模冲模的压力中心

　　复杂形状零件的压力中心(图2-17)和多凸模冲模的压力中心(图2-18)可用解析法求出。解析法的计算依据是:合力对某轴的力矩等于各分力对同轴力矩的代数和,则可得压力中心坐标(x_0, y_0)的计算公式为

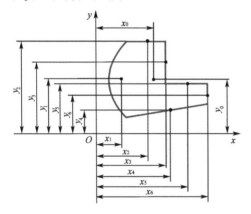

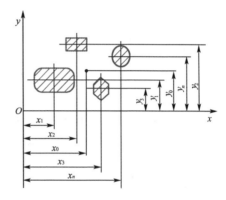

图 2-17　复杂形状零件的压力中心　　　**图 2-18　多凸模冲模的压力中心**

$$x_0 = \frac{F_1 x_1 + F_2 x_2 + \cdots + F_n x_n}{F_1 + F_2 + \cdots + F_n} = \frac{\sum\limits_{i=1}^{n} F_i x_i}{\sum\limits_{i=1}^{n} F_i} \tag{2-23}$$

$$y_0 = \frac{F_1 y_1 + F_2 y_2 + \cdots + F_n y_n}{F_1 + F_2 + \cdots + F_n} = \frac{\sum\limits_{i=1}^{n} F_i y_i}{\sum\limits_{i=1}^{n} F_i} \tag{2-24}$$

　　因为冲裁力与周边长度成正比,所以式(2-23)与式(2-24)中各冲裁力F_1、F_2、$\cdots\cdots$、F_n可分别用冲裁周边长度L_1、L_2、$\cdots\cdots$、L_n代替,即

$$x_0 = \frac{L_1 x_1 + L_2 x_2 + \cdots + L_n x_n}{L_1 + L_2 + \cdots + L_n} = \frac{\sum\limits_{i=1}^{n} L_i x_i}{\sum\limits_{i=1}^{n} L_i} \tag{2-25}$$

$$y_0 = \frac{L_1 y_1 + L_2 y_2 + \cdots + L_n y_n}{L_1 + L_2 + \cdots + L_n} = \frac{\sum\limits_{i=1}^{n} L_i y_i}{\sum\limits_{i=1}^{n} L_i} \tag{2-26}$$

　　除上述解析法外,冲裁模压力中心的确定还可以用作图法和悬挂法等。

六、冲裁工艺

（一）冲裁件的工艺性

冲裁件的工艺性是指冲裁件对冲压工艺的适应性，即冲裁件的结构、形状、尺寸及公差等技术要求是否符合冲裁加工的工艺要求。工艺性是否合理，对冲裁件的质量、模具寿命和生产率有很大的影响。本部分以起子为例加以介绍。

1. 冲裁件的结构工艺性

（1）冲裁件的形状应力求简单、对称，以便于材料的合理利用。

（2）冲裁件内形及外形的转角处要尽量避免尖角，应以圆弧过渡，如图 2-19 所示，以便于模具加工，减少热处理开裂，减少冲裁时尖角处的崩刃和过快磨损。

（3）应尽量避免冲裁件上出现过长的凸出悬臂和凹槽，悬臂和凹槽宽度也不宜过小，其许可值如图 2-20(a) 所示。

（4）为避免工件变形并保证模具强度，孔边距和孔间距不能过小，其最小许可值如图 2-20(a) 所示。

（5）在弯曲件或拉深件上冲孔时，孔边与直壁之间应保持一定距离，以免冲孔时凸模受水平推力而折断，如图 2-20(b) 所示。

（6）冲裁件的孔径因受冲孔凸模强度和刚度的限制，不宜太小，否则容易折断和压弯。冲孔最小尺寸取决于材料的机械性能、凸模强度和模具结构。

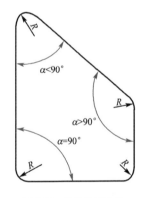

图 2-19 冲裁件的圆角

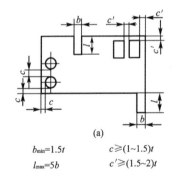

(a)

$b_{min}=1.5t$
$l_{max}=5b$

$c \geqslant (1 \sim 1.5)t$
$c' \geqslant (1.5 \sim 2)t$

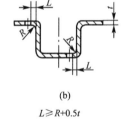

(b)

$L \geqslant R + 0.5t$

图 2-20 冲裁件的结构工艺

无导向凸模最小尺寸 d：

钢　　　　　　　　　$d \geqslant (1.0 \sim 1.5)t$（$t$ 为冲裁件材料厚度）

铜、铝　　　　　　　$d \geqslant (0.8 \sim 0.9)t$

有导向凸模最小尺寸 d：

钢　　　　　　　　　$d \geqslant 0.5t$（t 为冲裁件材料厚度）

铜、铝　　　　　　　$d \geqslant (0.3 \sim 0.35)t$

2. 冲裁件的尺寸精度和表面粗糙度

冲裁件的尺寸精度一般分为精密级与经济级两类。精密级是指冲压工艺在技术上所允许的最高精度；经济级是指模具达到最大许可磨损时，其所完成的冲压加工在技术上可以实现而在经济上又最合理的精度,即经济精度。为降低冲压成本,获得最佳的技术经济效益,在不影响冲裁件使用要求的前提下,应尽可能采用经济精度。

(1)冲裁件的经济公差等级不高于 IT11 级,一般要求落料件公差等级低于 IT10 级,冲孔件公差等级低于 IT9 级。如果工件要求的公差等级高于 IT9 级,则冲裁件冲裁后需经整修或采用精密冲裁。

(2)冲裁件断面的表面粗糙度与材料塑性、材料厚度、冲裁模间隙、刃口锐钝以及冲模结构等有关。当冲裁厚度为 2 mm 以下的金属板料时,其断面的表面粗糙度 Ra 一般可达 3.2～12.5 μm。

3. 起子冲裁件工艺性

图 2-1 所示的起子无尖角、无小孔、孔中心距合理、尺寸精度和表面粗糙度符合冲压要求,且形状简单,冲裁工艺性相对较好,对模具技术要求低,模具制造容易,成本较低。

（二）冲裁件的材料利用率

1. 材料利用率的计算

冲裁件的实际面积与所用板料面积的百分比称为材料利用率,它是衡量合理利用材料的经济性指标。如图 2-21 所示,一个步距内的材料利用率为

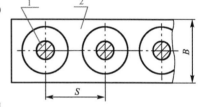

图 2-21 废料分类
1—结构废料;2—工艺废料

$$\eta = \frac{A}{SB} \times 100\% \qquad (2-27)$$

式中　A——一个步距内冲裁件的实际面积;

　　　S——送料进距(相邻两个制件对应点的距离);

　　　B——条料宽度。

如图 2-22 所示,若考虑到料头、料尾和边余料的材料消耗,则一张板料(或带料、条料)上总的材料利用率为

$$\eta_{总} = \frac{nA}{LW} \times 100\% \qquad (2-28)$$

式中　n——冲裁件个数;

　　　A——一个冲裁件的实际面积;

　　　L——板料长度;

　　　W——板料宽度。

$\eta_{总}$ 越大,材料利用率越高。在冲裁件的成本中,材料费用一般占 60% 以上,可见材料利用率是一项很重要的经济指标。

2. 提高材料利用率的方法

冲裁所产生的废料可分为两类(图 2-21):一类是结构废料,是由冲裁件的形状特点产生的;另一类是由冲裁件之间和冲裁件与条料侧边之间的搭边以及料头、料尾和边余料而产生的废料,称为工艺废料。

要提高材料利用率,主要应从减少工艺废料着手。减少工艺废料的有效措施是:设计合理的排样方案,选择合适的板料规格和合理的裁板法(减少料头、料尾和边余料),或利用废料制作小零件等。

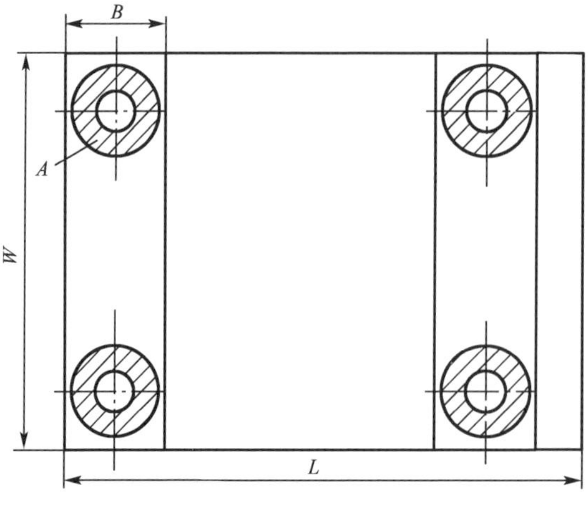

图 2-22　冲裁件的材料利用率

（三）冲裁件的排样

冲压件在条料或板料上的布置方法称为排样。

1. 排样方法

根据材料经济利用程度不同，排样方法可分为有废料、少废料和无废料排样法三种。根据制件在条料上的布置形式不同，排样又可分为直排、斜排、直对排、混合排、多排等多种形式。

（1）有废料排样法

有废料排样法如图 2-23（a）所示，沿制件的全部外形轮廓冲裁，在制件之间及制件与条料侧边之间都有工艺余料（或称搭边）存在。因留有搭边，故制件质量和模具寿命较高，但材料利用率较低。

（2）少废料排样法

少废料排样法如图 2-23（b）所示，沿制件的部分外形轮廓切断或冲裁，只在制件之间（或制件与条料侧边之间）留有搭边，材料利用率有所提高。

（3）无废料排样法

无废料排样法就是无工艺搭边的排样，制件直接由切断条料获得。图 2-23（c）所示为步距为 2 倍制件宽度的一模两件的无废料排样。

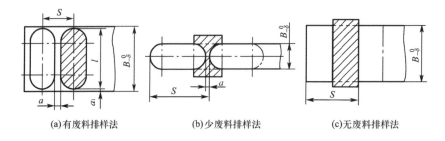

(a)有废料排样法　　　　(b)少废料排样法　　　　(c)无废料排样法

图 2-23　排样方法

采用少、无废料排样法，材料利用率高，不但有利于一次冲程获得多个制件，而且可以简化模具结构、减小冲裁力，但是由于条料本身的公差以及条料导向与定位所产生的误差的影响，冲裁件的公差等级较低。同时,因模具单面受力(单边切断时),故不但会加剧模具的磨损,降低模具的寿命,而且也会直接影响冲裁件的断面质量。为此,排样时必须统筹兼顾、全面考虑。

对于有废料排样和少、无废料排样,还可以进一步按冲裁件在条料上的布置方法加以分类,其主要形式列于表 2-7 中。

表 2-7　　　　　　　　　　　有废料排样和少、无废料排样形式

排样形式	有废料排样		少、无废料排样	
	简图	应用	简图	应用
直排		用于简单几何形状(方形、圆形、矩形)的冲裁件		用于矩形或方形冲裁件
斜排		用于 T 形、L 形、S 形、十字形、椭圆形冲裁件		用于 L 形或其他形状的冲裁件,在外形上允许有不大的缺陷
直对排		用于 T 形、Π 形、山形、梯形、三角形、半圆形的冲裁件		用于 T 形、Π 形、山形、梯形、三角形冲裁件,在外形上允许有少量的缺陷
斜对排		用于材料利用率比直对排高时的情况		用于 T 形冲裁件
混合排		用于材料和厚度都相同的两种以上的冲裁件		用于两个外形互相嵌入的不同冲裁件(铰链等)
多排		用于大批量生产中尺寸不大的圆形、六角形、方形、矩形冲裁件		用于大批量生产中尺寸不大的方形、矩形及六角形冲裁件
冲裁搭边		用于大批量生产中小的窄冲裁件(表针及类似的冲裁件)或带料的连续拉深		用于宽度均匀的条料或带料冲裁长形件

对于形状复杂的冲裁件,通常用纸片剪成 3～5 个样件,然后摆出各种不同的排样方法,经过分析和计算确定合理的排样方案。

在实际冲压生产中,由于零件的形状、尺寸、精度要求、批量大小和原材料供应等方面的不同,不可能提供一种固定不变的合理排样方案。在决定排样方案时应遵循的原则是:保证在最低的材料消耗和最高的劳动生产率的条件下得到符合技术条件要求的零件,同时要考虑方便生产操作、冲模结构简单、寿命长以及车间生产条件和原材料供应情况等。总之,要从各方面权衡利弊,以选择出较为合理的排样方案。起子落料排样如图 2-24 所示。如考虑方便生产操作、劳动生产率、冲模结构简单,则可选用图 2-24(a)所示的方式排样;如考虑材料利用率,则可选用图 2-24(b)所示的方式排样。

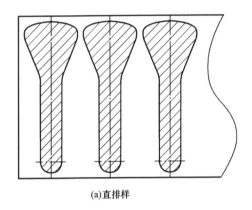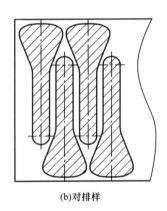

(a)直排样   (b)对排样

图 2-24　起子落料排样

2. 搭边

排样时冲裁件之间以及冲裁件与条料侧边之间留下的工艺废料称为搭边。搭边的作用包括:一是补偿定位误差和剪板误差,确保冲出合格零件;二是增加条料刚度,方便条料送进,提高生产率;三是避免冲裁时条料边缘的毛刺被拉入模具间隙,从而提高断面质量和模具寿命。搭边值对冲裁过程及冲裁件质量有很大的影响,因此一定要合理确定。搭边值过大,材料利用率低;搭边值过小,搭边的强度和刚度不够,冲裁时容易翘曲或被拉断,不仅会增大冲裁件毛刺,有时甚至单边拉入模具间隙,造成冲裁力不均,损坏模具刃口。生产统计资料表明,正常搭边比无搭边冲裁时的模具寿命高 50% 以上。搭边值的大小主要取决于:

(1)材料的力学性能:硬材料的搭边值可小一些,软材料、脆材料的搭边值要大一些。

(2)材料厚度:材料越厚,搭边值也越大。

(3)冲裁件的形状与尺寸:零件外形越复杂,圆角半径越小,搭边值越需取大些。

(4)送料及挡料方式:用手工送料,有侧压装置的搭边值可以小一些;用侧刃定距比用挡料销定距的搭边值要小一些。

(5)卸料方式:弹性卸料比刚性卸料的搭边值小一些。

搭边值通常由经验确定,表 2-8 所列搭边最小值为普通冲裁时的经验数据之一。

材料厚度 t	圆形件及 $r>2t$ 的工件		矩形件边长 $L<50$		矩形件边长 $L\geqslant50$ 或 $r\leqslant2t$ 的工件	
	工件间搭边 a_1	侧搭边 a	工件间搭边 a_1	侧搭边 a	工件间搭边 a_1	侧搭边 a
<0.25	1.8	2.0	2.2	2.5	2.8	3.0
$0.25\sim0.5$	1.2	1.5	1.8	2.0	2.2	2.5
$0.5\sim0.8$	1.0	1.2	1.5	1.8	1.8	2.0
$0.8\sim1.2$	0.8	1.0	1.2	1.5	1.5	1.8
$1.2\sim1.6$	1.0	1.2	1.5	1.8	1.8	2.0
$1.6\sim2.0$	1.2	1.5	1.8	2.0	2.0	2.2
$2.0\sim2.5$	1.5	1.8	2.0	2.2	2.2	2.5
$2.5\sim3.0$	1.8	2.2	2.2	2.5	2.5	2.8
$3.0\sim3.5$	2.2	2.5	2.5	2.8	2.8	3.2
$3.5\sim4.0$	2.5	2.8	2.5	3.2	3.2	3.5
$4.0\sim5.0$	3.0	3.5	3.5	4.0	4.0	4.5
$5.0\sim12$	$0.6t$	$0.7t$	$0.7t$	$0.8t$	$0.8t$	$0.9t$

表 2-8　搭边最小值　mm

3. 条料宽度的确定

排样方式和搭边值确定后,条料的宽度和进距就可以设计出来。进距是每次将条料送入模具进行冲裁的距离。进距与排样方式有关,是确定挡料销位置的依据。条料宽度的确定与模具结构有关。确定的原则是:最小条料宽度要保证冲裁时工件周边有足够的搭边值;最大条料宽度能在冲裁时顺利地在导料板之间送进条料,并有一定的间隙。

(1)有侧压装置时条料的宽度(图 2-25)

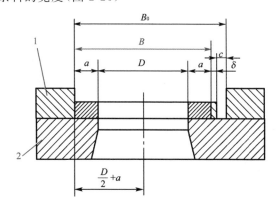

图 2-25　有侧压装置时条料宽度的确定
1—导料板;2—凹模

有侧压装置的模具能使条料始终沿基准导料板一侧送料,因此其条料宽度为

$$B=(D+2a)_{-\delta}^{0} \tag{2-29}$$

式中　B——条料宽度的公称尺寸;

　　　D——条料宽度方向零件轮廓的最大尺寸;

　　　a——侧搭边,查表 2-8;

　　　δ——条料下料剪切公差,查表 2-9。

表 2-9　　　　　　　　　　剪切公差及条料与导料板的间隙　　　　　　　　　　mm

条料宽度 B	条料厚度 t							
	$\leqslant 1$		$1\sim 2$		$2\sim 3$		$3\sim 5$	
	δ	c	δ	c	δ	c	δ	c
$\leqslant 50$	0.4	0.1	0.5	0.2	0.7	0.4	0.9	0.6
$50\sim 100$	0.5	0.1	0.6	0.2	0.8	0.4	1.0	0.6
$100\sim 150$	0.6	0.2	0.7	0.2	0.9	0.5	1.1	0.7
$150\sim 220$	0.7	0.2	0.8	0.3	1.0	0.5	1.2	0.7
$220\sim 300$	0.8	0.3	0.9	0.4	1.1	0.6	1.3	0.8

图 2-25 中的 c 为导料板与最宽条料之间的单边间隙值。

(2)无侧压装置时条料的宽度(图 2-26)

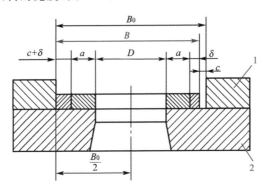

图 2-26　无侧压装置时条料宽度的确定

1—导料板;2—凹模

无侧压装置的模具,其条料宽度应考虑在送料过程中因条料的摆动而使侧面搭边值减小。为了补偿侧面搭边值的减小部分,条料宽度应增加一个条料可能的摆动量,故其条料宽度为

$$B=[D+2(a+\delta+c)]_{-\delta}^{0} \tag{2-30}$$

式中,c 为条料与导料板的间隙(条料的可能摆动量),可查表 2-9 获得。

(3)有定距侧刃时条料的宽度(图 2-27)

当条料用定距侧刃定位时,条料宽度必须考虑侧刃切去的宽度,如图 2-27 所示。此时条料宽度 B 为

$$B=(B_{2}+nb)=(D+2a+nb)_{-\delta}^{0} \tag{2-31}$$

式中　b——侧刃余量,金属材料取 $1\sim 2.5$ mm,非金属材料取 $1.5\sim 4$ mm(薄材料取小值,厚材料取大值);

　　　n——侧刃个数。

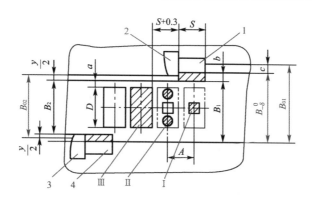

图 2-27 有定距侧刃时条料宽度的确定

1—后侧刃；2—后侧刃挡块；3—前侧刃挡块；4—前侧刃；

Ⅰ—冲方孔；Ⅱ—冲圆孔；Ⅲ—落料

导料板之间的距离为

$$B_{01} = B + c \qquad\qquad (2\text{-}32)$$

$$B_{02} = B_2 + y = D + 2a + y \qquad\qquad (2\text{-}33)$$

式中，y 为侧刃冲切后条料与导料板的间隙，常取 $0.1 \sim 0.2$ mm。薄材料取小值，厚材料取大值。

4. 排样图

在确定条料宽度之后，还要选择板料规格，并确定裁板方法（纵向剪裁或横向剪裁）。值得注意的是，在选择板料规格和确定裁板方法时，还应综合考虑材料利用率、纤维方向（对弯曲件）、操作方便和材料供应情况等。当条料长度确定后，就可以绘制排样图。如图 2-28 所示，一张完整的排样图应标注条料宽度 B、条料长度 L、条料厚度 t、步距 A、工件间搭边 a_1 和侧搭边 a。在排样图中习惯以剖面线表示冲压位置。

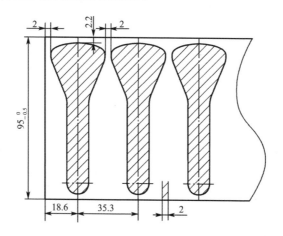

图 2-28 起子落料直排排样图（有侧压装置）

排样图是排样设计的最终表达形式，它是编制冲压工艺与设计模具的重要工艺文件。通常将排样图绘制在冲裁模总装图的右上角。

七、冲裁模结构设计

（一）冲裁模简介

冲裁模是冲压生产中不可缺少的工艺装备，良好的模具结构是实现工艺方案的可靠保证。冲压零件的质量和精度，主要决定于冲裁模的质量和精度。冲裁模结构是否合理、先进，又直接影响生产率及冲裁模本身的使用寿命和操作的安全性、方便性等。冲裁件形状、尺寸、精度、生产批量及生产条件不同，冲裁模的结构形式也不同。

冲裁模模具结构

1. 冲裁模分类

冲裁模的结构形式很多，为研究方便，对冲裁模可按不同的特征进行分类：

（1）按工序性质可分为落料模、冲孔模、切断模、切口模、切边模、剖切模等。

（2）按工序组合方式可分为单工序模、复合模和级进模。

（3）按上、下模的导向方式可分为无导向的开式模和有导向的导板模、导柱模和导筒模等。

（4）按凸、凹模的材料可分为硬质合金冲模、钢皮冲模、锌基合金冲模、聚氨酯冲模等。

（5）按凸、凹模的结构和布置方法可分为整体模和镶拼模及正装模和倒装模。

（6）按自动化程度可分为手工操作模、半自动模和自动模。

2. 单工序冲裁模结构

单工序冲裁模是指在压力机一次行程内只完成一个冲压工序的冲裁模，如落料模、冲孔模、级进模和复合模等。

（1）落料模

①无导向敞开式落料模。其特点是上、下模无导向，结构简单，制造容易，冲裁间隙由冲床滑块的导向精度决定，可用边角余料冲裁。常用于料厚而精度要求低的小批量冲裁件的生产。

如图 2-29 所示为无导向单工序落料模。工作零件为凸模和凹模，定位零件为两个导料板和挡料块，导料板对条料送进起导向作用，挡料块限制条料的送进距离，卸料零件为两个固定卸料板，支撑零件为上模座（带模柄）和下模座，此外还有紧固螺钉等。上、下模之间没有直接导向关系，分离后的冲裁件靠凸模直接从凹模洞口依次推出，箍在凸模上的废料由固定卸料板刮下。

②导板式落料模。凸模与导板（又称固定卸料板）间选用 H7/h6 的间隙配合，且该间隙小于冲裁间隙。回程时不允许凸模离开导板，以保证对凸模的导向作用。它与敞开式落料模相比，精度较高，模具寿命长，但制造要复杂一些，常用于料厚大于 0.3 mm 的简单冲压件（图 2-30）。导板式落料模的主要特征是凸、凹模的正确配合要依靠导板导向。为了保证导向精度和导板的使用寿命，工作过程不允许凸模离开导板，为此要求压力机行程较小。根据这个要求，选用行程较小且可调节的偏心式冲床较合适。

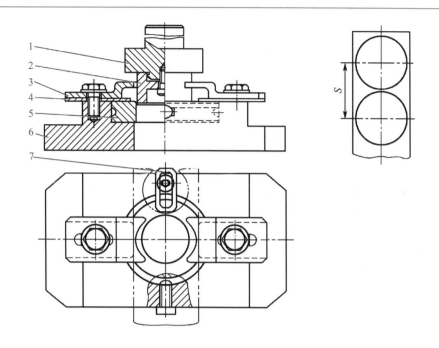

图 2-29 无导向单工序落料模

1—上模座;2—凸模;3—固定卸料板;4—导料板;5—凹模;6—下模座;7—挡料块

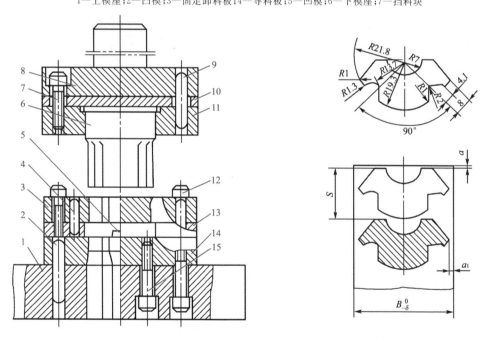

图 2-30 导板式落料模

1—下模座;2、4、9—销;3—导板;5—挡料销;6—凸模;7、12、15—螺钉;

8—上模座;10—垫板;11—凸模固定板;13—导料板;14—凹模

③导柱式单工序落料模。图 2-31 所示为导柱式单工序落料模,其上、下模正确位置利用导套和导柱的导向来保证。凸、凹模在进行冲裁之前,导柱已经进入导套,从而保证了在冲裁过程中凸模和凹模之间间隙的均匀性。

上、下模座和导套、导柱装配组成的部件为模架。凹模用内六角螺钉和销钉与下模座紧固

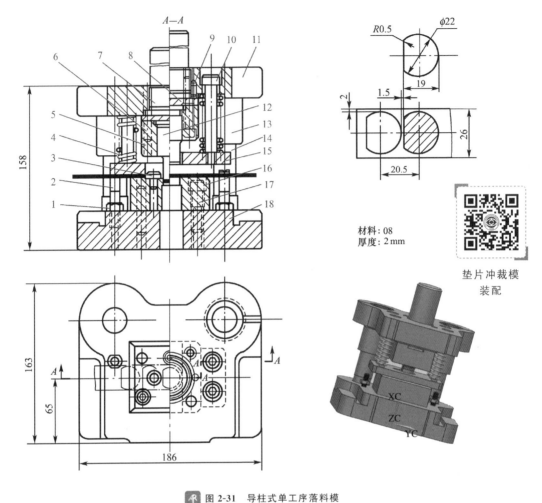

材料：08
厚度：2 mm

垫片冲裁模
装配

图 2-31　导柱式单工序落料模

1—螺母；2—导料螺钉；3—挡料销；4—弹簧；5—凸模固定板；6—销钉；7—模柄；8—垫板；9—止转销；
10—卸料螺钉；11—上模座；12—凸模；13—导套；14—导柱；15—卸料板；16—凹模；17—内六角螺钉；18—下模座

并定位，凸模用凸模固定板、螺钉、销钉与上模座紧固并定位，凸模背面垫上垫板。压入式模柄装入上模座并以止转销防止其转动。

条料沿导料螺钉送至挡料销定位后进行落料。箍在凸模上的边料靠弹压卸料装置进行卸料，弹压卸料装置由卸料板、卸料螺钉和弹簧组成。在凸、凹模进行冲裁之前，由于弹簧力的作用，卸料板先压住条料，上模继续下压时进行冲裁分离，此时弹簧被压缩。上模回程时，弹簧恢复推动卸料板把箍在凸模上的边料卸下。

导柱式冲裁模的导向比导板式落料模的可靠，精度高，寿命长，使用安装方便，但轮廓尺寸较大，模具较重，制造工艺复杂，成本较高。它广泛用于生产批量大、精度要求高的冲裁件。

（2）冲孔模

冲孔模的结构与一般落料模相似，但有其自身特点。冲孔模的对象是已经落料或其他冲压加工后的半成品，所以冲孔模要解决半成品在模具上如何定位、如何使半成品放进模具及冲好后取出既方便又安全等问题。对于冲小孔模具，必须考虑凸模的强度和刚度及快速更换凸模的结构；成形零件上侧壁孔冲压时，必须考虑凸模水平运动方向的转换机构等。

①导柱式冲孔模。图 2-32 所示为单工序导柱式倒装冲孔模。凹模在上模，凸模在下模，

在凸、凹模进行冲裁之前,由于橡胶弹力的作用,卸料板与凹模先压住条料,上模继续下压时进行冲裁分离,此时橡胶被压缩。上模回程时,橡胶 9 推动卸料板把箍在凸模上的工件卸下,在顶块和橡胶 16 弹力的作用下,将凹模中的废料顶出。由于工件材料厚度较薄,故该模具上、下采用弹性卸料装置,除卸料作用外,该装置还可保证冲孔零件的平整,提高零件的质量。

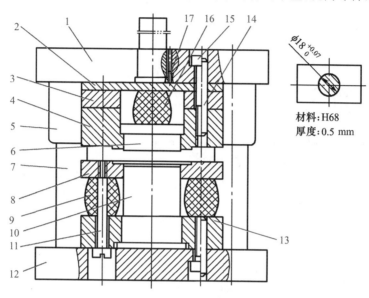

材料:H68
厚度:0.5 mm

图 2-32 单工序导柱式倒装冲孔模

1—上模座;2—垫板;3—支撑块;4—凹模;5—导套;6—顶块;7—导柱;8—卸料板;9、16—橡胶;
10—凸模;11—卸料螺钉;12—下模座;13—凸模固定板;14—圆柱销;15—内六角螺钉;17—止转销

②小孔冲模。当冲裁孔的直径小于或等于冲裁材料厚度时,该孔称为小孔(深孔)。图 2-33 所示为一副全长导向结构的小孔冲模,其与一般冲孔模的区别是:凸模在工作行程中除了进入被冲材料内的工作部分,其余全部得到不间断的导向作用,因而大大提高了凸模的稳定性和强度。该模具的结构特点如下:

● 导向精度高。这副模具的导柱不但在上、下模座之间进行导向,而且对卸料板也导向。在冲压过程中,导柱装在上模座上,在工作行程中上模座、导柱、弹压卸料板一同运动,严格保持与上、下模座平行装配的卸料板中的凸模护套精确地与凸模滑动配合,当凸模受侧向力时,卸料板通过凸模护套承受侧向力,保护凸模不致发生弯曲。为了提高导向精度,排除压力机导轨的干扰,这副模具采用了浮动模柄的结构,但必须保证在冲压过程中,导柱始终不脱离导套。

● 凸模全长导向。如图 2-33 所示,该模具采用凸模全长导向结构。冲裁时,凸模由凸模护套全长导向,伸出护套后即冲出一个孔。

● 在所冲孔周围先对材料加压。从图 2-33 中可见,凸模护套伸出卸料板,冲压时卸料板不接触材料。凸模护套与材料接触面积上的压力很大,使其产生了立体的压应力状态,改善了材料的塑性条件,有利于塑性变形过程。因而,在冲制的孔径小于材料厚度时,仍能获得断面光洁孔。

③斜楔式水平冲孔模。图 2-34 所示为斜楔式水平冲孔模。该模具的最大特征是依靠斜楔把压力机滑块的垂直运动转变为滑块的水平运动,从而带动凸模在水平方向上进行冲孔。

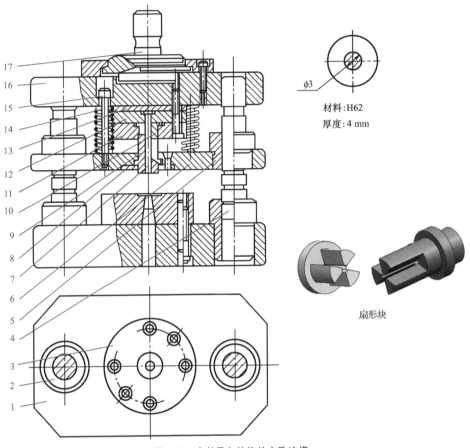

材料：H62
厚度：4 mm

扇形块

图 2-33　全长导向结构的小孔冲模
1—下模座；2、5—导套；3—凹模；4—导柱；6—弹压卸料板；7—凸模；8—托板；9—凸模护套；
10—扇形块；11—扇形块固定板；12—凸模固定板；13—垫板；14—弹簧；15—阶梯螺钉；
16—上模座；17—模柄

凸模与凹模的对准依靠滑块在导滑槽内滑动来保证。斜楔的工作角度 α 以 40°～50° 为宜，一般取 40°；需要较大的冲裁力时，α 也可以取 30°，以增大水平推力。如果为了获得较大的工作行程，α 也可以加大到 60°。为了排出冲孔废料，应该注意开设漏料孔并与下模座漏料孔相通。滑块的复位依靠橡胶来完成，也可以依靠弹簧或斜楔本身的另一工作角度来完成。

工序件以内形定位，为了保证冲孔位置的准确，弹压板在冲孔之前就把工序件压紧。该模具在压力机一次行程中冲一个孔。类似这种模具，如果安装多个斜楔滑块机构，可以同时冲多个孔，孔的相对位置由模具精度来保证。其生产率高，但模具结构较复杂，轮廓尺寸较大。斜楔式水平冲孔模主要用于冲空心件或弯曲件等成形零件的侧孔、侧槽、侧切口等。

（3）级进模

级进模又称连续模、跳步模，是指在条料的送料方向上具有两个或两个以上的工位，并在压力机一次行程中，在不同的工位上完成两道或两道以上冲压工序的冲裁模。级进成形属于工序集中的工艺方法，可使切边、切口、切槽、冲孔、塑性成形、落料等多种工序在一副模具上完成。级进模可分为普通级进模和多工位精密级进模。多工位精密级进模将作为一个专题在后续章节中讨论。由于级进模工位数较多，因而用其冲制零件必须解决条料或带料的准确定位

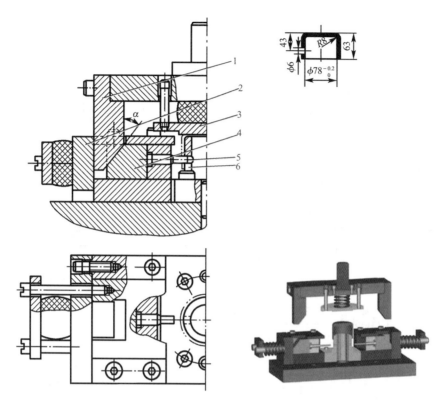

图 2-34　斜楔式水平冲孔模

1—斜楔；2—挡块；3—弹压板；4—滑块；5—凸模；6—凹模

问题，才有可能保证冲压件的质量。根据定距方式不同，级进模有两种基本结构类型：用导正销定距的级进模和用侧刃定距的级进模。

①用导正销定距的级进模。图 2-35 所示为用导正销定距的冲孔落料级进模。上、下模用导板导向，冲孔凸模与落料凸模之间的距离就是送料步距 A。材料送进时由固定挡料销进行初定位，由两个装在落料凸模上的导正销进行精定位。导正销与落料凸模的配合为 H7/r6，其连接应保证在修磨凸模时装拆方便。导正销头部的形状应有利于在导正时插入已冲的孔，它与孔的配合应略有间隙。为了保证首件的正确定距，在带有导正销的级进模中，常采用始用挡料装置，它安装在导板下的导料板中间。在条料冲制首件时，用手推始用挡料销，使它从导料板中伸出来抵住条料的前端，即可冲第一件上的两个孔。以后各次冲裁由固定挡料销控制送料步距做初定位。

用导正销定距结构简单。当两定位孔间距较大时，定位也较精确，但是它的使用受到一定的限制。若板料太薄（一般 $t < 0.3$ mm）、孔径小于 1.5 mm 或材料较软，导正时孔边可能有变形，因而不宜采用。

②用侧刃定距的级进模。图 2-36 所示为用双侧刃定距的冲孔落料级进模。它用侧刃代替始用挡料销、挡料销和导正销控制条料送进距离（进距或俗称步距）。侧刃是特殊功用的凸模，其作用是在压力机每次冲压行程中，沿条料边缘切下一块长度等于步距的料边。由于沿送料方向在侧刃前、后两导料板间距不同，前宽后窄形成一个凸肩，所以条料上只有切去料边的部分才能通过，通过的距离即等于步距。工位较多的级进模，可采用两个侧刃前后对角排列。

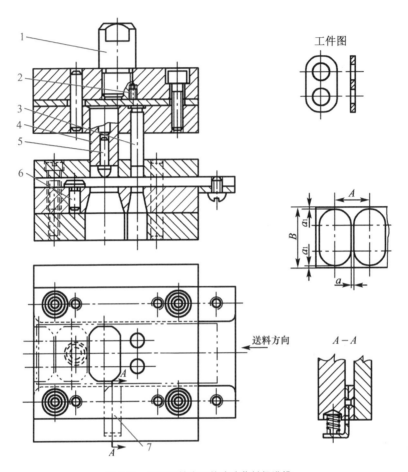

图 2-35 用导正销定距的冲孔落料级进模

1—模柄；2—止转螺钉；3—冲孔凸模；4—落料凸模；5—导正销；6—固定挡料销；7—始用挡料销

有关级进模更多知识，详见模块六。

（4）复合模

复合模是一种多工序模具，它是在压力机的一次工作行程中，同时完成两道或两道以上冲压工序的模具。复合模的设计难点是如何在同一工作位置上合理地布置好几对凸、凹模。它在结构上的主要特征是有一个既是落料凸模又是冲孔凹模的凸凹模，如图 2-37 所示。按照复合模工作零件的安装位置不同，可将其分为正装式复合模和倒装式复合模两种。

①正装式复合模又称顺装式复合模。图 2-38 所示为正装式落料-冲孔复合模，凸凹模在上模，落料凹模和冲孔凸模在下模。正装式复合模工作时，板料以导料销和挡料销定位。上模下压，凸凹模和落料凹模进行落料，落下料卡在凹模中，同时冲孔凸模与凸凹模进行冲孔，冲孔废料卡在凸凹模孔内。卡在凹模中的冲裁件由顶件装置顶出凹模面，顶件装置由带肩顶杆和顶件块及装在下模座底下的弹顶器组成（图中未画出）。卡在凸凹模内的冲孔废料由推件装置推出，推件装置由推杆和打杆组成。当上模上行至上止点时将废料推出，边料由弹压卸料装置卸下。

从正装式复合模的工作过程可以看出，工作时板料是在压紧的状态下分离的，冲出的冲裁件平直度较高，因此正装式复合模较适用于冲制材质较软或板料较薄的工件，同时对冲裁件平

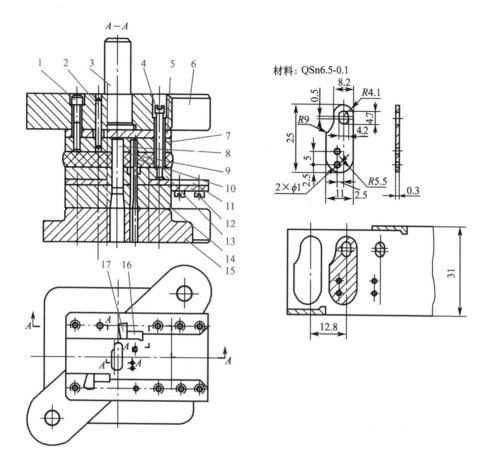

图 2-36　用双侧刃定距的冲孔落料级进模

1—内六角螺钉；2—销钉；3—模柄；4—卸料螺钉；5—垫板；6—上模座；7—凸模固定板；8、9、10—凸模；
11—导料板；12—承料板；13—卸料板；14—凹模；15—下模座；16—侧刃；17—侧刃挡块

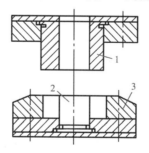

图 2-37　复合模的基本结构

1—凸凹模；2—冲孔凸模；3—落料凹模

直度要求较高，另外还可以冲制孔边距离较小的冲裁件（凸凹模孔内不积存废料，胀力小，不易破裂）。其缺点是由于弹顶器和弹压卸料装置的作用，分离后的冲裁件容易嵌入边料中而影响操作，冲孔废料落在下模工作面上，清除废料麻烦，尤其孔较多时会影响生产率。

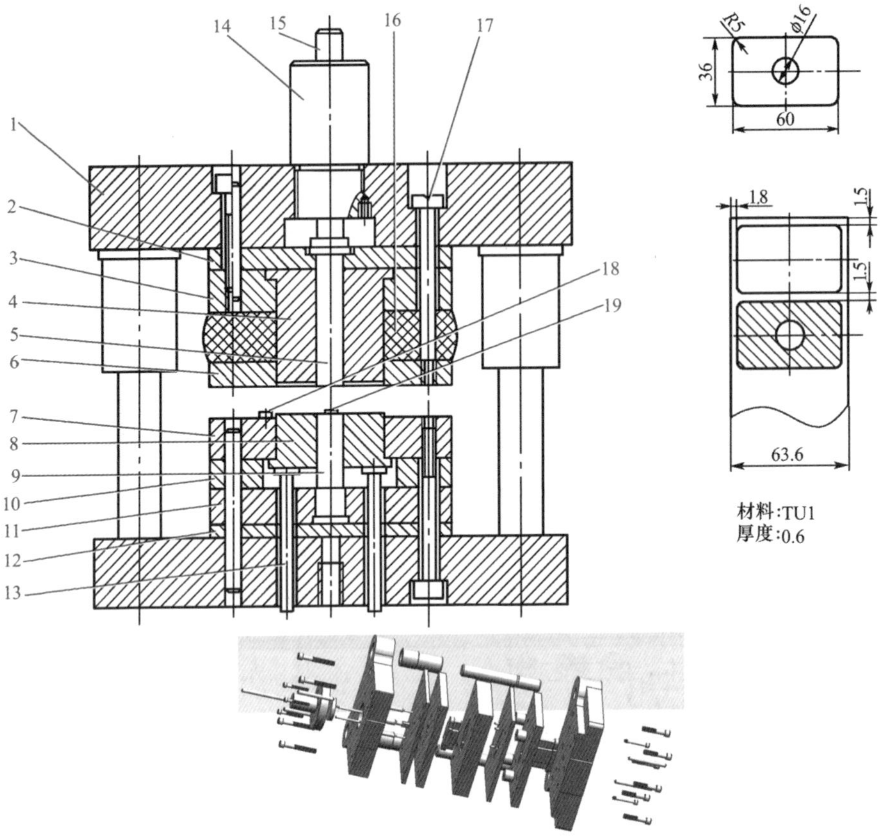

图 2-38 正装式落料-冲孔复合模

1—上模座;2、10、12—垫板;3—凸凹模固定板;4—凸凹模;5—推杆;6—卸料板;7—落料凹模;8—顶件块;9—冲孔凸模;
11—凸模固定板;13—带肩顶杆;14—模柄;15—打杆;16—橡胶;17—卸料螺钉;18—导料销;19—挡料销

②倒装式复合模。图 2-39 所示为倒装式落料-冲孔复合模的结构。凸凹模安装在下模,落料凹模和冲孔凸模安装在上模。倒装式复合模通常采用刚性推件装置把卡在凹模中的冲裁件推下,刚性推件装置由打杆、推板、连接推杆和推件块组成。冲孔废料直接由冲孔凸模从凸凹模内孔推下,无顶件装置,结构简单,操作方便。如果采用直刃壁凹模洞口,凸凹模内有积存废料,胀力较大,当凸凹模壁厚较小时,可能导致凸凹模破裂。

板料的定位靠导料销和弹簧弹顶的活动挡料销来完成。非工作行程时,活动挡料销由弹簧 3 顶起,可供定位;工作时,活动挡料销被压下,上端面与板料平齐。由于采用弹簧弹顶挡料装置,因此在凹模上不必钻相应的让位孔,但这种挡料装置的工作可靠性较差。

采用刚性推件的倒装式复合模,板料不是处在被压紧的状态下冲裁,因而平直度不高。这种结构适用于冲裁较硬的或厚度大于 0.3 mm 的板料。倒装式复合模不宜冲制孔边距离较小的冲裁件,但其结构简单,又可以直接利用压力机的打杆装置进行推件,卸件可靠,便于操作,故应用十分广泛。

倒装式复合模的制件由打料装置从凸凹模内推出后落在压力机的台面上,需要操作者逐一将其移开。这种除料方式存在两个问题:一是存在安全隐患;二是完成动作慢,效率低。生产中常用压缩空气将其吹走,但噪声较大,而且不易实现自动化。现介绍一种适用于倒装式复合模的自动接料装置,如图 2-40 所示。该装置依靠冲床滑块的上下运动带动一双摇杆机构,

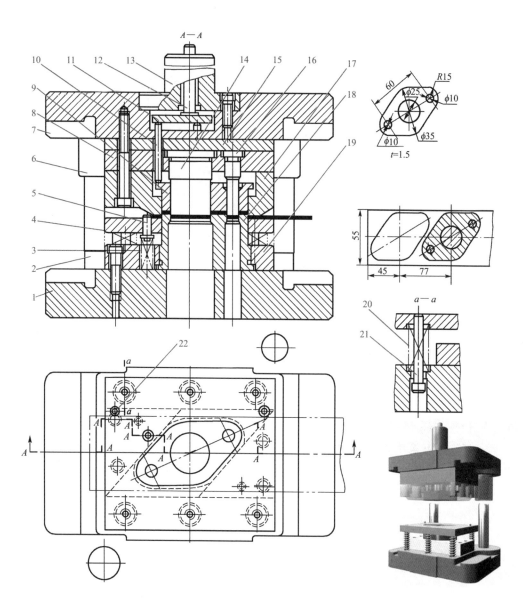

图 2-39 倒装式落料-冲孔复合模

1—下模座;2—导柱;3、20—弹簧;4—卸料板;5—活动挡料销;6—导套;7—上模座;8—凸模固定板;
9—推件块;10—连接推杆;11—推板;12—打杆;13—模柄;14、16—冲孔凸模;
15—垫板;17—落料凹模;18—凸凹模;19—固定板;21—卸料螺钉;22—导料销

自动接住从上模打下来的工件,并投向预定的地方。该装置结构简单,动作可靠,还可以与自动送料配合使用。其工作过程为:当冲床滑块下降至冲压零件时,接料盘向后运动让开位置给冲床滑块工作。当冲床滑块工作完毕上升时,接料盘向前至冲床滑块上方。这时,冲床打杆将零件打下,接料盘正好接住。当第二个冲次到来时,接料盘向后运动,依靠惯性将接料盘中的零件抛出至冲床后面的零件箱内,周而复始,循环工作。推动摇杆及接料盘之间为铰接。

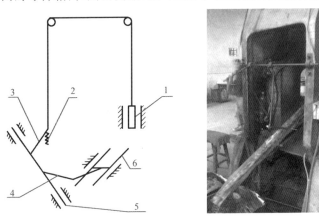

图 2-40 倒装式复合模的自动接料装置

1—冲床滑块;2—弹簧;3—摇杆;4—推动摇杆;5—转轴;6—接料盘

复合模的特点是生产率高,冲裁件的内孔与外缘的相对位置精度高,但复合模结构复杂,制造精度要求高,成本高。复合模主要用于生产批量大、精度要求高的冲裁件。

(二)模具零部件设计与选用

1. 模具零件的分类

尽管冲裁模的结构形式及复杂程度不同,组成模具的零件有多有少,但冲裁模的主要零部件仍相同。按模具零件的不同作用,可将其分为结构零件和工艺零件两大类。结构零件是在模具的制造和使用中起装配、安装、定位作用及制造和使用中起导向作用的零件;工艺零件是在完成冲压工序时与材料或制件直接发生接触的零件。模具零件的分类如图 2-41 所示。常用的冲模零件材料及其热处理见附录四。

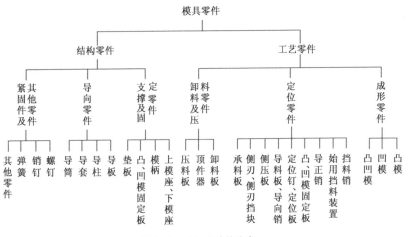

图 2-41 模具零件的分类

2. 凸模与凸模组件的结构设计

(1)凸模结构形式及固定方法

凸模结构形式是由冲裁件的形状、尺寸及冲裁模的加工工艺和装配工艺等实际条件决定的。其结构有整体式、镶拼式、阶梯式、直通式和带护套式等；其截面形状有圆形和非圆形；其固定方法有台肩固定、铆接固定、直接用螺钉和销钉固定及黏结剂浇注法固定等。

冲裁模零件设计

①圆形凸模的结构形式及固定方法。圆形凸模有如图 2-42 所示的四种结构形式及固定方法。

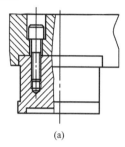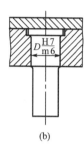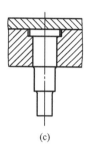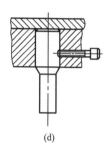

(a)　　　　　　　(b)　　　　　　　(c)　　　　　　　(d)

图 2-42　圆形凸模的结构形式及固定方法

图 2-42(a)所示为用于平面尺寸大于 $\phi80$ mm 的凸模，可以直接用销钉和螺栓固定。

当凸模直径小于 $\phi80$ mm 时，可采用台阶式凸模，其强度和刚性较好，装配修磨方便，工作部分的尺寸由计算而得；与凸模固定板配合部分按过渡配合(H7/m6 或 H7/n6)制造；最大直径的作用是形成台肩，以便定位。

图 2-42(b)所示为用于较大直径的凸模，图 2-42(c)所示为用于较小直径的凸模，它们适用于冲裁力和卸料力大的场合。图 2-42(d)所示为快换式的小凸模，维修更换方便。

②非圆形凸模的结构形式及固定方法。在实际生产中广泛应用的非圆形凸模如图 2-43 所示。图 2-43(a)和图 2-43(b)所示为台阶式的。凡是截面为非圆形的凸模，如果采用台阶式结构，其固定部分均应尽量简化成简单形状的圆形几何截面。

如图 2-43(a)所示为台肩固定，只要工作部分截面是非圆形的，而固定部分是圆形的，就必须在固定端接缝处加防转销。如图 2-43(b)～图 2-43(d)所示为直通式凸模。直通式凸模用线切割加工或成形铣、成形磨削加工。截面形状复杂的凸模，广泛采用这种结构。图 2-43(b)所示为采用铆接固定，图 2-43(c)所示为采用黏结剂如环氧树脂或 502 胶等黏结固定。近年来，随着电加工的普及，对于尺寸相对比较大、截面形状复杂的凸模，可采用如图 2-43(d)所示的直通式台阶凸模结构，其固定方法可靠。

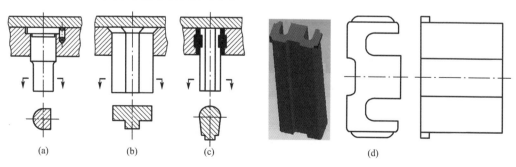

(a)　　　　　　　(b)　　　　　　　(c)　　　　　　　　　　　(d)

图 2-43　非圆形凸模的结构形式及固定方法

（2）冲小孔凸模结构

所谓小孔，一般是指孔径 d 小于被冲板料厚度的孔。冲小孔的凸模强度和刚度差，容易弯曲和折断，因此必须对冲小孔凸模加保护与导向措施，提高它的强度和刚度，从而提高其使用寿命。如图 2-44 所示，冲小孔凸模一般采用局部保护与导向和全长保护与导向。图 2-44（a）所示护套、凸模均用铆接固定。图 2-44（b）所示护套采用台肩固定，凸模很短，上端有一个锥形台，以防卸料时拔出凸模，冲裁时凸模依靠芯轴受压力。图 2-44（c）所示护套固定在导板（或卸料板）上，护套与上模导板选用 H7/h6 的配合，凸模与护套选用 H8/h8 的配合。工作时护套始终在上模导板内滑动而不脱离（起小导柱作用，以防卸料板在水平方向摆动）。当上模下降时，卸料弹簧压缩，凸模从护套中伸出冲孔。这种结构有效地避免了卸料板的摆动和凸模工作端的弯曲，可冲厚度大于直径 2 倍的小孔。图 2-44（d）所示为一种比较完善的凸模护套，三个等分扇形块固定在固定板中，具有三个等分扇形槽的护套固定在导板中，可在固定扇形块内滑动，因此可使凸模在任意位置均处于三向导向与保护之中，但其结构比较复杂，制造比较困难。采用图 2-44（c）和图 2-44（d）所示结构时应注意：上模处于上止点位置时，护套的上端不能离开上模的导向元件（如上模导板、扇形块），其最小重叠部分长度不小于 3 mm；上模处于下止点位置时，护套的上端不能受到碰撞。

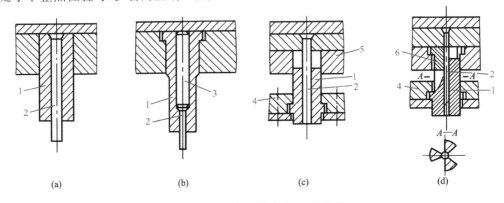

图 2-44　冲小孔凸模的保护与导向结构

1—护套；2—凸模；3—芯轴；4—导板；5—上模导板；6—扇形块

（3）凸模长度的确定

凸模长度应根据模具的具体结构，并考虑修磨、固定板与卸料板之间的安全距离以及装配等的需要来确定。

当采用固定卸料板和导料板时（图 2-45（a）），凸模长度的计算公式为

$$L = h_1 + h_2 + h_3 + h \tag{2-34}$$

当采用弹压卸料板时（图 2-45（b）），凸模长度的计算公式为

$$L = h_1 + h_2 + t + h \tag{2-35}$$

式中　h_1——凸模固定板的厚度；

　　　h_2——卸料板的厚度；

　　　h_3——导料板的厚度；

　　　t——材料厚度；

　　　h——附加长度，包括凸模的修磨量，凸模进入凹模的深度及凸模固定板与卸料板间的安全距离，一般为 15～20 mm。

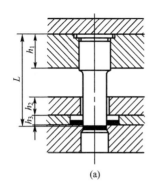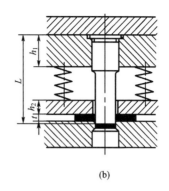

图 2-45　凸模长度的确定

（4）凸模材料及图样技术规范

凸模刃口要求有较高的耐磨性，并能承受冲裁时的冲击力，因此应有高的硬度与适当的韧性。形状简单且模具寿命要求不高的凸模可选用 T8A、T10A 钢等材料；形状复杂且模具有较高寿命要求的凸模应选 Cr12、Cr12MoV、CrWMn 钢等材料，硬度取（58～62）HRC；要求高寿命、高耐磨性的凸模可选用硬质合金材料。

凸模的图纸技术规范如图 2-46 所示。

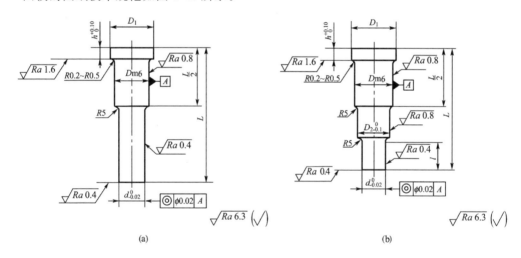

图 2-46　凸模的图纸技术规范

（5）凸模的强度和刚度

在一般情况下，凸模的强度和刚度是足够的，无须进行强度校核。但对特别细长的凸模或截面尺寸很小而冲裁板料厚度较厚的凸模，则必须进行承载能力和抗失稳弯曲能力的校核。其目的是检查凸模的危险断面尺寸和自由长度是否满足要求，以防止凸模纵向失稳和折断。

①凸模承载能力校核。凸模最小断面承受的压应力 σ 必须小于凸模材料强度允许的压应力 $[\sigma]$，即

$$\sigma = F/A_{min} \leqslant [\sigma] \tag{2-36}$$

式中　F——凸模纵向总压力，N；

　　　A_{min}——凸模最小断面面积，mm^2。

故对于非圆凸模：

$$A_{min} \geqslant F/[\sigma] \tag{2-37}$$

对于圆形凸模：

$$d_{\min} \geqslant 4t\tau/[\sigma] \tag{2-38}$$

式中　$d_{\min}$——凸模最小直径，mm；

　　　　t——冲裁材料厚度，mm；

　　　　τ——冲裁材料抗剪强度，MPa。

②凸模抗失稳弯曲能力校核。凸模冲裁时，稳定性校核采用杆件受轴向压力的欧拉公式。根据模具结构的特点，可分为无导向装置和有导向装置的凸模校核。

凸模无导向装置时，如图 2-47(a)所示，有

$$l_{\max} \leqslant (30\sim90)\frac{d^2}{\sqrt{F}} \tag{2-39}$$

对于其他各种断面的凸模：

$$l_{\max} \leqslant (135\sim425)\sqrt{\frac{I}{F}} \tag{2-40}$$

凸模有导向装置时，如图 2-47(b)所示，有

$$l_{\max} \leqslant (85\sim270)\frac{d^2}{\sqrt{F}} \tag{2-41}$$

对于其他各种断面的凸模：

$$l_{\max} \leqslant (380\sim1\,200)\sqrt{\frac{I}{F}} \tag{2-42}$$

式中　$l_{\max}$——凸模不失稳弯曲的最大自由长度，mm；

　　　　d——凸模的最小直径，mm；

　　　　F——冲裁力，N；

　　　　I——凸模最小断面的惯性矩，mm^4，直径为 d 的圆凸模 $I=\pi d^4/64$。

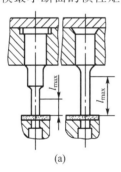 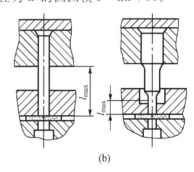

图 2-47　凸模的自由长度

3. 凹模的结构设计

(1)凹模的刃口形式

凹模的刃口形式如图 2-48 所示。其中图 2-48(a)～图 2-48(c)所示为直筒式刃口，其特点是制造方便，刃口强度高，刃磨后工作部分尺寸不变，广泛用于冲裁公差要求较小、形状复杂的精密制件。但因废料(或制件)的聚集而增大了推件力和凹模的胀裂力，给凸、凹模的强度都带来了不利的影响。图 2-48(d)和图 2-48(e)所示为锥筒式刃口，在凹模内不聚集材料，侧壁磨损小。但刃口强度低，刃磨后刃口径向尺寸略有增大(如 $\alpha=30'$时，刃磨 0.1 mm，其尺寸增大0.001 7 mm)。

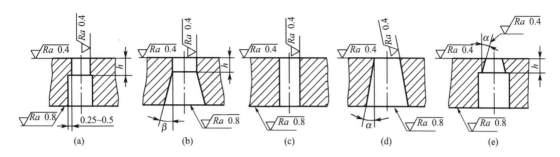

图 2-48　凹模的刃口形式

凹模锥角 α、后角 β 和洞口高度 h 均随制件材料厚度的增加而增大,一般取 $\alpha=15'\sim30'$、$\beta=2°\sim3°$、$h=4\sim10$ mm。

(2)凹模的外形结构及固定方法

凹模的外形与工件外形类似,有圆形和矩形两种,其固定方法如图 2-49 所示。

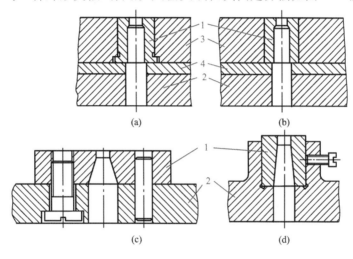

图 2-49　凹模的固定方法

1—凹模;2—模板(座);3—凹模固定板;4—垫板

图 2-49(a)、图 2-49(b)所示为标准中的两种圆形凹模固定方法。这两种圆形凹模尺寸都不大,直接装在凹模固定板中,主要用于冲孔。

图 2-49(c)所示为采用螺钉和销钉直接固定在支撑件上的凹模,它与标准固定板、垫板和模座等配合使用。图 2-49(d)所示为快换式冲孔凹模固定方法。

凹模采用螺钉和销钉定位固定时,要保证螺钉(或沉孔)间、螺孔与销孔间及螺孔、销孔与凹模刃壁间的距离不能太近,否则会影响模具寿命。

(3)凹模的外形尺寸

冲裁时凹模受冲裁力和侧向挤压力的作用。由于凹模各结构形式的固定方法不同,受力情况又比较复杂,目前还不能用理论方法确定凹模轮廓尺寸。在生产中,通常根据冲裁的板料厚度、冲裁件的轮廓尺寸或凹模孔口刃壁间距离,按经验公式来确定,如图 2-50 所示。

凹模厚度 H 为

$$H=Kb_1(\geqslant15 \text{ mm}) \tag{2-43}$$

垂直于送料方向的凹模宽度 B 为

$$B = b_1 + (2.5 \sim 4)H \qquad (2-44)$$

式中　b_1——垂直于送料方向的凹模孔壁间的最大距离；

　　　K——系数，考虑板料厚度的影响，查表 2-10。

以上公式窄料取小值，但应有足够的螺孔和销孔位置，即孔至凹模边缘及孔壁的距离应大于孔径的 1.5 倍。

送料方向的凹模长度 L 为

$$L = L_1 + 2C \qquad (2-45)$$

式中　L_1——送料方向的凹模孔壁间最大距离；

　　　C——送料方向的凹模孔壁至凹模边缘的最小距离，查表 2-11。

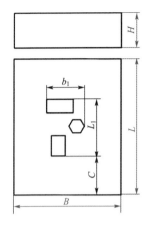

图 2-50　凹模的外形尺寸

表 2-10　　　　　　　　　　系数 K 值

b_1/mm	K				
	$t=0.5$ mm	$t=1$ mm	$t=2$ mm	$t=3$ mm	$t>3$ mm
$\leqslant 50$	0.3	0.35	0.42	0.5	0.6
$50 \sim 100$	0.2	0.22	0.28	0.35	0.42
$100 \sim 200$	0.15	0.18	0.2	0.24	0.3
>200	0.1	0.12	0.15	0.18	0.22

注：t 为材料厚度。

表 2-11　　　　　　　凹模孔壁至边缘的最小距离 C　　　　　　　　　　mm

L_1	C			
	$t \leqslant 0.8$	$t=0.8 \sim 1.5$	$t=1.5 \sim 3.0$	$t=3.0 \sim 6.0$
$\leqslant 40$	20	22	28	32
$40 \sim 50$	22	25	30	35
$50 \sim 70$	28	30	36	40
$70 \sim 90$	34	36	42	46
$90 \sim 120$	38	42	48	52
$120 \sim 150$	40	45	52	55

注：t 为材料厚度。

计算出凹模外形尺寸的长和宽后，可在冷冲模国家标准手册中选取标准凹模。

（4）凹模的技术要求

凹模材料的选择一般与凸模一样，但热处理后的硬度应略高于凸模，取（60～64）HRC。凹模洞孔轴线应与凹模顶面保持垂直，上、下平面应保持平行，模孔要求表面粗糙度 Ra 0.4～0.8 μm。

4. 凸凹模

凸凹模是复合模中同时具有落料凸模和冲孔凹模作用的工作零件。它的内、外缘均为刃口，内、外缘之间的壁厚取决于冲裁件的尺寸。从强度方面考虑，其壁厚应受最小值限制。凸凹模的最小壁厚与模具结构有关：当模具为正装结构时，内孔不积存废料，胀力小，最小壁厚可以小些；当模具为倒装结构时，若内孔为直筒形刃口形式且采用下出料方式，则内孔积存废料，胀力大，故最小壁厚应大些。

凸凹模的最小壁厚值目前一般按经验数据确定。倒装复合模的凸凹模最小壁厚值见表 2-12，正装复合模的凸凹模最小壁厚比倒装的小一些。

表 2-12 　　　　　　　　　倒装复合模的凸凹模最小壁厚值 　　　　　　　　　mm

简图	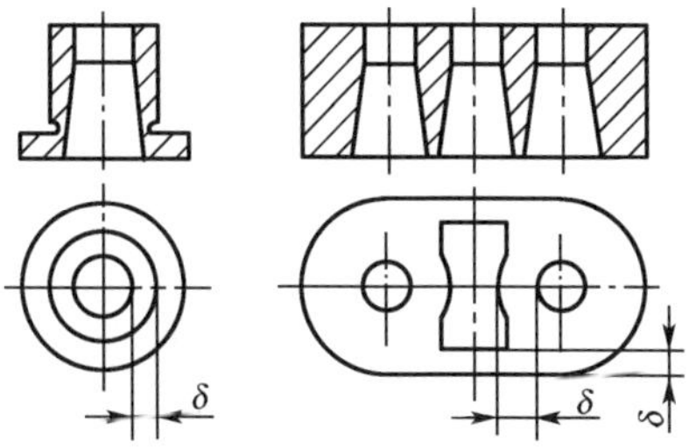										
材料厚度 t	0.4	0.6	0.8	1.0	1.2	1.4	1.6	1.8	2.0	2.2	2.5
最小壁厚 δ	1.4	1.8	2.3	2.7	3.2	3.6	4.0	4.4	4.9	5.2	5.8
材料厚度 t	2.8	3.0	3.2	3.5	3.8	4.0	4.2	4.4	4.6	4.8	5.0
最小壁厚 δ	6.4	6.7	7.1	7.6	8.1	8.5	8.8	9.1	9.4	9.7	10

5. 定位零件的设计

冲模的定位零件用来保证条料的正确送进及在模具中的正确位置。条料在模具送料平面中必须有两个方向的限位:一是在与条料方向垂直的方向上的限位,保证条料沿正确的方向送进,称为送进导向;二是在送料方向上的限位,控制条料一次送进的距离(步距),称为送料定距。

对于块料或工件的定位,基本也是在两个方向上的限位,只是定位零件的结构形式与条料的有所不同而已。选择定位方式及定位零件时应根据坯料形式、模具结构、冲裁件精度和生产率的要求等。

(1)送进导向的定位零件

送进导向的定位零件有导料销、导料板、侧压板等,导料销或导料板是对条料或带料的侧向进行导向,以免送偏的定位零件。

导料销一般设两个,并位于条料的同侧。导料销可设在凹模面上(一般为固定式的),如图 2-38 所示;也可以设在弹压卸料板上(一般为活动式的),如图 2-39 所示。固定式和活动式的导料销可选用标准结构。导料销导向定位多用于单工序模和复合模中。

图 2-30 所示为导料板送进导向的模具,具有导板(或卸料板)的单工序模或级进模常采用这种送料导向结构。导料板一般设在条料两侧,其结构有两种:一种是标准结构,如图2-51(a)所示,它与卸料板(或导板)分开制造;另一种是与卸料板制成整体的结构,如图2-51(b)所示。为使条料顺利通过,两导料板间距离应等于条料宽度加上一个间隙值(见排样及条料宽度计算)。导料板的厚度 H 取决于导料方式和板料厚度。

为了保证送料精度,使条料紧靠一侧的导料板送进,可采用侧压装置。图 2-52 所示为常用侧压装置。图 2-52(a)所示为弹簧式侧压装置,其侧压力较大,适用于较厚板料的冲裁模;图 2-52(b)所示为簧片式侧压装置,其侧压力较小,适用于板料厚度为 0.3～1 mm 的薄板冲裁模。图 2-52(c)所示为簧片压块式侧压装置,其应用场合与图 2-52(b)相似;图 2-52(d)所示为板式侧压装置,其侧压力大且均匀,一般安装在模具进料端,适用于侧刃定距的级进模中。在一副模具中,侧压装置的数量和位置视实际需要而定。

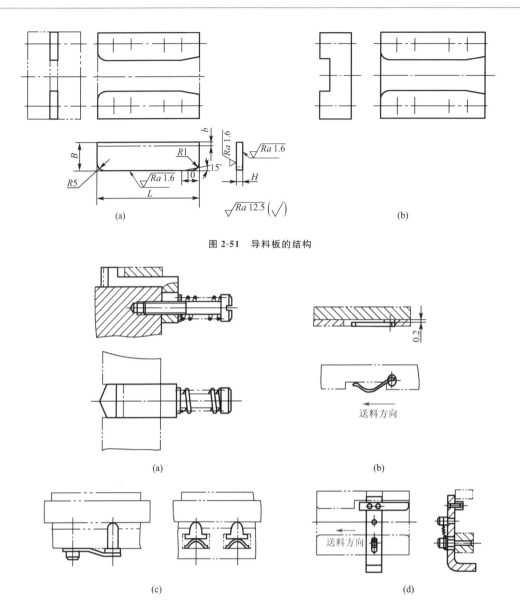

图 2-51 导料板的结构

图 2-52 常用侧压装置

（2）送料定距的定位零件

送料定距的定位零件有挡料销、导正销、侧刃等。

①挡料销。常见的挡料销有三种形式：固定挡料销（图 2-53）、活动挡料销（图 2-54）和始用挡料销（图 2-55）。固定挡料销安装在凹模上，用来控制条料的进距。其结构简单、制造容易，广泛用于冲制中小型冲裁件的挡料定距；但是其销孔离凹模刃壁较近，削弱了凹模的强度。由于安装在凹模上，因此其安装孔可造成凹模强度的削弱，常用的有圆形和钩形挡料销。活动挡料销常用于倒装复合模中。始用挡料销用于级进模的初始定位。

②导正销。级进模中的导正销通常与挡料销配合使用，以减小定位误差，保证孔与外形的相对位置尺寸要求。图 2-35 所示的级进模在工作时，导正销先进入已冲孔中，导正条料位置保证孔与外形相对位置公差的要求。导正销主要用于级进模，其特点和适用范围见表 2-13。导正销通常与挡料销配合使用，也可以与侧刃配合使用。为了使导正销工作可靠，避免折断，

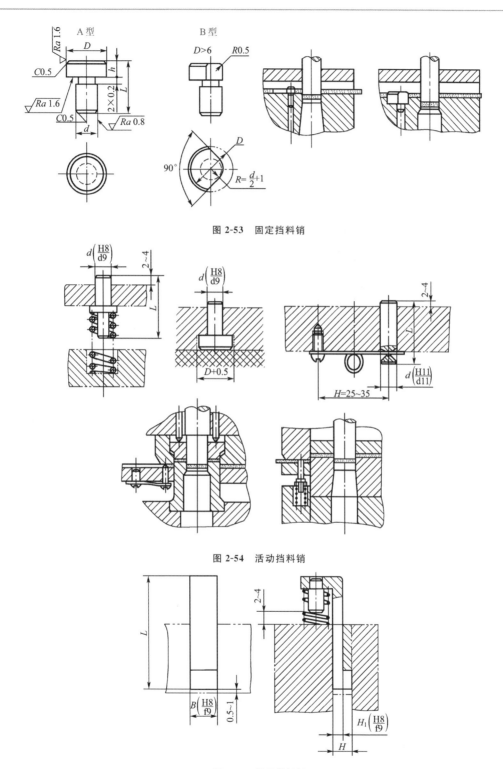

图 2-53　固定挡料销

图 2-54　活动挡料销

图 2-55　始用挡料销

导正销的直径一般应大于 2 mm。孔径小于 2 mm 的孔不宜用导正销导正,但可另冲直径大于 2 mm 的工艺孔进行导正。

表 2-13   导正销的特点及适用范围

类型	简图	特点及适用范围
固定式导正销	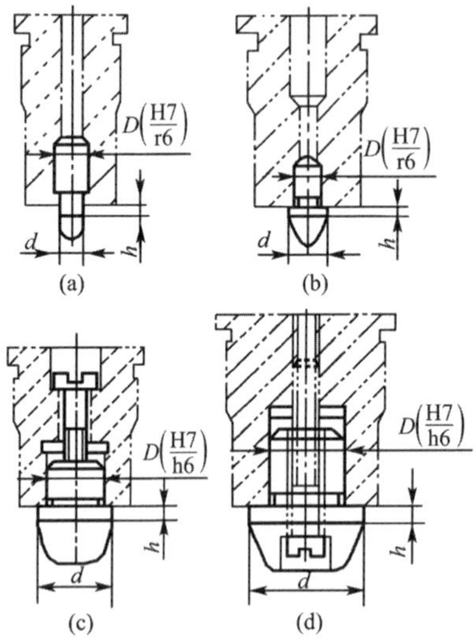	导正销固定在凸模上,与凸模之间不能相对滑动,送料失误时易发生事故。 常见于工位少的级进模中。图(a)所示结构用于 $d<$ 6 mm 的导正孔;图(b)所示结构用于 $d<10$ mm;图(c)所示结构用于 $d=10\sim30$ mm;图(d)所示结构用于 $d=20\sim50$ mm
活动式导正销	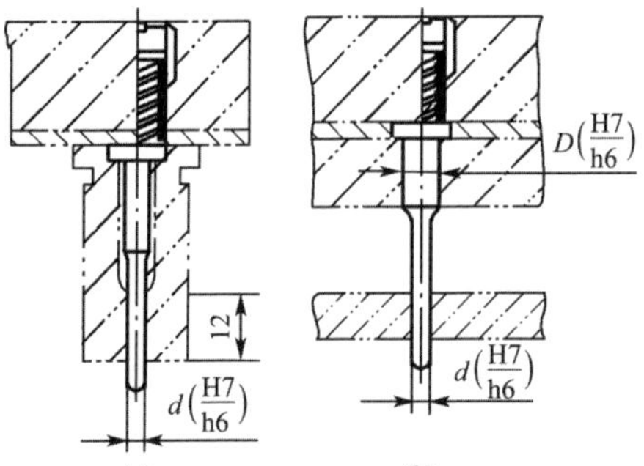	导正销装于凸模或固定板上,与凸模之间能相对滑动,送料失误时导正销可缩回,故在一定程度上能起到保护模具的作用。 活动导正销最常见于多工位级进模中,一般用于 $d\leqslant10$ mm 的导正孔

注:①导正销导正部分的直径 d 与导正孔之间的配合一般取 H7/h6 或 H7/h7,也可查有关冲压资料。

②导正销导正部分的高度 h 与板料厚度 t 及导正孔有关,一般取 $h=(0.8\sim1.2)t$,料薄时取大值,导正孔大时取大值,也可查有关冲压资料。

③侧刃。在级进模中,为了限定条料送进距离,在条料侧边冲切出一定尺寸缺口的凸模,称为侧刃,如图 2-36 所示侧刃用于级进模定位,其定距精度高、可靠,一般用于薄料、定距精度和生产率要求高的情况。侧刃的结构如图 2-56 所示。按侧刃的工作端面形状分为Ⅰ型和Ⅱ型两类。Ⅱ型多用于厚度为 1 mm 以上较厚板料的冲裁,冲裁前凸出部分先进入凹模导向,以免由于侧压力导致侧刃损坏(工作时侧刃是单边冲切)。按侧刃的截面形状分为长方形侧刃和成形侧刃两类。长方形侧刃一般用于板料厚度小于 1.5 mm、冲裁件精度要求不高的送料定距;成形侧刃用于板料厚度小于 0.5 mm、冲裁件精度要求较高的送料定距。

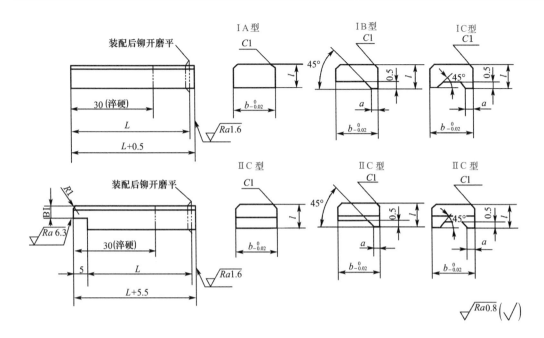

图 2-56　侧刃的结构

（3）毛坯定位零件

块料或工序件的定位零件有定位销、定位板，其作用是保证前、后工序相对位置精度或保证工件内孔与外轮廓的位置精度要求。其定位方式有两种：外轮廓定位和内孔定位，图 2-57 所示为毛坯外轮廓定位，图 2-58 所示为毛坯内孔定位。

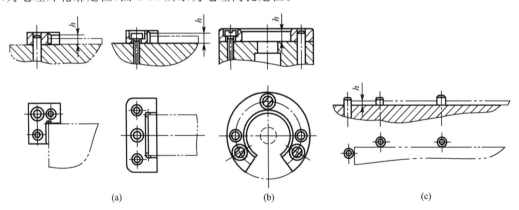

图 2-57　毛坯外轮廓定位用定位销和定位板

6. 卸料与推件零件的设计

（1）卸料零件

设计卸料零件的目的是将冲裁后卡箍在凸模上或凸凹模上的制件或废料卸掉，保证下次冲压正常进行。常用的卸料方式有如下几种：

①刚性卸料。刚性卸料采用固定卸料板结构，如图 2-59 所示。图 2-59（a）所示为与导料板为一体的整体式卸料板；图 2-59（b）所示为与导料板分开的组合式卸料板，在冲裁模中应用最广泛；图 2-59（c）所示为用于窄长零件的冲孔或切口卸件的悬臂式卸料板；图 2-59（d）所示为在冲底孔时用来卸空心件或弯曲件的拱形卸料板。

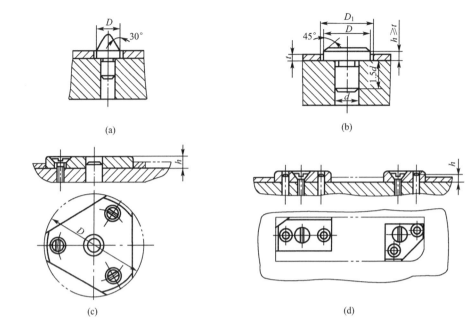

图 2-58 毛坯内孔定位用定位销和定位板

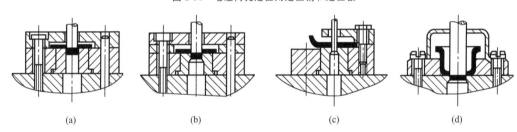

图 2-59 固定卸料板结构

当卸料板只起卸料作用时,与凸模的间隙随材料厚度的增大而增大,单边间隙取(0.2~0.5)t。当固定卸料板还要起到对凸模的导向作用时,卸料板与凸模的配合间隙应小于冲裁间隙,此时要求凸模卸料时不能完全脱离卸料板。

固定卸料板的卸料力大,卸料可靠。因此,当冲裁板料较厚(大于0.5 mm)、卸料力较大、平直度要求不高的冲裁件时,一般采用固定卸料装置。

②弹压卸料板。弹压卸料板具有卸料和压料的双重作用,主要用在冲裁料厚在1.5 mm以下的板料,因为有压料作用,所以冲裁件比较平整。卸料板与弹性元件(弹簧或橡胶)、卸料螺钉组成弹压卸料装置,如图2-60所示。卸料板与凸模之间的单边间隙选择(0.1~0.2)t,若弹压卸料板还要对凸模起导向作用,则二者的配合间隙应小于冲裁间隙。弹性元件的选择应满足卸料力和冲模结构的要求。

③废料切刀。对于落料或成形件的切边,如果冲裁件尺寸大、卸料力大,往往用废料切刀代替卸料板,将废料切开来完成卸料。如图2-61所示,当凹模向下切边时,同时把已切下的废料压向废料切刀上,从而将其切开。冲裁形状简单的冲裁模,一般设两个废料切刀;对于冲裁件形状复杂的冲裁模,可以用弹压卸料加废料切刀进行卸料。

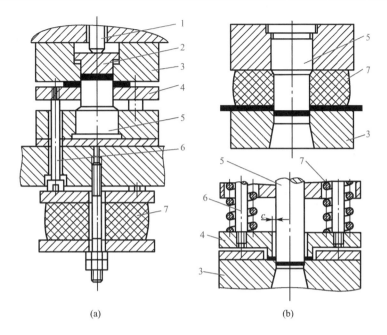

图 2-60 弹压卸料装置

1—推杆;2—推件块;3—凹模;4—卸料板;5—凸模;6—卸料螺钉;7—弹性元件

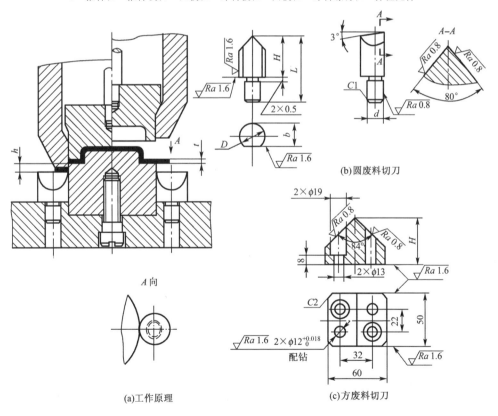

图 2-61 废料切刀

（2）推件、顶件装置

推件、顶件的目的都是从凹模中卸下冲裁件或废料。向下推出的机构称为推件装置,一般装在上模内。推件力由压力机的横梁(图2-62)作用,通过推杆将推件力传递到推件板(块)上,从而将制件(或废料)推出凹模。推板的形状和推杆的布置应根据被推材料的尺寸和形状来确定。

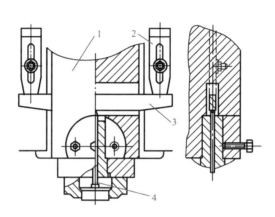

图 2-62　推件装置的工作原理

1—滑块；2—挡铁；3—横梁；4—推杆

常见的刚性推件装置如图2-63所示。向上顶出的机构称为顶件装置,一般装在下模内。其基本组成有托杆、顶件块和装在下模底下的弹顶器。弹顶器可以做成通用的,其弹性元件是弹簧或橡胶,如图2-64所示。这种结构的顶件力容易调节,工作可靠,冲件平直度较高。

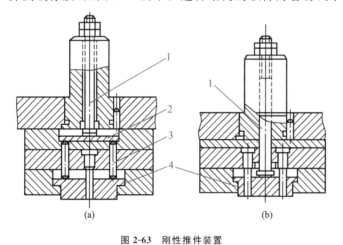

图 2-63　刚性推件装置

1—推杆；2—推板；3—连接推杆；4—推件块

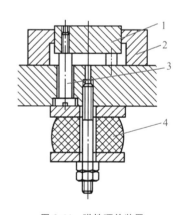

图 2-64　弹性顶件装置

1—顶件块；2—凹模；3—托杆；4—橡胶

7.弹簧和橡胶的选用

本节简单介绍相关内容,详见《冷冲模设计资料与指导》。

弹簧和橡胶是模具中广泛应用的弹性元件,主要为弹性卸料、压料及顶件装置提供作用力和行程。

（1）弹簧的选用

弹簧属于标准件，在模具中应用最多的是圆柱螺旋压缩弹簧、矩形螺旋压缩弹簧和碟形弹簧。弹簧选择原则如下：

①所选弹簧必须满足预压力 F_0 的要求，即

$$F_0 \geqslant F_x/n \tag{2-46}$$

式中　F_r——卸料力；

　　　n——弹簧数量。

②所选弹簧必须满足最大许可压缩量 ΔH_2 的要求，即

$$\Delta H_2 \geqslant \Delta H \tag{2-47}$$

$$\Delta H = \Delta H_0 + \Delta H' + \Delta H'' \tag{2-48}$$

式中　ΔH——弹簧实际压缩量；

　　　ΔH_0——弹簧预压缩量；

　　　$\Delta H'$——卸料板的工作行程，一般取 $\Delta H' = t + 1$（t 为板料厚度）；

　　　$\Delta H''$——凸模刃磨量和调整量，一般取 $4 \sim 10$ mm。

③所选弹簧必须满足模具结构空间的要求

弹簧选择步骤：根据卸料力和模具安装弹簧的空间大小，初定弹簧数量 n，计算出每个弹簧应有的预压力 F_0 并满足式（2-46）。

根据预压力 F_0 和模具结构预选弹簧规格时应使弹簧的最大工作负荷 F_2 大于 F_0。

根据计算预选的弹簧在预压力 F_0 作用下的预压缩量 ΔH_0 为

$$\Delta H_0 = \frac{F_0}{F_2} \cdot \Delta H_2 \tag{2-49}$$

校核弹簧最大允许压缩量 ΔH_2 是否大于实际工作总压缩量，即 $\Delta H_2 > \Delta H_0 + \Delta H' + \Delta H''$，否则重选。

（2）橡胶的选用

橡胶允许承受的负荷较大且安装调整方便，是冲裁模中常用的弹性元件。卸料和顶出装置选用较硬的橡胶，拉深压边时选用较软的橡胶。模具上安装橡胶的块数、大小一般凭经验确定。在模具装配、试模时可根据试模情况增减橡胶。聚氨酯橡胶的总压缩量一般小于 35%；对于冲裁模，其预压缩量一般为 $10\% \sim 15\%$。

■ （三）模具总体设计

模具总体设计主要指模架及组成零件的选用。

1. 模架

导柱式模架由上模座、下模座、导柱及导套组成。模架是整副模具的骨架，模具的全部零件都固定在其上，并承受冲压过程的全部载荷。模架及其组成零件已经标准化，并规定了一定的技术条件。世界四大模架品牌为：龙记（香港）、Hasco（德国）、DME（美国）、富德巴（日本）。

按导柱在模架上的固定位置不同,导柱模架的基本形式有如图 2-65 所示的四种。

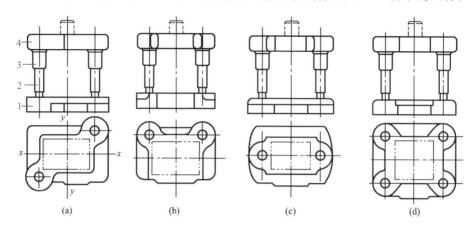

图 2-65　导柱模架的基本形式

1—下模座;2—导柱;3—导套;4—上模座

图 2-65(a)所示为对角导柱模架。因为导柱安装在模具中心对称的对角线上,所以上模座在导柱上滑动平稳。这种导柱模架常用于横向送料级进模或纵向送料的落料模、复合模(x 轴为横向,y 轴为纵向)。

图 2-65(b)所示为后侧导柱模架。因为前面和左、右不受限制,所以送料和操作比较方便。因导柱安装在后侧,故工作时偏心距会造成导柱导套单边磨损,并且不能使用浮动模柄结构。

图 2-65(c)所示为中间导柱模架。导柱安装在模具的对称线上,导向平稳、准确,但只能一个方向送料。

图 2-65(d)所示为四导柱模架。它具有滑动平稳、导向准确可靠、刚性好等优点。常用于冲压尺寸较大或精度要求较高的冲压零件以及大量生产用的自动冲压模架。

2. 模座

模座一般分为上模座和下模座,其形状基本相似,分别与冲压设备的滑块和工作台固定。上、下模座间的精确位置由导柱、导套的导向来实现。在选用和设计模座时应注意如下几点:

(1)尽量选用标准模架,标准模架的形式和规格决定了上、下模座的形式和规格。如果需要自行设计模座,则圆形模座的直径应比凹模板直径大 30～70 mm,矩形模座的长度应比凹模板长度大 40～70 mm,其宽度可以略大于或等于凹模板的宽度。模座的厚度可参照标准模座确定,一般为凹模板厚度的 1.0～1.5 倍,以保证有足够的强度和刚度。

(2)所选用或设计的模座必须与所选压力机的工作台和滑块的有关尺寸相适应,并进行必要的校核。例如,下模座的最小轮廓尺寸应比压力机工作台上漏料孔的尺寸每边至少大 40～50 mm。

(3)模座材料一般选用 HT200、HT250,也可选用 Q235、Q255 结构钢,对于大型精密模具的模座选用铸钢 ZG35、ZG45。

3. 导柱和导套

导向零件用来保证上模相对于下模的正确运动。对生产批量较大、零件公差要求较高、寿命要求较长的模具,一般都采用导柱、导套导向装置。

导柱和导套结构都已标准化,设计时可查阅相关手册,在选用导柱、导套时,当模具处在实际闭合高度状态时,其尺寸应符合图 2-66 所示的要求。按导柱、导套导向方式的不同,导向装置又分为滑动式导向装置(图 2-66)和滚动式导向装置(图 2-67)。导柱、导套的配合精度根据冲裁模的精度、模具寿命、间隙大小来选用。当冲裁的板料较薄而模具精度、寿命都有较高要求时,选 H6/h5 配合的Ⅰ级精度模架,板厚较大时可选用Ⅱ级精度模架(H7/h6 配合)。对于冲薄料的无间隙冲裁模、高速精密级进模、精冲模、硬质合金冲裁模等要求导向精度高的模具,可选择如图 2-67 所示的滚动式导向装置。

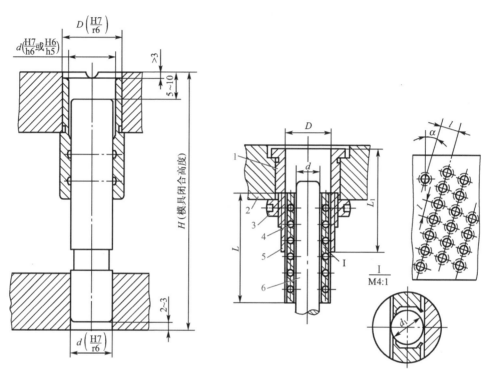

图 2-66　滑动式导向装置

图 2-67　滚动式导向装置

1—导套;2—上模座;3—螺母;4—滚珠;5—保持器;6—导柱

4. 模柄

中小型模具一般通过模柄将上模固定在压力机滑块上。模柄是上模与压力机滑块连接的零件。对它的基本要求是:一要与压力机滑块上的模柄孔正确配合,安装可靠;二要与上模正确且可靠连接。标准模柄的结构形式如图 2-68 所示。

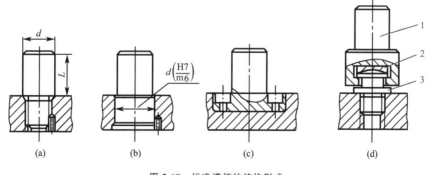

(a)　　　　　(b)　　　　　(c)　　　　　(d)

图 2-68　标准模柄的结构形式

1—模柄;2—垫块;3—接头

（四）冲裁模其他组成零件

1. 垫板

垫板用来承受凸模的压力，防止模座被凸模头部压陷，从而影响凸模的正常工作，其校核公式为

$$P = \frac{F}{A} \tag{2-50}$$

式中　　P——凸模头部端面对模座的单位面积压力；

　　　　F——凸模承受的总压力；

　　　　A——凸模头部端面的支撑面积。

如果凸模头部端面对模座的单位面积压力 P 大于模座材料的许用压应力，则需要在凸模头部支撑面上加一块硬度较高的垫板，否则可以不加垫板。模座材料的许用压应力见表 2-14。

表 2-14　　　　　　　　　　模座材料的许用压应力

模座材料	$[\sigma_b]/MPa$
铸铁 HT250	90～140
铸钢 ZG310～ZG570	110～150

垫板外形形状及大小一般与固定板一致，其中各种通孔根据固定板上各孔的位置确定，与各种杆件一般为间隙配合。

2. 凸模固定板

凸模固定板的作用在于将凸模（或凸凹模）连接固定在正确的位置上。标准凸模固定板分为圆形、矩形及单凸模固定板等多种形式。选用时，根据凸模固定和紧固件合理布置的需要来确定其轮廓尺寸，其厚度一般为凹模厚度的 $60\%～80\%$。

固定板与凸模采用过渡配合（H7/n6 或 H7/m6），压装后将凸模端面与固定板一起磨平。对于弹压导板等模具，浮动凸模与固定板采用间隙配合。

3. 紧固件

紧固件在设计时主要是确定其规格和固定位置，包括各种螺钉和销钉。

螺钉和销钉的种类很多，可以根据实际需要选用。螺钉最好选用内六角的，其紧固可靠，螺钉头部不外露，并且外形尺寸小。螺钉的具体规格应根据冲压力、连接板件的厚度等因素来确定。销钉一般采用圆柱形的，同一个组合一般不少于两件。

螺钉拧入的深度不能太浅，否则紧固不牢靠；但也不能太深，否则拆装工作量大。圆柱销配合深度一般不小于其直径的 2 倍，但也不宜太深。

（五）冲裁模具设计步骤

冲裁模的设计流程如图 2-69 所示。

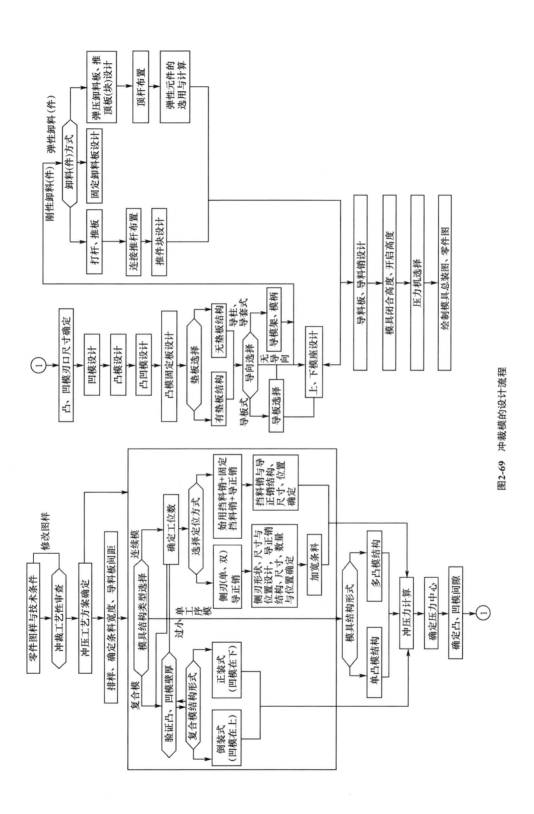

图2-69 冲裁模的设计流程

1. 冲裁模具设计的一般步骤

(1)冲裁件工艺性分析。

(2)确定冲裁工艺方案。

(3)选择模具的结构形式。

(4)进行必要的工艺计算。

(5)选择与确定模具主要零部件的结构与尺寸。

(6)选择压力机的型号或验算已选的压力机。

(7)绘制模具总装图及零件图。

以上是设计冲裁模时的大致工作过程,反映了在设计时所应考虑的主要问题及要做的工作。具体设计时,这些内容往往都是交替进行的。

2. 绘制模具总装图和零件图

在模具的总体结构及其相应的零部件结构形式确定后,便可绘制模具总装图和零件图。总装图和零件图均应严格按照制图标准(GB/T 4457~4460 和 GB/T 131—2006)绘制。考虑到模具图的特点,允许采用一些常用的习惯画法。

(1)绘制模具总装图

模具总装图是拆绘模具零件图和装配模具的依据,应清楚表达各零件之间的装配关系以及固定连接方式。模具总装图的一般布置情况如图 2-70 所示。

①主视图。主视图是模具总装图的主体部分,一般应画出上、下模剖视图,上、下模一般画成闭合状态。当模具处于闭合状态时,可以直观地反映出模具的工作原理,对确定模具零件的相关尺寸及选用压力机的装模高度都极为方便。主视图中应标注闭合高度尺寸。主视图中条料和工件剖切面最好涂黑,以使图面更加清晰。

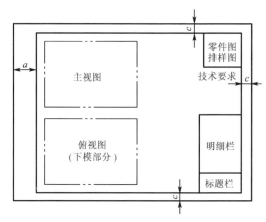

图 2-70　模具总装图的一般布置情况

②俯视图。俯视图一般仅反映模具下模的结构,即俯视图是将上模去除后而得到的。

(2)绘制模具零件图

模具零件图是模具加工的重要依据,应符合如下要求:

①视图要完整,且宜少勿多,以能将零件结构表达清楚为限。

②尺寸标注要齐全、合理,符合国家标准的规定。

③设计基准选择应尽可能考虑制造的要求。制造公差、形位公差、表面粗糙度选用要适当,既要满足模具加工质量要求,又要考虑尽量降低制模成本。

④注明所用材料牌号、热处理要求以及其他技术要求。

模具总装图中的非标准零件均需分别画出零件图,一般的工作顺序也是先画工作零件图,再依次画出其他各部分的零件图。有些标准零件需要补充加工(例如上、下标准模座上的螺孔、销孔等)时也需画出零件图,但在此情况下通常仅画出加工部位,而非加工部位的形状和尺寸则可省略不画,只需在图中注明标准件代号与规格即可。

八、起子落料冲孔模设计

（一）零件的工艺性分析

1.零件材料

该起子选用的材料为 45 钢,属于普通非合金结构钢,具有较好的冲裁性能。

2.零件结构

从零件产品图可知,该零件结构简单,上下对称,在零件内、外形连接处使用了圆角光滑连接,因此较适合于冲裁。零件孔不属于小孔,孔中心距较大,零件较厚,材料较硬,对零件的平直度要求不高,这些特征都适合于采用倒装式复合模。

3.零件精度及生产纲领

零件尺寸精度全部为 IT14 级,数量为大批量,因此适合于冲裁。

4.结论

以上零件的技术要求,都满足冲裁要求。

（二）冲压工艺方案的确定

在确定零件的冲压方案之前,可以按照以下思维方式进行一些拓展:

(1)零件数量少,可以考虑采用简单模,甚至可以不加导柱、导套。

(2)材料为薄料时,可以考虑使用聚氨酯橡胶模具结构。

(3)数量大,孔间距小,可以考虑使用级进模。

(4)有小孔时,可以考虑采用小孔冲裁模结构。

(5)考虑操作安全等,可以考虑使用复合模;零件要求平直,可以考虑使用正装式结构,否则可以采用倒装式结构。

(6)零件断面要求严格,尺寸精度要求高,可以考虑使用精冲模结构,可以查阅相关资料。

下面针对具体的零件技术要求进行工艺分析。

如图 2-1 所示,该工件包括落料、冲孔两个基本工序,可有以下三种工艺方案:

方案 1:先落料,后冲孔。采用单工序模生产,模具结构简单,但需两道工序和两副模具,生产成本高,生产率不高,落料后冲孔时操作不方便、不安全。因此,此方案只适用于批量不大的情况使用。

方案 2:落料、冲孔。采用复合模生产,只需一副模具,工件的精度及生产率都较高,保证工件的技术要求,操作方便。但模具制造成本加大,生产成本低,此方案只适用于大批量生产。

方案 3:冲孔、落料级进冲压。采用级进模生产,只需一副模具,生产率高,可实现自动化生产,但模具制造成本高。此方案只适用于大批量的情况。

以下设计过程采用方案 2,方案 3 模具设计读者学完本教材后可自行练习。

（三）主要设计计算

1.排样方式的确定及其计算

设计落料-冲裁模,首先要设计条料排样图。根据工件的特点,采用如图 2-71 所示的排样方法,搭边值分别取 2.7 mm 和 2.2 mm,有侧压装置(手工送料)时条料宽度 B 为

$$B=[D+2(a)]_{-\delta}^{0}=[115.1 \text{ mm}+2\times2.2]_{-0.6}^{0}$$
$$=119.5_{-0.6}^{0} \text{ mm}$$

步距离 A 为 36 mm，查板材标准，选 1 500 mm× 1 000 mm 的 45 钢钢板。一张钢板能生产 648 个零件，材料总利用率为 56%。

2. 冲压力的计算

该模具采用倒装复合模，拟选择弹性卸料、打杆出件。冲力的相关计算如下：

冲裁力为

$$F=1.3tL\tau=333 \text{ kN}$$

式中 t——材料厚度，2 mm；

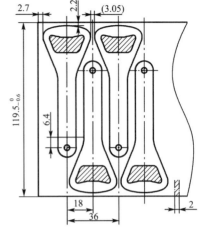

　　L——冲裁周边长度，291 mm

　　τ——材料抗剪强度，440 Pa/mm^2。查表 1-2。

图 2-71　起子落料-冲孔排样（有侧压装置）

卸料力为

$$F_Q=KF=0.05\times333 \text{ kN}=17 \text{ kN}$$

推料力为

$$F_{Q1}=nK_1F=4\times0.04\times333 \text{ kN}=53 \text{ kN}(K_1=0.04,n=h/t=8/2=4)$$

根据计算结果，冲压设备拟选 J23-40A。

3. 压力中心的确定

零件为不规则几何体，压力中心应进行计算。

工件关于 x 轴对称，所以压力中心应在 x 轴上。为简化计算，将工件圆角连接变成尖角，如图 2-72 所示。

图 2-72(a)所示为起子落料压力中心位置，按式(2-25)得

$$x_1=45.3 \text{ mm}$$

图 2-72(b)所示为起子冲缺口压力中心位置，按式(2-25)得

$$x_2=9.9 \text{ mm}$$

图 2-72(c)所示为起子落料-冲孔压力中心位置，按式(2-25)得

$$x_0=50 \text{ mm}$$

4. 工作零件刃口尺寸计算

在确定工作零件刃口尺寸计算方法之前，首先要考虑工作零件的加工方法及模具装配方法。结合模具结构及工件生产批量，模具制造适于采用配合加工落料凸模、凹模、凸凹模及固定板、卸料板，使制造成本降低，装配工作简化。因此工作零件刃口尺寸按配合加工的方法来计算，具体计算见如下：

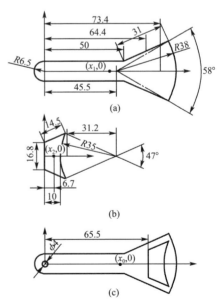

图 2-72　起子落料-冲孔压力中心计算图

未注公差按 IT14 级,查附录三得工件尺寸及公差:$90_{-0.87}^{0}$ mm、$R6.5_{-0.36}^{0}$ mm、$R38_{-0.62}^{0}$ mm、$R6_{-0.36}^{0}$ mm、$R20_{-0.52}^{0}$ mm、$\phi4_{0}^{+0.30}$ mm、$10_{0}^{+0.36}$ mm、$R35_{0}^{+0.62}$ mm、$R2_{0}^{+0.25}$ mm、$R2.5_{0}^{+0.25}$ mm、(50 ± 0.31) mm、(65.5 ± 0.37) mm。

尺寸 (4 ± 0.15) mm 可用尺寸 (16.8 ± 0.215) mm 代替。

查表 2-3 得,$Z_{min}=0.16$ mm,$Z_{max}=0.20$ mm,未注公差按 IT14 级,所有尺寸均选 $x=0.5$。

落料凹模的基本尺寸:

$90_{-0.87}^{0}$ mm   对应凹模尺寸为 $(90-0.5\times0.87)_{0}^{+(0.25\times0.87)}=89.6_{0}^{+0.22}$ mm

$R6.5_{-0.36}^{0}$ mm   对应凹模尺寸为 $(R6.5-0.5\times0.36)_{0}^{+(0.25\times0.36)}=R6.3_{0}^{+0.09}$ mm

$R38_{-0.62}^{0}$ mm   对应凹模尺寸为 $(R38-0.5\times0.62)_{0}^{+(0.25\times0.62)}=R37.7_{0}^{+0.155}$ mm

$R6_{-0.36}^{0}$ mm   对应凹模尺寸为 $(R6-0.5\times0.36)_{0}^{+(0.25\times0.36)}=R5.8_{0}^{+0.09}$ mm

$R20_{-0.52}^{0}$ mm   对应凹模尺寸为 $(R20-0.5\times0.52)_{0}^{0.25\times0.52}=R19.7_{0}^{+0.13}$ mm

落料凸模的基本尺寸与凹模相同,同时在技术条件中注明"凸模刃口尺寸与落料凹模刃口实际尺寸配制,保证间隙为 0.16～0.20 mm"。

冲孔凸模的基本尺寸:

$\phi4_{0}^{+0.3}$ mm   对应凸模尺寸为 $\phi(4+0.5\times0.3)_{-0.25\times0.3}^{0}=\phi4.2_{-0.075}^{0}$ mm

$10_{0}^{+0.36}$ mm   对应凸模尺寸为 $(10+0.5\times0.36)_{-0.25\times0.36}^{0}=10.2_{-0.09}^{0}$ mm

$R35_{0}^{+0.62}$ mm   对应凸模尺寸为 $R(35+0.5\times0.62)_{-0.25\times0.62}^{0}=R35.3_{-0.155}^{0}$ mm

$R2_{0}^{+0.25}$ mm   对应凸模尺寸为 $R(2+0.5\times0.25)_{-0.25\times0.25}^{0}=R2.1_{-0.06}^{0}$ mm

$R2.5_{0}^{+0.25}$ mm   对应凸模尺寸为 $R(2.5+0.5\times0.25)_{-0.25\times0.12}^{0}=R2.6_{-0.03}^{0}$ mm

(16.8 ± 0.215) mm   对应凸模尺寸为 $[(16.8-0.215)+0.5\times0.43]_{-0.25\times0.43}^{0}=16.8_{-0.11}^{0}$ mm

冲孔凹模的基本尺寸与凸模相同,同时在技术要求中注明"凹模刃口尺寸与冲孔凸模刃口实际尺寸配制,保证间隙为 0.16～0.20 mm"。

(50 ± 0.31) mm,(65.5 ± 0.37) mm 为定位尺寸,对应模具尺寸为 (50 ± 0.08) mm、(65.5 ± 0.09) mm。

(四)模具总体设计

1. 模具类型的选择

由冲压工艺分析可知,采用倒装复合模。

2. 定位方式的选择

因为该模具采用的是条料,所以控制条料的送进方向采用导料销,无侧压装置;控制条料的进给步距采用挡料销。

3. 卸料、废料出料方式的选择

因为工件是料厚为 2 mm 的 45 钢钢板,材料相对较硬,卸料力也比较小,故可采用弹性卸料。倒装复合模必须采用上出件。

4. 导向方式的选择

为了提高模具寿命和工件质量以及方便安装调整,该复合模采用中间导柱的导向方式。

（五）主要零部件设计

1. 工作零件的结构设计

（1）凸凹模　凸凹模外形按凸模设计，内孔按凹模设计，结合工件外形并考虑加工，将落料凸模设计成直通式，最后精加工采用慢走丝加工方式，冲孔凹模设计成台阶孔形式，其总长 L 可按式(2-34)，即

$$L=20+10+2+18=50 \text{ mm}$$

具体结构如图 2-73 所示。

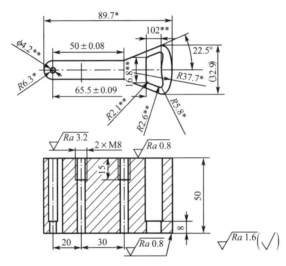

图 2-73　凸凹模结构

材料：CrWMn　热处理：(60～62)HRC

技术要求：带 * 的尺寸与落料凹模对应尺寸配制，带 * * 的尺寸与冲孔

凸模对应尺寸配制，保证间隙为 0.16～0.20 mm

（2）冲孔凸模　因为所冲的孔为非圆形，而且都不属于需要特别保护的小凸模，所以冲孔凸模采用直通台阶式，一方面加工简单，另一方面又便于装配与更换。冲缺口凸模结构如图 2-74(a)所示。冲 $\phi4^{+0.3}_{0}$ mm孔凸模结构如图 2-74(b)所示。

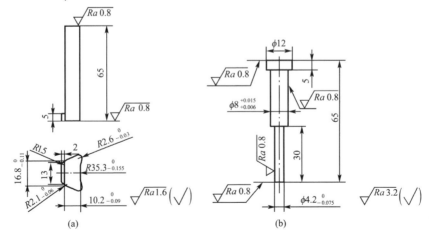

(a)　　　　　　　　(b)

图 2-74　凸模结构

材料：CrWMn　热处理：(58～60)HRC

（3）凹模　凹模采用整体式，均采用线切割机床加工，安排凹模在模架上的位置时，将凹模中心与模柄中心重合。其轮廓尺寸可按式(2-43)～式(2-45)计算。

凹模宽度　　　　$B=b_1+(2.5\sim4)H=90+3\times25=165$ mm

凹模厚度　　　　$H=Kb_1=0.28\times90=25$ mm(查表 2-10 得 $K=0.28$)

考虑到凹模内部推块行程，取 $H=45$ mm。

凹模长度 $L=L_1+2C=32.91+2\times28=88.91$ mm(送料方向，查表 2-11 得 $C=28$ mm)。考虑工件排样采用对排，凹模外形尺寸可适当放大。结构如图 2-75 所示。

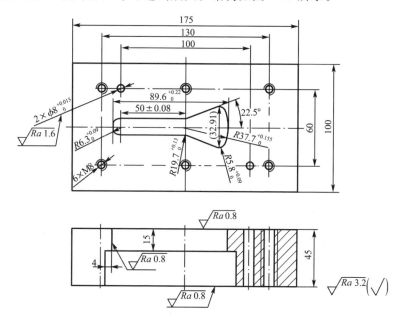

图 2-75　凹模结构

材料：CrWMn　热处理：(60～62)HRC

2. 卸料、顶料部件的设计

（1）卸料板的设计　卸料板的周界尺寸与凹模的周界尺寸相同，厚度为 10 mm。卸料板采用 45 钢制造，淬火硬度为(35～40)HRC。

（2）卸料螺钉的选用　卸料板上设置 4 个卸料螺钉，公称直径为 10 mm，螺纹部分为 M10×10 mm。卸料螺钉尾部应留有足够的行程空间。卸料螺钉拧紧后，应使卸料板超出凸模端面 1 mm，有误差时通过在螺钉与卸料板之间的安装垫片来调整。

（3）顶件块的设计　正装复合模工件一般采用上出料，一般采用顶杆加顶件块出料结构。冲压件为不规则形状，考虑到顶件块加工，将顶件块做成两件(顶件块垫板和顶件块)，再用螺钉固定在一起。

3. 模架及其他零部件设计

该模具采用中间导柱模架，这种模架的导柱在模具中间位置，冲压时可防止由于偏心力矩而引起的模具歪斜。以凹模周界尺寸为依据选择模架规格。导柱(dL)分别为 $\phi32$ mm×160 mm、$\phi35$ mm×160 mm；导套(dLD)分别为 $\phi32$ mm×115 mm×48 mm、$\phi35$ mm×115 mm×48 mm。上模座厚度取 40 mm，上模垫板厚度取 10 mm，上凸模固定板厚度取 20 mm，下凸模固定垫板厚度取 10 mm，下模座厚度 H 取 50 mm，则该模具的闭合高度为

$$H_闭=40+10+20+45+50+10+50-1=224 \text{ mm}$$

凸模冲裁后进入凹模的深度为 1 mm。

可见该模具闭合高度小于所选压力机 J23-40A 的最大装模高度(330 mm),故可以使用。如果模具闭合高度大于所选压力机 J23-40A 的最大装模高度,则应修改模具设计或另选压力机。

（六）模具总装图

起子落料-
冲孔模装配

通过以上设计,可得到如图 2-76 所示的模具总装图。模具上模部分主要由上模板、垫板、凹模、凸模固定板及卸料板等组成。卸料方式采用弹性卸料,以弹簧为弹性元件。下模部分由下模板、凸凹模等组成。冲孔废料从凸凹模打出,成品件由上模顶件块从凹模中顶出。

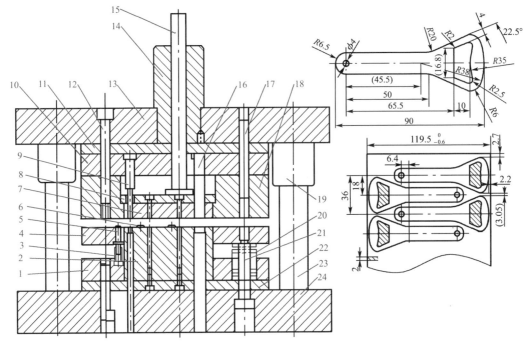

图 2-76　起子落料-冲孔模结构

1—凸凹模固定板；2—凸凹模；3—弹簧；4—卸料板；5—挡料销；6—导料销块；7—顶件块；8—顶件块垫板；
9—凸模(1)；10—凸模固定板；11—垫板；12—螺钉；13—上模板；14—模柄；15—打杆；16—凸模(2)；17—定位销；
18—落料凹模；19—导套；20—弹簧；21—卸料螺钉；22—下垫板；23—导柱；24—下模板

冲裁模拆装实训 --------------------------------

落料冲孔复合模的拆装

1. 实训目的

通过对典型冲裁模(正装或倒装落料冲孔复合模)的拆卸,增进对模具整体结构的认识,培养实践动手能力;了解模具零件相互之间的装配形式以及配合关系;了解模具拆卸过程以及装配复原步骤。

2. 实训内容

拆装并对所拆卸模具的主要零件进行测绘,按照规定要求画出结构图;对所拆卸模具零件进行分析,了解模具的工作原理以及各组成零件的作用;简述拆卸过程及有关操作规程;填写相关零件的配合关系测绘表。

3. 实训用设备、工具和材料

根据实际分组情况,选择若干副中等复杂程度的落料冲孔复合模;选择内六角扳手、拔销器、铜棒、平行等高垫铁、钳工工作台、手锤、旋具、润滑油、盛物容器等;选择测量工具,如游标卡尺、千分尺、直尺、角尺等。

4. 实训步骤

(1)模具拆卸

拆卸模具时可以一只手将模具的某一部分(如模具的上模部分)托住,另一只手用木槌或铜棒轻轻地敲击模具的另一部分(如模具下模部分的座板),使模具分开。拆卸时不能用很大的力量锤击模具的其他工作面,或使模具左右摆动,从而对模具的精度产生不良的影响。再用铜棒顶住销钉,用手锤将销钉卸除,用内六角扳手卸下紧固螺钉及其他紧固零件。拆卸时应小心,不能碰伤模具工作零件的表面。拆卸下来的零件应放在指定的容器中,注意防止遗失或生锈。

拆卸模具时应注意:按照模具的具体结构,事先考虑好拆卸程序;模具的拆卸顺序一般是先拆外部零件,再拆主体部件。拆卸部件或组合件时,应按先外后内、从上到下的顺序依次进行;尽量使用专用工具,保证不损伤模具零件,禁止用钢锤直接在零件的工作表面上敲击;对容易移位但又没有定位的零件应做好标记,各零件的安装方向也应辨别清楚,并做好标记;凸模、凹模和型芯等精密模具零件应单独存放,防止碰伤工作部位;拆下零件应清洗,最好涂上润滑油,防止生锈腐蚀。

(2)模具测绘

模具测绘最终要完成所拆卸模具的装配图和模具重要组成零件的技术图样的绘制。测绘数据及方法会导致测量结果产生相应的误差,因此需要按技术资料上的理论数据进行必要的圆整。测绘可参考以下步骤进行:拆卸模具之前先画出模具的结构草图,测量总体尺寸;拆卸后对照实物勾画模具各零件的结构草图;选择基准,确定模具零件的尺寸标注方案;根据标注方案测量所需尺寸数据,做好记录,查阅有关技术要求,圆整有关尺寸数据;完成装配图;完成重要组成零件的结构图。表 2-15 为冲裁模零件配合关系测绘表,测绘者可以根据测绘实感及实测数据进行填写,为完成装配图做准备。

(3)模具组装复原

冲裁模的装配主要应保证凸、凹模的对中,使其间隙均匀。在此基础上选择正确的装配方法和装配顺序。其装配顺序一般是看上、下模的主要零件中,哪一个位置所受到的限制大,就将其作为装配的基准件先装,并用它来调整另一个零部件的位置。

冲裁模装配的主要工作内容包括:

①对模具主要零件的装配:指凸、凹模的装配,凸、凹模与固定板的装配,上、下模座的装配。

表 2-15 冲裁模零件配合关系测绘表

序号	相关配合零件	配合性质	配合要求	配合尺寸测量值	配合尺寸
1	凸模 凹模		凸模实体小于凹模洞口一个间隙		
2	凸模 凸模固定板		H7/m6 或 H7/n6		
3	上模座 模柄		H7/r6 或 H7/s6		
4	上模座 导套		H7/r6 或 H7/s6		
5	下模座 导柱		H7/r6 或 H7/s6		
6	导柱 导套		H6/h6 或 H7/h6		
7	卸料板 凸模		卸料板孔大于凸模实体 0.2～0.6 mm		
8	销钉 定位模板		H7/m6 或 H7/n6		

②模具的总装配:选择好装配的基准件,并安排好上、下模的装配顺序,然后进行模具的总装配。装配时应调整好各配合部位的位置和配合状态,严格按照规定的各项技术要求进行装配,以保证装配质量。

③模具的检验和调试:对模具的外观质量、各零部件的固定连接和活动连接情况以及凸、凹模配合间隙进行检查,检查模具各部分的功能是否满足使用要求。条件具备时也可以通过试冲对所装配的模具进行检验和调试。

④模具的装配复原过程由模具的结构类型决定,一般与模具拆卸的顺序相反:先装模具的工作零件,如凸模、凹模或型芯、镶件等,通常先装下模部分比较方便;装配推料或卸料零部件;在各种模板上装入销钉并拧紧螺钉;安装其他零部件。

5、实训报告与成绩评定

整理测绘的图纸与实验数据。可以从以下几个方面来考核成绩:凸、凹模与上、下模座的装配;模柄的装配;导柱、导套及模架的装配;凸模、凹模的装配;总装;准备工作充分程度;装配过程安排合理性;装配质量符合技术要求的程度;安全文明生产情况。

素养提升

通过对大国脊梁钱伟长弃文从理、科学救国事迹的介绍,激发学生树立热爱祖国、热爱学习、立志成才信念,培养成具有家国情怀、不畏艰难的高素质技术技能型人才。更多内容扫描延伸阅读二维码进行延伸阅读与学习。

延伸阅读

////////////// 复习与思考题 //////////////

1. 板料冲裁时,其断面特征怎样? 影响冲裁件断面质量的因素有哪些?

2. 提高冲裁件尺寸精度和断面质量的有效措施有哪些?

3. 什么是冲裁件的工艺性? 分析冲裁件的工艺性有何实际意义?

4. 什么是压力中心? 设计冷冲模时确定压力中心有何意义?

5. 计算冲裁图 2-77 所示零件的凸、凹模刃口尺寸及公差(材料为 H62,厚度为1 mm)。

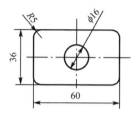

图 2-77 题 2-5 图

6. 试确定如图 2-78 所示零件的合理排样方法,并计算其条料宽度和材料利用率(材料为 10 钢,厚度为 1 mm)。

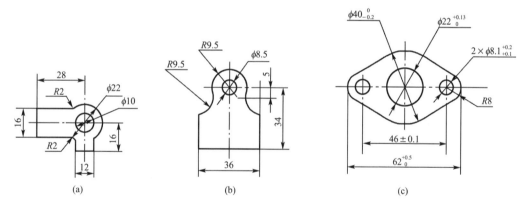

图 2-78 题 2-6 图

7. 如图 2-79 所示零件,材料为 10 钢,料厚 2 mm,采用配作法加工,求凸、凹模刃口尺寸及公差,并计算冲裁力、推件力、卸料力,确定压力机吨位。

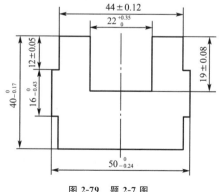

图 2-79 题 2-7 图

模块三
弯　曲

任务描述

- 零件名称：支架。
- 零件简图：如图 3-1 所示。
- 材料：Q235（厚度 $t = 2$ mm）。
- 批量：小批量。
- 工作任务：制定冲压加工工艺并设计模具。

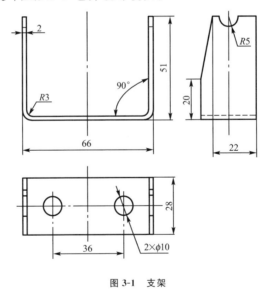

图 3-1　支架

一、概　述

　　弯曲是将板料、型材、管材或棒料等按设计要求弯成一定角度和一定曲率，形成所需形状零件的冷冲压工序。弯曲属于变形工序，是冷冲压的基本工序之一，在冲压生产中占有很大的比例。一般把经过弯曲工序生产得到的冲压件称为弯曲件。

如图 3-2 所示为利用弯曲方法生产的典型弯曲件。图 3-3 所示为利用模具成形的弯曲件实物。

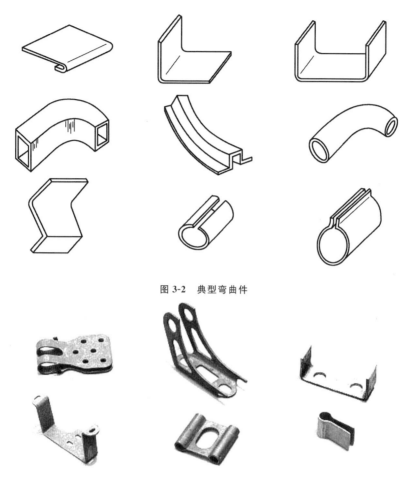

图 3-2 典型弯曲件

图 3-3 利用模具成形的弯曲件实物

弯曲件可以利用弯曲模在压力机上成形,也可以在其他专用的如折弯机、辊弯机、拉弯机、弯管机等设备上成形。虽然各种弯曲方法所使用的设备与工具不同,但其变形过程及特点是有一定共同规律的。本章主要讨论板料在冲模中的弯曲。如图 3-4 所示为弯曲件的弯曲方法。

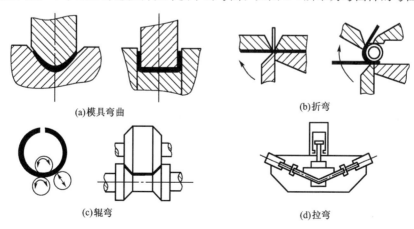

(a)模具弯曲 (b)折弯

(c)辊弯 (d)拉弯

图 3-4 弯曲件的弯曲方法

如图 3-5 所示是典型的 V 形件弯曲模。平板坯料由凹模及挡料销定位,上模工作零件凸模向下运动,与凹模共同对坯料进行弯曲,成形后的零件由顶杆顶出,同时顶杆还可以起压料作用,防止坯料在弯曲的过程中发生偏移。

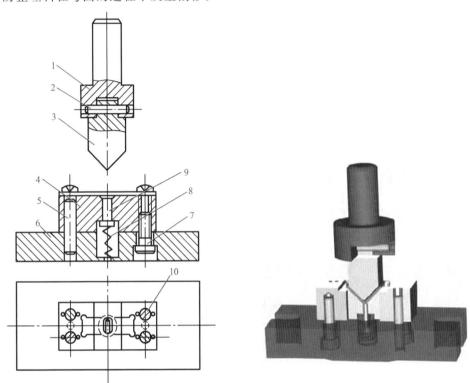

图 3-5　V 形件弯曲模

1—模柄;2—圆柱销;3—凸模;4—凹模;5—定位销;6—下模座;7—螺钉;8—弹簧;9—顶杆;10—挡料销

二、弯曲变形过程及变形特点

■ (一)弯曲变形过程

弯曲可分为自由弯曲和校正弯曲。前者是指弯曲终了时工件与凸模、凹模相互吻合后不再受到冲击作用,而后者是指工件与凸模、凹模相互吻合后还要受到冲击,此时的冲击对弯曲件起校正作用,使弯曲件得到更小的回弹。图 3-6 所示为板料在 V 形模内校正弯曲的过程。在凸模的压力下板料受弯矩作用,首先经过弹性变形,然后进入塑性变形。在塑性变形的初始阶段,板料是自由弯曲,随着凸模的下压,板料与凹模 V 形表面逐渐靠近。同时曲率半径和弯曲力臂逐渐变小,

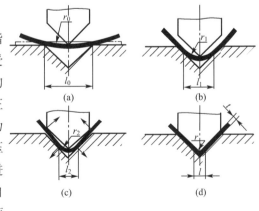

图 3-6　校正弯曲的过程

由 r_0 变为 r_1，l_0 变为 l_1；凸模继续下压，板料弯曲变形区进一步减小，直到与凸模成三点接触，此时曲率半径减小到 r_2；此后板料的直边部分向与之前相反的方向变形，到行程终了时，凸、凹模对弯曲件进行校正，使其直边、圆角与凸模全部靠紧。因此，弯曲成形的效果表现为板料弯曲变形区曲率半径和两直边夹角的变化。

（二）弯曲变形特点

研究板料在弯曲时其内部所发生的变形常采用网格法，如图 3-7 所示。弯曲前坯料的侧面用机械刻线或照相腐蚀的方法画出网格，观察弯曲变形后位于工件侧壁的坐标网格的变化情况，可以分析变形时坯料的受力情况。

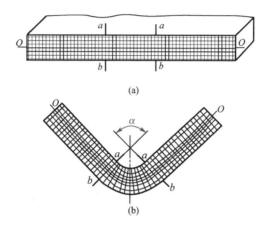

图 3-7　板料弯曲前、后的网格变化

弯曲变形主要发生在弯曲带中心角 α 范围内，中心角以外基本不变形。如图 3-8 所示，弯曲后工件角度为 φ，反映弯曲变形区的弯曲带中心角为 α，二者关系为

$$\alpha = 180° - \varphi$$

弯曲变形区内网格的变形情况说明，坯料在长、宽、厚三个方向都发生了变形。

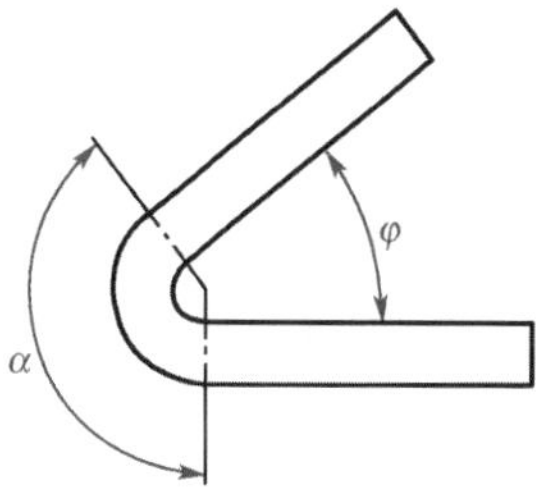

图 3-8　弯曲角与弯曲带中心角

1. 长度方向

网格由正方形变成了扇形，靠近凹模的外侧长度增加，靠近凸模的内侧长度缩短，即 $\overset{\frown}{bb} > \overline{bb}$，$\overset{\frown}{aa} < \overline{aa}$。由内、外表面到坯料中心，其缩短与伸长的程度都在逐渐减小。在缩短与伸长两个变形区之间必然有一层金属，其长度在变形前、后没有变化，我们称这层金属为变形中性层。

2. 厚度方向

由于内层长度方向上缩短，因此厚度应增加，但由于凸模的作用，厚度方向不易增加；外侧长度伸长，厚度变薄。总体上增厚量小于变薄量，毛坯材料厚度在弯曲变形区内有变薄现象，因此弹性变形时位于坯料厚度中间的中性层内移。弯曲变形程度越大，弯曲变形区变薄越严重，中性层内移量越大。弯曲时厚度变薄不仅影响零件的质量，在多数情况下还会导致弯曲变形区长度增加。

3.宽度方向

内层材料受压缩,宽度应增加;外层材料受拉伸,宽度应减小。窄板($B/t<3$)弯曲时,内区宽度增加,外区宽度减小,原来的由截面矩形变成了扇形;宽板($B/t>3$)弯曲时,横截面几乎不变,仍然为矩形,如图3-9所示。因为窄板弯曲时变形区断面发生了畸变,所以当弯曲件的侧面尺寸有一定的要求或与其他零件配合时,需要增加后续辅助工序。对于一般的板料弯曲来说,大部分属于宽板弯曲。

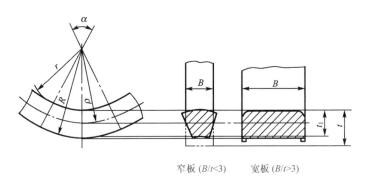

窄板 ($B/t<3$)　　　宽板 ($B/t>3$)

图 3-9　弯曲变形区横截面的变化

（三）弯曲变形时的应力与应变状态

因为板料的相对宽度 B/t 直接影响板料沿宽度方向的应变,进而影响应力,所以对于不同的 B/t,具有不同的应力、应变状态。

1.应力状态

（1）长度方向

外侧受拉应力,内侧受压应力,其应力 σ_1 为绝对值最大的主应力。

（2）厚度方向

在弯曲过程中,材料有挤向曲率中心的趋势,越靠近板料外表面,其切向拉应力 σ_1 越大,材料挤向曲率中心的倾向越大。这种不同步的材料转移,使板料在厚度方向产生了压应力 σ_2。在板料内侧,板料厚度方向的拉应变 ε_2 由于受到外侧材料向曲率中心移近所产生的阻碍,也产生压应力 σ_2。

（3）宽度方向

窄板($B/t<3$)弯曲时,由于材料在宽度方向的变形不受限制,因此其内、外侧的应力均为零。宽板($B/t>3$)弯曲时,外侧材料在宽度方向的收缩受阻,产生拉应力 σ_3;内侧材料在宽度方向的拉伸受阻,产生压应力 σ_3。

2.应变状态

（1）长度方向

外侧拉伸应变,内侧压缩应变,其应变 ε_1 为绝对值最大的主应变。

（2）厚度方向

由于塑性变形时板料的体积不变,因此沿着板料的宽度和厚度方向必然产生与 ε_1 符号相反的应变。在板料的外侧,长度方向主应变 ε_1 为拉应变,因此厚度方向的应变 ε_2 为压应变;在板料的内侧,长度方向的主应变 ε_1 为压应变,因此厚度方向的应变 ε_2 为拉应变。

（3）宽度方向

窄板（$B/t<3$）弯曲时，材料在宽度方向可以自由变形，因此外侧应为和长度方向主应变 ε_1 符号相反的压应变，内侧为拉应变；宽板（$B/t>3$）弯曲时，沿宽度方向材料之间的变形互相制约，材料的流动受阻，因此外侧和内侧沿宽度方向的应变 ε_3 近似为零。

板料在弯曲过程中的应力、应变状态如图 3-10 所示，从中可以看出，窄板弯曲时处于平面应力状态、立体应变状态，而宽板弯曲时处于立体应力状态、平面应变状态。

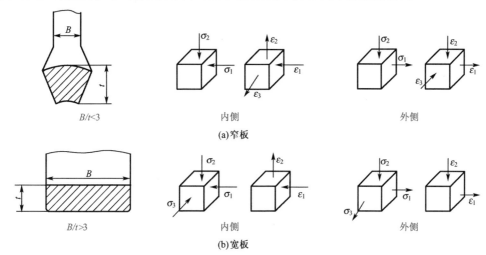

图 3-10 板料弯曲时的应力、应变状态

三、弯曲件质量分析

弯曲件的质量问题主要涉及弯裂、弯曲回弹、偏移、翘曲、畸变等。

（一）弯曲变形程度与最小弯曲半径

1.弯曲变形程度

在弯曲变形过程中，弯曲件的外层受拉应力。当料厚一定时，弯曲半径越小，拉应力越大。当弯曲半径小到一定程度时，弯曲件的外层由于受过大的拉应力作用而出现开裂。因此常用板料的相对弯曲半径 r/t 来表示板料弯曲变形程度的大小。

2.最小弯曲半径

通常将不致使材料弯曲时发生开裂的最小弯曲半径的极限值称为该材料的最小弯曲半径。各种不同材料的弯曲件都有各自的最小弯曲半径。一般情况下，不宜使制件的圆角半径等于最小弯曲半径，应尽量将圆角半径取大一些。只有当产品结构上有要求时，才采用最小弯曲半径。

（二）弯裂与最小相对弯曲半径的控制

1.最小相对弯曲半径

如图 3-11 所示，设弯曲件中性层的曲率半径为 ρ，弯曲带中心角为 α，则最外层金属的伸长率 $\delta_{外}$ 为

$$\delta_{外} = \frac{\overset{\frown}{aa} - \overset{\frown}{OO}}{\overset{\frown}{OO}} = \frac{(r_1 - \rho)\alpha}{\rho\alpha} = \frac{r_1 - \rho}{\rho}$$

设中性层位置在半径为 $\rho = r + t/2$ 处,并且弯曲后料厚保持不变,则 $r_1 = r + t$,有

$$\delta_{外} = \frac{(r+t) - (r+\frac{t}{2})}{r + \frac{t}{2}} = \frac{\frac{t}{2}}{r + \frac{t}{2}} = \frac{1}{2\frac{r}{t} + 1} \quad (3\text{-}1)$$

将 $\delta_{外}$ 用材料的许用伸长率 $[\delta]$ 代入,可以求得

$$\frac{r_{min}}{t} = \frac{1 - [\delta]}{2[\delta]} \quad (3\text{-}2)$$

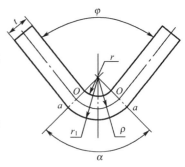

图 3-11 压弯时的变形情况

从式(3-1)可知,对于一定厚度的材料(t 一定),弯曲半径 r 越小,外层材料的伸长率越大。当边缘材料的伸长率达到并且超过材料允许的伸长率后,就会导致弯裂。在保证毛坯最外层纤维不发生破裂的前提下,所能够获得的弯曲件内表面最小圆角半径与坯料厚度的比值 r_{min}/t,称为最小相对弯曲半径。

2. 最小相对弯曲半径的影响因素

(1)材料的力学性能

材料的塑性越好,其伸长率 δ 值越大,从式(3-2)可知,此时材料的最小相对弯曲半径也越小。

(2)弯曲方向

冷冲压用板料具有各向异性,沿纤维方向的力学性能较好,不容易拉裂。因此当弯曲线与纤维方向垂直时,r_{min}/t 的数值最小,而平行时最大。在双弯曲时应使弯曲线与纤维方向呈一定角度,如图 3-12 所示。

(3)弯曲件角度 φ

弯曲件角度 φ 越大,最小相对弯曲半径 r_{min}/t 越小。主要原因是在弯曲过程中,毛坯的变形并不局限在圆角变形区。材料的相互牵连使其变形影响到圆角附近的直边,实际上扩大了弯曲变形的范围,分散了集中在圆角部分的弯曲应变,对于圆角外层纤维濒于拉裂的极限状态有所缓解,使

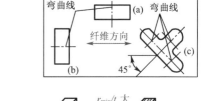

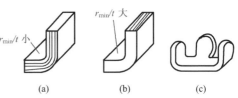

图 3-12 材料纤维方向对 r_{min}/t 的影响

最小相对弯曲半径减小。φ 越大,圆角中段变形程度的缓解程度越明显,因此许可的最小相对弯曲半径 r_{min}/t 越小。

(4)板料的热处理状态

经过退火的板料塑性好,r_{min}/t 小些;经过冷作硬化的板料塑性降低,r_{min}/t 应增大。

(5)板料的边缘以及表面状态

下料时板料边缘的冷作硬化、毛刺以及板料表面带有划伤等缺陷,使板料在弯曲时容易受到拉应力而破裂,使最小相对弯曲半径增大。为了防止弯裂,可以将板料上的大毛刺去除,小毛刺放在弯曲圆角的内侧。

（6）板宽的影响

窄板（$B/t<3$）弯曲时，在板料宽度方向的应力为零，宽度方向的材料可以自由流动，以缓解弯曲圆角外侧的拉应力状态，因此可以使最小相对弯曲半径减小。

3. 最小弯曲半径数值

影响板料最小弯曲半径的因素较多，其数值一般由试验方法确定。表 3-1 为最小弯曲半径的数值。

表 3-1 　　　　　　　　　　最小弯曲半径 $r_{\min}$ 　　　　　　　　　　mm

材料	$r_{\min}$			
	退火状态		冷作硬化状态	
	弯曲线的位置			
	垂直纤维	平行纤维	垂直纤维	平行纤维
08、10、Q195、Q215	0.1t	0.4t	0.4t	0.8t
15、20、Q235	0.1t	0.5t	0.5t	1.0t
25、30、Q255	0.2t	0.6t	0.6t	1.2t
35、40、Q275	0.3t	0.8t	0.8t	1.5t
45、50	0.5t	1.0t	1.0t	1.7t
55、60	0.7t	1.3t	1.3t	2.0t
铝	0.1t	0.35t	0.5t	1.0t
纯铜	0.1t	0.35t	1.0t	2.0t
软黄铜	0.1t	0.35t	0.35t	0.8t
半硬黄铜	0.1t	0.35t	0.5t	1.2t
磷青铜	—	—	1.0t	3.0t

注：①当弯曲线与纤维方向呈一定角度时，可以采用垂直纤维和平行纤维方向的中间值。

②当冲裁或剪切以后没有退火的坯料弯曲时，应作为冷作硬化的金属选用。

③弯曲时应使有毛刺的一边处于弯角的内侧。

④表中 t 为坯料的厚度。

4. 防止弯裂的措施

在一般情况下，不宜采用最小弯曲半径。当零件的弯曲半径小于表 3-1 所列数值时，为了提高极限弯曲变形程度并防止弯裂，常采用的措施有退火、加热弯曲、消除冲裁毛刺、两次弯曲（先加大弯曲半径，退火后再按工件要求以小弯曲半径弯曲）、校正弯曲以及对较厚的材料开槽后弯曲，如图 3-13 所示。

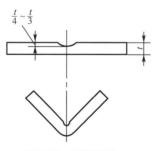

图 3-13　开槽后弯曲

（三）弯曲卸载后的回弹

1. 回弹现象

与所有塑性变形一样，塑性弯曲时也伴有弹性变形。当外载荷去除以后，塑性变形保留下来，而弹性变形会完全消失，使弯曲件的形状和尺寸发生变化而与模具尺寸不一致，这种现象称为回弹。零件与模具在形状和尺寸上的差值称为回弹值。由于内、外区弹性回复方向相反，即外区弹性缩短而内区弹性伸长，这种反向的弹复大大加剧了工件形状和尺寸的改变，所以与其他变形工序相比,弯曲过程的回弹是一个非常重要的问题,它直接影响到工件的尺寸精度。

2.回弹的表现形式

弯曲回弹有两个方面的表现形式,如图 3-14 所示。

(1)弯曲半径增大

卸料前坯料的内半径为 r(与凸模半径吻合),卸载后增加到 r',半径的增大量 $\Delta r = r' - r$。

(2)弯曲件角度增大

卸料前坯料的弯曲件角度为 β(与凸模顶角吻合),卸载后增大到 β',弯曲件角度的增大量 $\Delta \beta = \beta' - \beta$。

3.影响回弹的因素

(1)材料的力学性能

材料的屈服强度 σ_s 越大,弹性模量 E 越小,弯曲回

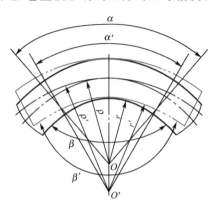

图 3-14 弯曲回弹

弹越大,即 σ_s/E 值越大,材料的回弹值越大。如图 3-15(a)所示的两种材料,屈服强度基本相同,但弹性模量不同,在弯曲变形程度相同(r/t 相同)的条件下,退火软钢在卸载时的回弹变形小于软锰黄铜,即 $\varepsilon_1' < \varepsilon_2'$;又如图 3-15(b)所示的两种材料,其弹性模量基本相同,而屈服强度不同,在变形程度相同的条件下,经过冷作硬化而屈服强度较高的软钢在卸载时的回弹变形大于屈服强度较低的退火软钢,即 $\varepsilon_4' > \varepsilon_3'$。

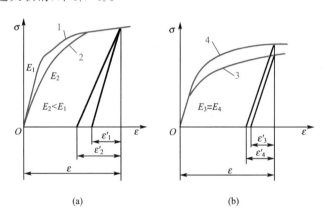

图 3-15 力学性能对回弹的影响

1、3—退火软钢;2—软锰黄铜;4—经过冷作硬化的软钢

(2)相对弯曲半径 r/t

相对弯曲半径越小,回弹值越小。相对弯曲半径减小时,弯曲坯料外侧表面在长度方向上的总变形程度增大,其中塑性变形和弹性变形成分也同时增加。但在总变形中,弹性变形所占的比例则相应减小。由图 3-16 可知,当总的变形为 ε_1 时,弹性变形所占的比例为 $\varepsilon_1'/\varepsilon_1$;而当总的变形程度由 ε_1 增加到 ε_2 时,弹性变形所占的比例为 $\varepsilon_2'/\varepsilon_2$。很显然,$\varepsilon_1'/\varepsilon_1 > \varepsilon_2'/\varepsilon_2$,说明随着总的变形程度的增加,弹性变形在总变形中所占的比例反而减小了。因此,相对弯曲半径越小,回弹值越小;

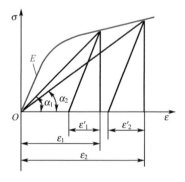

图 3-16 相对弯曲半径对回弹的影响

反之,如果相对弯曲半径过大,由于变形程度太小,使坯料大部分处于弹性变形状态,产生很大的回弹,以至于用普通的弯曲方法根本无法成形。

（3）弯曲件角度 φ

弯曲件角度越小,弯曲变形区域越大,回弹的积累就会越大,回弹的角度也会越大。

（4）弯曲方式及弯曲模

自由弯曲(图 3-17)与校正弯曲相比,因为校正弯曲可以增加圆角处的塑性变形程度,所以有较小的回弹。

（5）间隙

在弯曲 U 形件时,凸、凹模之间的间隙对回弹有较大的影响。间隙越大,回弹角越大,如图 3-18 所示。

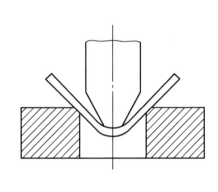

图 3-17　无底凹模内的自由弯曲

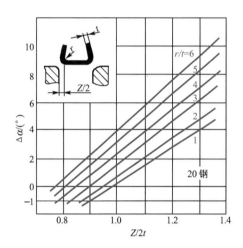

图 3-18　间隙对回弹的影响

（6）工件形状

工件形状越复杂,一次弯曲成形角的数量越多,各部分的回弹相互牵制作用越大,弯曲中拉深变形的成分越大,因此回弹量就越小。一次弯曲成形时,冖形件比 U 形件回弹量小,U 形件又比 V 形件回弹量小。

4. 回弹值的确定

（1）大变形程度($r/t<5$)自由弯曲时的回弹值

当相对弯曲半径 $r/t<5$ 时,弯曲半径的回弹值不大,一般只考虑角度的回弹,表 3-2 为自由弯曲 V 形件,当弯曲带中心角为 90°时部分材料的平均回弹角。当弯曲件的弯曲带中心角不为 90°时,其回弹角的计算公式为

$$\Delta\alpha=(\alpha/90)\Delta\alpha_{90} \tag{3-3}$$

式中　α——弯曲件的弯曲带中心角;

　　　$\Delta\alpha_{90}$——弯曲带中心角为 90°时的平均回弹角,见表 3-2。

表 3-2　　　　　　　　　　弯曲带中心角为 90°时的平均回弹角 $\Delta\alpha_{90}$

材料	r/t	$\Delta\alpha_{90}$		
		材料厚度 t/mm		
		<0.8	$0.8\sim2$	>2
软钢 $\sigma_b=350$ MPa	<1	4°	2°	0°
软黄铜 $\sigma_b\leqslant350$ MPa	$1\sim5$	5°	3°	1°
铝、锌	>5	6°	4°	2°
中硬钢 $\sigma_b=400\sim500$ MPa	<1	5°	2°	0°
硬黄铜 $\sigma_b=350\sim400$ MPa	$1\sim5$	6°	3°	1°
硬青铜	>5	8°	5°	3°
硬钢 $\sigma_b>550$ MPa	<1	7°	4°	2°
	$1\sim5$	9°	5°	3°
	>5	12°	7°	5°
硬铝 2A12	<2	2°	3°	4.5°
	$2\sim5$	4°	6°	8.5°
	>5	6.5°	10°	14°
超硬铝 7A40	<2	2.5°	5°	5°
	$3\sim5$	4°	8°	11.5°
	>5	7°	12°	19°

（2）校正弯曲时的回弹值

校正弯曲时的回弹角可以用试验所得的公式进行计算，见表 3-3（表中数据的单位是弧度），相关符号如图 3-19 所示。

表 3-3　　　　　　　　　　　V 形件校正弯曲时的回弹角 $\Delta\beta$

材料	$\Delta\beta$			
	弯曲角 β			
	30°	60°	90°	120°
08、10、Q195	$\Delta\beta=0.75\dfrac{r}{t}-0.39$	$\Delta\beta=0.58\dfrac{r}{t}-0.80$	$\Delta\beta=0.43\dfrac{r}{t}-0.61$	$\Delta\beta=0.36\dfrac{r}{t}-1.26$
15、20、Q215、Q235	$\Delta\beta=0.69\dfrac{r}{t}-0.23$	$\Delta\beta=0.64\dfrac{r}{t}-0.65$	$\Delta\beta=0.43\dfrac{r}{t}-0.36$	$\Delta\beta=0.37\dfrac{r}{t}-0.58$
25、30、Q255	$\Delta\beta=1.59\dfrac{r}{t}-1.03$	$\Delta\beta=0.95\dfrac{r}{t}-0.94$	$\Delta\beta=0.78\dfrac{r}{t}-0.79$	$\Delta\beta=0.46\dfrac{r}{t}-1.36$
35、Q275	$\Delta\beta=1.51\dfrac{r}{t}-1.48$	$\Delta\beta=0.84\dfrac{r}{t}-0.76$	$\Delta\beta=0.79\dfrac{r}{t}-1.62$	$\Delta\beta=0.51\dfrac{r}{t}-1.71$

（3）小变形程度（$r/t\geqslant10$）自由弯曲时的回弹值

当相对弯曲半径 $r/t\geqslant10$ 时，卸载后弯曲件的角度和圆角半径变化都比较大，如图 3-20 所示。凸模工作部分圆角半径和角度可先计算，然后在生产中进行修正，即

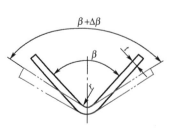

图 3-19　V 形件校正弯曲的回弹

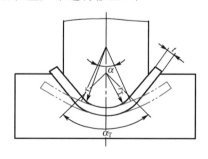

图 3-20　相对弯曲半径较大时的回弹现象

$$r_{凸} = \frac{r}{1 + 3\dfrac{\sigma_s r}{Et}} \tag{3-4}$$

$$\varphi_T = \varphi - (180° - \varphi)\left(\frac{r}{r_{凸}} - 1\right) \tag{3-5}$$

式中　$r_{凸}$——凸模工作部分圆角半径,mm;

　　　r——工件的圆角半径,mm;

　　　φ_T——弯曲凸模角度,(°),$\varphi_凸 = 180° - \alpha_T$;

　　　φ——弯曲件角度,(°),$\varphi = 180° - \alpha$;

　　　t——坯料厚度,mm;

　　　E——弯曲材料的弹性模量,MPa;

　　　σ_s——弯曲材料的屈服强度,MPa。

　　需要指出的是,上述公式的计算是近似的。根据工厂生产经验,修磨凸模时,放大弯曲半径比减小弯曲半径容易。因此,对于 r/t 值较大的弯曲件,生产中希望压弯后零件的曲率半径比图纸要求略小,以方便在试模后进行修正。

例 3-1

　　如图 3-21(a)所示零件,材料为超硬铝 7A40,$\sigma_s = 460$ MPa,$E = 70\,000$ MPa,试求凸模工作部分尺寸。

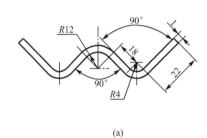
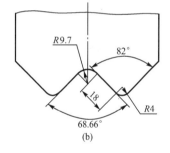

(a)　　　　　　　　　　(b)

图 3-21　回弹值计算示例

　　解　(1)计算工件中间弯曲部分的回弹值

　　由图 3-21(a)可知,$r_1 = 12$,$\varphi = 90°$,$t = 1$。因为 $r_1/t = 12$,因此工件不仅角度有回弹,而且弯曲半径也有回弹。

　　由式(3-4)可知

$$r_{凸1} = \frac{12}{1 + 3\times\dfrac{460\times12}{70\,000\times1}} = 9.7 \text{ mm}$$

$$\varphi_{凸1} = 90° - (180° - 90°)\left(\frac{12}{9.7} - 1\right) = 68.66°$$

　　(2)计算两侧弯曲部分的回弹值

　　因为 $r_2/t = 4/1 = 4 < 5$,所以弯曲半径的回弹值不大。由表 3-2 可以查得,当材料的厚度为 1 mm 时,超硬铝 7A40 的回弹角为 8°,故

$$\varphi_{凸2} = 90° - 8° = 82°$$

图 3-21(b)所示为根据回弹值确定的凸模工作部分尺寸。

5.减小回弹的措施

压弯中弯曲件回弹产生误差,很难得到合格的零件尺寸。同时,由于材料的力学性能和厚度的波动,要完全消除弯曲件的回弹是不可能的,但可以采取一些措施来减小或补偿回弹所产生的误差。控制弯曲件回弹的措施如下:

(1)改进弯曲件的结构设计

①在变形区压制加强筋或成形边翼,增加弯曲件的刚性和成形边翼的变形程度,从而减小回弹,如图 3-22 所示。

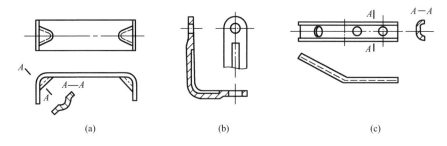

(a)　　　　　　　　　　(b)　　　　　　　　　　(c)

图 3-22　在零件结构上考虑减小误差

②选用弹性模量大、屈服极限小的材料,使坯料容易弯曲到位。

(2)从工艺上采取措施

①采用校正弯曲代替自由弯曲。对冷作硬化的材料先退火,降低其屈服极限 σ_s,以减小回弹,弯曲后再淬硬。对回弹的材料,必要时可以采用加热弯曲。

②采用拉弯代替一般弯曲方法,如图 3-23 所示。拉弯的工艺特点是弯曲之前使坯料承受一定的拉伸应力,其数值使坯料截面内的应力稍大于材料的屈服强度,随后在拉力作用下同时进行弯曲。图 3-24 所示为工件在拉弯时沿截面高度的应变分布。图 3-24(a)所示为拉伸时的应变,图 3-24(b)所示为普通弯曲时的应变,图 3-24(c)所示为拉弯时总的合成应变,图 3-24(d)所示为卸载时的应变,图 3-24(e)所示为最后永久变形。从图 3-24(d)所示可以看出,拉弯卸载时坯料内、外区回弹方向一致(ε_t、ε_t' 均为负值),因此大大减小了回弹。拉弯主要用于长度和曲率半径都比较大的零件。

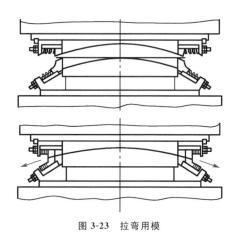

图 3-23　拉弯用模

(3)从模具结构上采取措施

①对于较硬的材料,如 45、50、Q275 和 H62(硬)等,可以根据回弹值对模具工作部分的形状和尺寸进行修正。

②对于软材料,如 Q215、Q235、10、20 和 H62(软)等,可以采用在模具上做出补偿角并取凸、凹模之间为小间隙的方法,如图 3-25 所示。

③对于厚度在 0.8 mm 以上的、相对弯曲半径不大的软材料,可以把凸模做成局部突起的形状,使凸模的作用力集中在变形区,以改变应力状态,达到减小回弹的目的,但易产生压痕

（图 3-26(a)、图 3-26(b)）。也可以采用将凸模角度减小2°~5°的方法来减小接触面积,同样可以减小回弹而使压痕减轻(图 3-26(c))。还可以将凹模角度减小 2°,以减小回弹,同时还能减小长尺寸弯曲件的纵向翘曲度(图 3-26(d))。

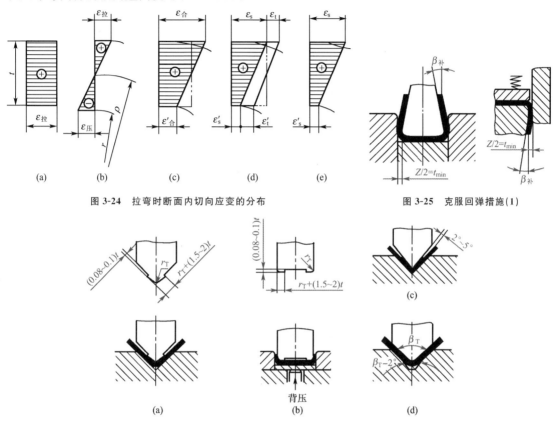

图 3-24 拉弯时断面内切向应变的分布　　　图 3-25 克服回弹措施(1)

图 3-26 克服回弹措施(2)

④对于 U 形件弯曲,当相对弯曲半径较小时,也可以采用调整顶板压力的方法,即背压法,如图 3-26(b)所示;当相对弯曲半径较大且背压无效时,可以将凸模端面和顶板表面做成一定曲率的弧形,如图 3-27(a)所示。以上两种方法实际上都是使底部产生的负回弹和角部产生的正回弹互相补偿。此外,还可以采用摆动凹模,凸模侧壁减小回弹角 $\Delta\beta$,如图 3-27(b)所示。当材料厚度负偏差较大时,可以设计成凸、凹模间隙能调整的弯曲模,如图 3-27(c)所示。

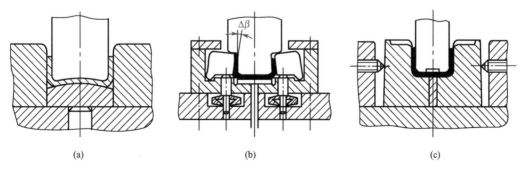

图 3-27 克服回弹措施(3)

⑤在弯曲件直边的端部加压,使弯曲变形的内、外区都成为压应力而减小回弹,并且可以得到精确的弯边高度,如图 3-28 所示。

⑥采用橡胶或聚氨酯代替刚性凹模,并且调节凸模压入深度,以控制弯曲角度,如图 3-29 所示。

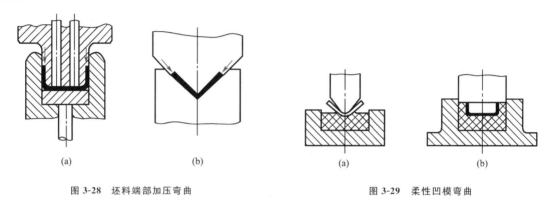

图 3-28　坯料端部加压弯曲　　　　　　　图 3-29　柔性凹模弯曲

(四)弯曲时的偏移

1. 偏移现象的产生

板料在弯曲过程中沿凹模圆角滑移时,会受到凹模圆角处摩擦阻力作用,当坯料各边所受到的摩擦阻力不等时,有可能使坯料在弯曲过程中沿零件的长度方向产生移动,使零件两直边的高度不符合零件技术要求,这种现象称为偏移。产生偏移的原因很多。图 3-30(a)、图 3-30(b)所示为由零件坯料形状不对称造成的偏移;图 3-30(c)所示为由零件结构不对称造成的偏移;图 3-30(d)、图 3-30(e)所示为由弯曲模结构不合理造成的偏移。此外,凸、凹模圆角不对称以及间隙不对称等,也会导致弯曲时产生偏移现象。

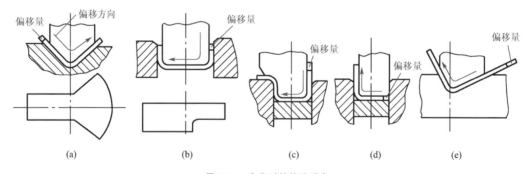

图 3-30　弯曲时的偏移现象

2. 消除偏移的措施

(1)利用压料装置,使坯料在压紧状态下逐渐弯曲成形,从而防止坯料的滑动,并且能够得到较为平整的零件,如图 3-31(a)、图 3-31(b)所示。

(2)利用坯料上的孔或先冲出来的工艺孔,采用定位销插入孔内再弯曲,从而使得坯料无法移动,如图 3-31(c)所示。

(3)将不对称的弯曲件组合成对称弯曲件后再弯曲,然后再切开,使坯料弯曲时受力均匀,不容易产生偏移,如图 3-32 所示。

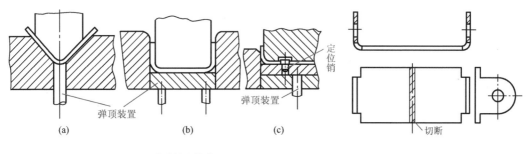

图 3-31 消除偏移措施(1)　　　　图 3-32 消除偏移措施(2)

(4)模具制造准确,间隙调整对称。

(五)弯曲后的翘曲与剖面畸变

1. 弯曲后的翘曲

细而长的板料弯曲件,弯曲后纵向产生翘曲变形,如图 3-33 所示。这是因为沿折弯线方向零件的刚度小,塑性弯曲时,外区宽度方向的压应变和内区的拉应变得以实现,使得折弯线翘曲。当板弯件短而粗时,沿工件纵向刚度大,宽度方向应变被抑制,翘曲则不明显。

2. 剖面畸变

对于窄板弯曲如前所述(图 3-9);对于型材、管材弯曲后的剖面畸变如图 3-34 所示,这种现象是由径向压应力 $\sigma_凸$ 引起的。此外,在薄壁管的弯曲中,还会出现内侧面因受压应力 σ_θ 的作用而失稳起皱的现象,因此弯管时在管中应加填料或芯棒。

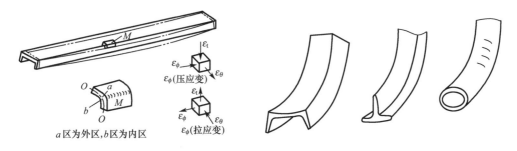

图 3-33 弯曲后的翘曲　　　　图 3-34 型材、管材弯曲后的剖面畸变

四、弯曲件的结构工艺性

弯曲件的结构工艺性是指弯曲件的形状、尺寸、精度、材料以及技术要求等是否符合弯曲加工的工艺要求。具有良好工艺性的弯曲件,不仅能够简化弯曲工艺过程和模具设计,而且能够提高弯曲件的精度并节省原材料。

(一)弯曲件的精度

弯曲件的精度受坯料定位、偏移、翘曲和回弹等因素影响,弯曲工序数越多,精度越低。其尺寸公差遵照 GB/T 13914—2013,角度公差遵照 GB/T 13915—2013,形状和位置未注公差遵照 GB/T 13916—2013,未注公差尺寸的极限偏差遵照 GB/T 15055—2021。对于弯曲件的精度要求要合理。弯曲件未注公差的长度尺寸的极限偏差和弯曲件角度的自由公差也可以按表 3-4 和表 3-5 确定。

表 3-4　弯曲件未注公差的长度尺寸的极限偏差　　　　　　　　　　mm

长度尺寸 l		3～6	6～18	18～50	50～120	120～260	260～500
极限偏差	$t<2$	±0.3	±0.4	±0.6	±0.8	±1.0	±1.5
	$t=2～4$	±0.4	±0.6	±0.8	±1.2	±1.5	±2.0
	$t>4$	—	±0.8	±1.0	±1.5	±2.0	±2.5

注：t 为材料厚度。

表 3-5　弯曲件角度的自由公差　　　　　　　　　　　　　mm

l	<6	6～10	10～18	18～30	30～50
$\Delta\beta$	±3°	±2°30′	±2°	±1°30′	±1°15′
l	50～80	80～120	120～180	180～260	260～360
$\Delta\beta$	±1°	±50′	±40′	±30′	±25′

（二）弯曲件的材料

如果弯曲件的材料具有足够的塑性，屈强比（σ_s/σ_b）小，屈服强度与弹性模量的比值（σ_s/E）小，则有利于弯曲成形和工件质量的提高。例如软钢、黄铜和铝等材料的弯曲成形性能较好；而脆性较大的材料，例如磷青铜、铍青铜、弹簧钢等，则最小相对弯曲半径 r_{min}/t 大，回弹大，不利于成形。

（三）弯曲件的结构

1. 弯曲半径

弯曲件的弯曲半径不宜小于最小弯曲半径，但也不宜过大。因为弯曲半径过大时，由于受回弹影响，弯曲角度与弯曲半径的精度都不易保证。

2. 弯曲件的形状

如果弯曲件的形状对称，弯曲半径左右一致，则弯曲时坯料受力平衡而无滑动，如图 3-35（a）所示。如果弯曲件形状不对称，因为摩擦阻力不均匀，所以坯料在弯曲的过程中会产生滑动，从而造成偏移，如图 3-35（b）所示。

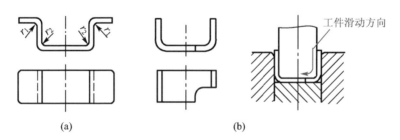

图 3-35　形状对称及形状不对称的弯曲件

3. 弯曲高度

如图 3-36（a）所示，弯曲件的弯边高度不宜过小，应满足 $h>r+2t$。当 h 较小时，弯边在模具上支持的长度过小，不容易形成足够的弯矩，很难得到形状准确的零件。若 $h<r+2t$，则可预先压槽或增加弯边高度，待弯曲后再切掉，如图 3-36（b）所示。若所弯曲的直角边带有斜角，则在斜边高度小于（$r+2t$）的区段不可能弯曲到所要求的角度，并且该处也容易开裂，如

图 3-36(c) 所示。因此, 必须改变零件的形状, 加高弯边尺寸, 如图 3-36(d) 所示。

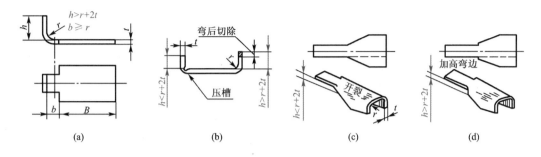

图 3-36 弯曲件的弯边高度

4. 防止弯曲时根部撕裂的工件结构

在局部弯曲某一段边缘时, 为了避免弯曲时根部撕裂, 应减小不弯曲部分的长度 B, 使其退出弯曲线之外, 即 $b \geq r$, 如图 3-36(a) 所示。如果零件的长度不能减小, 则应在弯曲部分与不弯曲部分之间切槽 (图 3-37(a)), 或在弯曲之前冲出工艺孔 (图 3-37(b))。

5. 弯曲件孔边距

带孔的板料在弯曲时, 如果孔位于变形区内, 则弯曲时孔的形状会发生改变。因此孔必须位于变形区之外, 如图 3-38(a) 所示。一般孔边到弯曲半径 r 中心的距离按料厚确定: 当 $t < 2$ mm 时, $l \geq t$; 当 $t \geq 2$ mm 时, $l > 2t$。若孔边至弯曲半径 r 中心的距离过小, 为了防止弯曲时孔发生变形, 可以在弯曲线上冲工艺孔 (图 3-38(b)) 或工艺槽 (图 3-38(c))。如果对零件孔的精度要求较高, 则应弯曲后再冲孔。

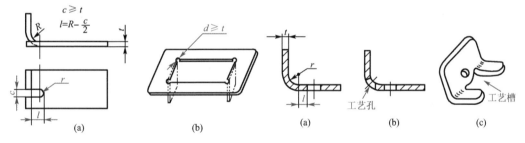

图 3-37 增加工艺槽和工艺孔

图 3-38 弯曲件孔边距

6. 添加连接带和定位工艺孔

在变形区附近有缺口的弯曲件, 如果在坯料上先将缺口冲出, 则弯曲时会出现叉形缺口, 严重的无法成形。此时, 应在缺口处留连接带, 待弯曲成形后再将连接带切除, 如图 3-39(a)、图 3-39(b) 所示。为了保证坯料在弯曲模内准确定位或防止在弯曲过程中坯料的偏移, 最好能够在坯料上预先增加工艺孔, 如图 3-39(b)、图 3-39(c) 所示。

7. 弯曲件的尺寸标注

尺寸标注对弯曲件的生产工艺有很大影响。如图 3-40 所示, 弯曲件孔的位置尺寸标注有三种形式。对于第一种标注形式, 孔的位置精度不受坯料展开长度和回弹的影响, 会大大简化工艺和模具设计, 因此在不要求弯曲件有一定装配关系时, 应尽量考虑冲压工艺的方便来标注尺寸。

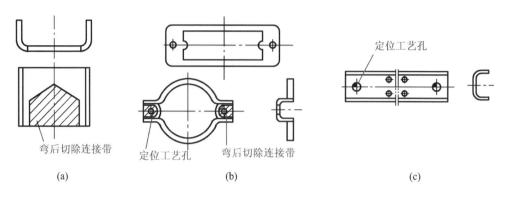

图 3-39 添加连接带和定位工艺孔的弯曲件

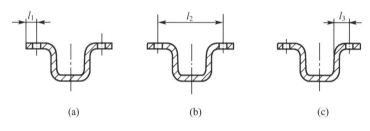

图 3-40 弯曲件的尺寸标注形式对弯曲工艺的影响

五、弯曲件展开尺寸计算

在板料弯曲时,弯曲件展开尺寸准确与否直接关系到所弯工件的尺寸精度。因弯曲中性层在弯曲变形前、后的长度不变,故可以利用中性层长度作为计算弯曲部分展开长度的依据。

弯曲工艺计算

（一）弯曲中性层位置的确定

根据中性层的定义,弯曲件的坯料长度应等于中性层的展开长度。中性层位置以曲率半径 ρ 表示,如图 3-41 所示。通常采用经验公式确定,即

$$\rho = r + xt \tag{3-6}$$

式中　r——弯曲件的内弯曲半径;

t——材料厚度;

x——弯曲时中性层位移系数,见表 3-6。

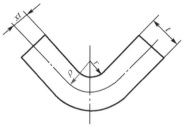

图 3-41 弯曲中性层位置

表 3-6　　　　　　　　　　　　弯曲时中性层位移系数 x

r/t	0.1	0.2	0.3	0.4	0.5	0.6	0.7	0.8	1	1.2
x	0.21	0.22	0.23	0.24	0.25	0.26	0.28	0.3	0.32	0.33
r/t	1.3	1.5	2	2.5	3	4	5	6	7	≥8
x	0.34	0.36	0.38	0.39	0.4	0.42	0.44	0.46	0.48	0.5

(二)弯曲件展开尺寸的计算

中性层位置确定以后,对于形状比较简单、尺寸精度要求不高的弯曲件,可以直接按照下面介绍的方法计算展开尺寸。对于形状复杂或精度要求较高的弯曲件,在利用下面介绍的方法初步计算出展开长度后,还需要反复试弯并不断修正,才能最后确定毛坯的形状和尺寸。在生产中宜先制造弯曲模,然后制造落料模。

1. $r>0.5t$ 的弯曲件

一般将 $r>0.5t$ 的弯曲称为有圆角半径的弯曲。因为变薄不严重,所以按中性层展开的原理,坯料总长度应等于弯曲件直线部分和圆弧部分长度之和,如图3-42所示。

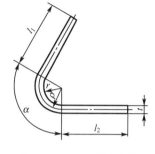

$$L_Z=l_1+l_2+\frac{\pi\alpha}{180}\cdot\rho=l_1+l_2+\frac{\pi\alpha}{180}(r+xt) \quad (3-7)$$

式中　L_Z——坯料展开总长度,mm;

　　　α——弯曲中心角,(°)。

图 3-42　$r>0.5t$ 的弯曲件

2. $r<0.5t$ 的弯曲件

由于弯曲时不仅制件的圆角变形区产生严重变薄,而且与其相邻的直边部分也产生变薄,因此应该按变形前、后体积不变的条件来确定坯料长度。一般采用表3-7所列经验公式进行计算。

表 3-7　　　　　　　　$r<0.5t$ 的弯曲件坯料长度计算公式

简图	计算公式	简图	计算公式
	$L_Z=l_1+l_2+0.4t$		$L_Z=l_1+l_2+l_3+0.6t$ (一次同时弯曲两个角)
	$L_Z=l_1+l_2-0.43t$		$L_Z=l_1+2l_2+2l_3+t$ (一次同时弯曲四个角) $L_Z=l_1+2l_2+2l_3+1.2t$ (分两次弯曲四个角)

3. 铰链式弯曲件

如图3-43所示,$r=(0.6\sim3.5)t$ 的铰链式弯曲件通常采用卷圆的方法成形。在卷圆的过程中板料增厚,中性层外移,其坯料长度的近似计算公式为

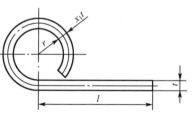

$$L_Z=l+1.5\pi(r+x_1t)+r\approx l+5.7r+4.7x_1t \quad (3-8)$$

式中　l——直线段长度;

　　　r——铰链内半径;

　　　x_1——卷边时中性层位移系数,见表3-8。

图 3-43　铰链式弯曲件

表 3-8　　　　　　　　卷边时中性层位移系数 x_1

r/t	$0.5\sim0.6$	$0.6\sim0.8$	$0.8\sim1$	$1\sim1.2$	$1.2\sim1.5$
x_1	0.76	0.73	0.7	0.67	0.64
r/t	$1.5\sim1.8$	$1.8\sim2$	$2\sim2.2$	>2.2	
x_1	0.61	0.58	0.54	0.5	

例 3-2

计算图 3-44 所示弯曲件的坯料展开长度。

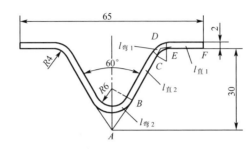

图 3-44　V 形支架

解　因工件弯曲半径 $r > 0.5t$，故坯料展开长度公式为

$$L_Z = 2(l_{直1} + l_{直2} + l_{弯1} + l_{弯2})$$

查表 3-6，当 $r/t = 2$ 时，$x = 0.38$；当 $r/t = 3$ 时，$x = 0.4$。

$$l_{直1} = EF = 32.5 - (30 \times \tan30° + 4 \times \tan30°) = 12.87 \text{ mm}$$

$$l_{直2} = BC = 30/\cos30° - (8 \times \tan60° + 4 \times \tan30°) = 18.48 \text{ mm}$$

$$l_{弯1} = \pi\alpha(r + xt)/180 = 3.14 \times 60 \times (4 + 0.38 \times 2)/180 = 4.98 \text{ mm}$$

$$l_{弯2} = \pi\alpha(r + xt)/180 = 3.14 \times 60 \times (6 + 0.4 \times 2)/180 = 7.12 \text{ mm}$$

因此坯料展开长度 L_Z 为

$$L_Z = 2 \times (12.87 + 18.48 + 4.98 + 7.12) = 86.9 \text{ mm}$$

六、弯曲力的计算

　　为了选择压力机和设计模具，必须计算弯曲力。弯曲力的大小不仅与毛坯的尺寸、材料的力学性能及弯曲半径有关，还与弯曲方式有关。如图 3-45 所示为 V 形件弯曲过程中弯曲力的变化曲线，其中弯曲力的急剧上升表示的是自由弯曲转化为校正弯曲的过程。可见，自由弯曲与校正弯曲的弯曲力相差很大，应分别进行计算。在实际生产中常采用经验公式进行计算。

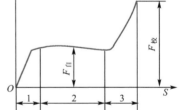

图 3-45　V 形件弯曲力变化曲线
1—弹性弯曲阶段；2—自由弯曲阶段；
3—校正弯曲阶段

■（一）自由弯曲的弯曲力

V 形件弯曲力为

$$F_{自} = \frac{0.6KBt^2\sigma_b}{r + t} \qquad (3-9)$$

U 形件弯曲力为

$$F_{自} = \frac{0.7KBt^2\sigma_b}{r + t} \qquad (3-10)$$

式中　$F_{自}$——材料在冲压行程结束时的自由弯曲力；

　　　K——安全系数，一般取 $K = 1.3$；

　　　B——弯曲件的宽度；

t——弯曲件的厚度；

σ_b——材料的抗拉强度极限；

r——弯曲件的内弯曲半径。

■ (二)校正弯曲力

校正弯曲力为

$$F_校 = AP \tag{3-11}$$

式中　$F_校$——校正弯曲力；

　　　A——校正部分投影面积；

　　　P——单位面积校正力,见表 3-9。

表 3-9　　　　　　　　　　　单位面积校正力 P　　　　　　　　　　　MPa

材料	P		材料	P	
	料厚 t/mm			料厚 t/mm	
	$\leqslant 3$	$3\sim10$		$\leqslant 3$	$3\sim10$
铝	$30\sim40$	$50\sim60$	10、20 钢	$80\sim100$	$100\sim120$
黄铜	$60\sim80$	$80\sim100$	25、35 钢	$100\sim120$	$120\sim150$

■ (三)顶件力或压料力

当弯曲模设有顶件装置或压料装置时,其顶件力(F_D)或压料力(F_Y)可以近似取自由弯曲力的 $30\%\sim80\%$,即

$$F_D = (0.3\sim0.8)F_自 \tag{3-12}$$

■ (四)压力机吨位的选取

对于有压料的自由弯曲

$$F_压 \geqslant F_Y + F_自 \tag{3-13}$$

对于校正弯曲,由于校正弯曲力比压料力或顶件力大得多,故 F_Y 可以忽略不计,即

$$F_压 \geqslant F_校 \tag{3-14}$$

七、弯曲件的工序安排

一个复杂的弯曲件一般要经过多次弯曲才能成形。弯曲件的工序安排与工件的形状、尺寸、公差等级以及材料的性能有关。弯曲工序安排得合理与否,会直接影响工件的质量、生产率以及模具结构。

工序安排可能有多种方案,需要进行比较确定,应尽量做到工序道数少,满足零件的图纸技术要求,模具结构简单、寿命高且操作方便。可以采取单工序弯曲模,也可以采取复合模或连续弯曲的多工位级进模。

■ (一)弯曲件工序安排原则

(1)对于形状简单的弯曲件,例如 V 形、U 形、Z 形件等,可以采用一次弯曲成形;对于复杂形状的弯曲件,一般需要采用两次或多次弯曲成形。

(2)对于批量大而尺寸较小的弯曲件,为便于弯曲件的定位以及工人操作方便、安全,保证弯曲件准确并提高生产率,应尽可能采用级进模或复合模成形。

（3）需要多次弯曲时，一般是先弯外角、后弯内角，后次弯曲应不影响前次弯曲部分的变形，且前次弯曲必须有适当的定位基准，以进行分次弯曲的安排。

（4）当弯曲件的形状不对称时，为避免压弯时坯料偏移，应尽量采用成对弯曲，然后再切成两件。

■■ （二）典型弯曲件的工序安排

如图 3-46～图 3-49 所示分别为一次弯曲、二次弯曲、三次弯曲以及多次弯曲成形的弯曲件示例，可供制定弯曲工艺时参考。

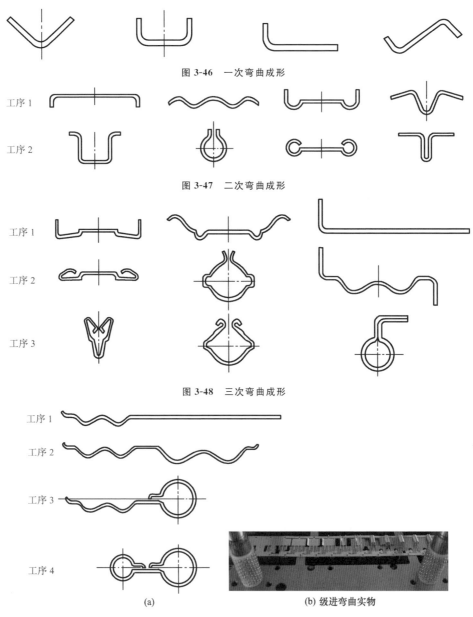

图 3-46　一次弯曲成形

图 3-47　二次弯曲成形

图 3-48　三次弯曲成形

(a)　　　　　　　　(b) 级进弯曲实物

图 3-49　多次弯曲成形

八、弯曲模的典型结构

弯曲模的结构主要取决于弯曲件的形状以及弯曲工序的安排。常见的弯曲模结构类型有单工序弯曲模、级进弯曲模、复合弯曲模和通用弯曲模。下面对一些典型的模具结构进行简单介绍。

(一)单工序弯曲模

1. V 形件弯曲模

V 形件形状简单,能够一次弯曲成形。V 形件的弯曲方法通常有沿弯曲件角平分线方向的 V 形弯曲法和垂直于一直边方向的 L 形弯曲法。图 3-50(a)所示为简单的 V 形件弯曲模,其特点是结构简单、通用性好,但弯曲时坯料容易偏移,从而影响零件的精度。图 3-50(b)～图 3-50(d)所示分别为带有定位尖、顶杆、V 形顶板的模具结构,可以防止坯料偏移,提高零件的精度。图 3-50(e)所示为 L 形弯曲模,因为设置有顶板及定位销,所以可以有效

弯曲模具结构设计

防止弯曲时坯料的偏移,得到边长公差为±0.1 mm 的零件。反侧压块的作用在于克服上、下模之间水平方向的错移力,同时也为顶板起导向作用,防止其窜动。

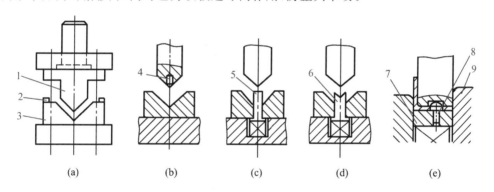

(a) (b) (c) (d) (e)

图 3-50 V 形件弯曲模的一般结构形式

1—凸模;2—定位板;3—凹模;4—定位尖;5—顶杆;6—V 形顶板;7—顶板;8—定位销;9—反侧压块

图 3-51 所示为 V 形精弯模,两块活动凹模通过转轴铰接,定位板(或定位销)固定在活动凹模上。弯曲前顶杆将转轴顶到最高位置,使两活动凹模位于一平面内。在弯曲过程中坯料始终与活动凹模和定位板接触,不会产生相对滑动和偏移,因此弯曲表面不会损伤,其质量较高。这种结构适用于有精确孔位的小零件以及没有足够的定位支撑面、窄长的、形状复杂的零件。

2. U 形件弯曲模

如图 3-52 所示为常用 U 形件弯曲模的结构形式。图 3-52(a)所示结构最简单,用于底部没有平整性要求的弯曲件。图 3-52(b)所示结构用于底部要求平整的弯曲件。图 3-52(c)所示结构用于料厚公差较大而外侧尺寸要求较高的弯曲件,其凸模为活动结构,可以随料厚自动调整凸模横向尺寸。图 3-52(d)所示结构用于料厚公差较大而内侧尺寸要求较高的弯曲件,其凹模两侧为活动结构,可以随料厚自动调整凹模横向尺寸。图 3-52(e)所示结构两侧的凹模活动镶块用转轴分别与顶板铰接。弯曲前顶杆将顶板顶出凹模面,同时顶板与凹模活动镶块位于

一平面内,凹模活动镶块上有定位销供工件定位用。弯曲时工件与凹模活动镶块一起运动,保证两侧孔的同轴。图 3-52(f)所示结构为弯曲件两侧壁厚变薄的弯曲模。

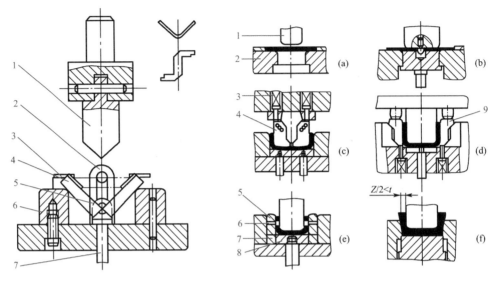

图 3-51　V 形精弯模

1—凸模;2—支架;3—定位板(或定位销);

4—活动凹模;5—转轴;6—支撑板;7—顶杆

图 3-52　U 形件弯曲模

1—凸模;2—凹模;3—弹簧;4—凸模活动镶块;

5、9—凹模活动镶块;6—定位销;7—转轴;8—顶板

图 3-53 所示为弯曲角小于 90°的 U 形件弯曲模。压弯时凸模首先将坯料弯成 U 形。凸模继续下压,两侧的转动凹模使坯料最后压弯成弯曲角小于 90°的 U 形件。凸模上升,弹簧使转动凹模复位,U 形件则由垂直于图面方向从凸模上卸下。

3. ⊓形件弯曲模

⊓形件可以一次弯曲成形,也可以两次弯曲成形。图 3-54 所示为⊓形件一次成形弯曲模。由图 3-54(a)可以看出,在弯曲过程中由于凸模肩部妨碍了坯料的转动,加大了坯料通过凹模圆角的摩擦力,因此弯曲件侧壁容易擦伤和变薄;如图 3-54(b)所示,弯曲件两肩部与底面不易平行;如图 3-54(c)所示,当弯曲材料厚、弯曲件直壁高、圆角半径小时,这一现象更为严重。图 3-55 所示为⊓形件二次成形弯曲模。由于采用了两道弯曲工序、两副弯曲模具,因此避免了上述现象,提高了弯曲件质量。从图 3-55(b)可以看出,只有当弯曲件高度 $H = (12 \sim 15)t$ 时,才能使凹模保持足够的强度。

图 3-56 所示为二次弯曲复合的⊓形件弯曲模。凸凹模下行,先使坯料通过凹模压弯成 U 形。凸凹模继续下行,与活动凸模作用,最后压弯成形。这种结构需要凹模下腔空间较大,以方便工件侧边的转动。

图 3-57 所示为二次弯曲复合的另一种结构形式。凹模下行,利用活动凸模的弹力先将坯料压弯成 U 形。凹模继续下行,当推板与凹模底面接触时便强迫活动凸模向下运动,在摆块作用下最后弯曲成形。这种弯曲模的缺点是模具结构复杂。

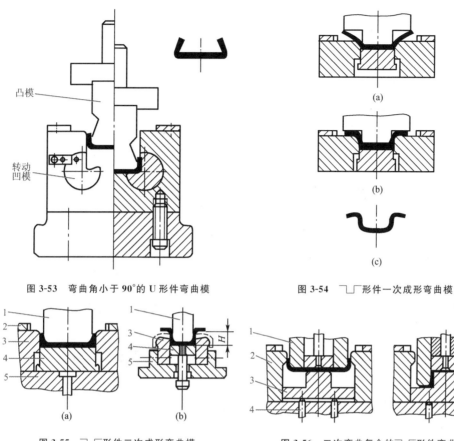

图 3-53　弯曲角小于 90°的 U 形件弯曲模

图 3-54　⌐⌐形件一次成形弯曲模

图 3-55　⌐⌐形件二次成形弯曲模

1—凸模；2—定位板；3—凹模；4—顶板；5—下模座

图 3-56　二次弯曲复合的⌐⌐形件弯曲模

1—凸凹模；2—凹模；3—活动凸模；4—顶杆

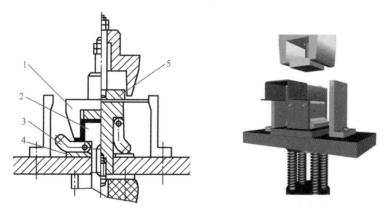

图 3-57　带摆块的⌐⌐形件弯曲模

1—凹模；2—活动凸模；3—摆块；4—垫板；5—推板

4. Z 形件弯曲模

图 3-58(a)所示的 Z 形件弯曲模,在冲压前活动凸模在橡胶的作用下与凸模端面平齐。冲压时活动凸模与顶板将坯料夹紧,橡胶的弹力较大,可推动顶板下移使坯料左端弯曲。当顶板接触下模座后,橡胶压缩,于是凸模相对于活动凸模下移将坯料右端弯曲成形。当压块与上模座相碰时,整个工件得到校正。

Z形件一次即可成形,如图 3-58(b)所示。其结构简单,但没有压料装置,压弯时坯料容易滑动,只适用于精度要求不高的零件。

图 3-58(c)所示为设置有顶板和定位销的 Z形件弯曲模,能够有效防止坯料的偏移。反侧压块的作用是克服上、下模之间水平方向的错移力,同时也为顶板导向,防止其窜动。

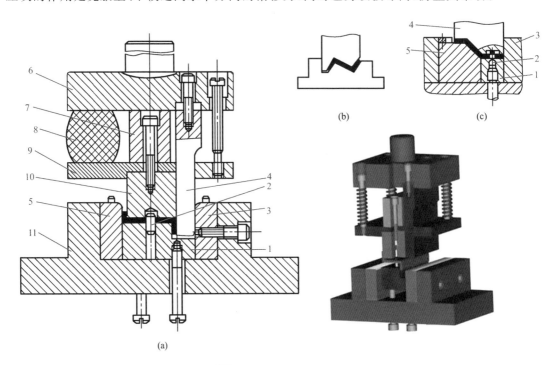

📱 图 3-58 Z形件弯曲模

1—顶板;2—定位销;3—反侧压块;4—凸模;5—凹模;6—上模座;
7—压块;8—橡胶;9—凸模托板;10—活动凸模;11—下模座

5. 圆形件弯曲模

圆形件的尺寸不同,其弯曲方法也不同,一般按直径不同分为小圆形件和大圆形件。

(1)直径 $d \leqslant 5$ mm 的小圆形件

弯小圆的方法是先弯成 U 形,再将 U 形弯成圆形,使用两副简单模具,如图 3-59(a)所示。因为工件小,分两次弯曲操作不方便,所以可以将两道工序合并。图3-59(b)所示为有侧楔的一次弯圆模,其工作过程为:上模下行,芯棒将坯料弯成 U 形,上模继续下行,侧楔推动活动凹模将 U 形弯成圆形。图 3-59(c)所示也是一次弯圆模,上模下行,压板将滑块往下压,滑块带动芯棒将坯料弯成 U 形,上模继续下行,凸模再将 U 形弯成圆形。如果工件精度要求高,则可以旋转工件连冲几次,以获得较好的圆度。工件由垂直图面方向从芯棒上取下。

(2)直径 $d \geqslant 20$ mm 的大圆形件

图 3-60 所示为用三道工序弯大圆的方法。这种方法生产率低,适用于材料较厚的零件的卷圆。

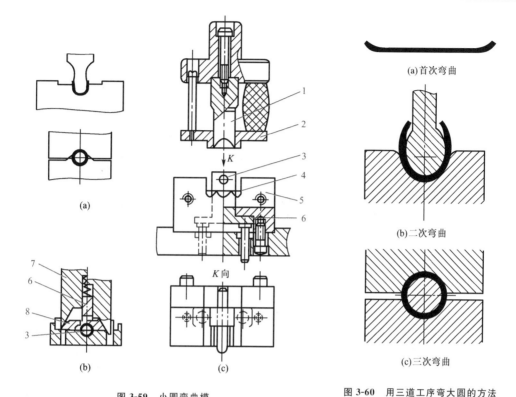

图 3-59　小圆弯曲模

1—凸模；2—压板；3—芯棒；4—坯料；5—凹模；

6—滑块；7—侧楔；8—活动凹模

图 3-60　用三道工序弯大圆的方法

图 3-61 所示为用两道工序弯大圆的方法，先预弯成三个 120° 的波浪形，然后再用第二副模具弯成圆形，工件顺凸模轴线方向取下。

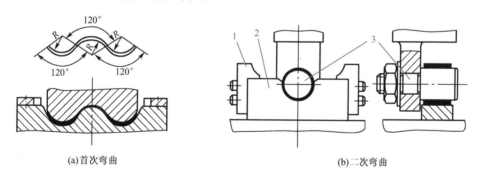

图 3-61　用两道工序弯大圆的方法

1—定位板；2—凹模；3—凸模

图 3-62(a) 所示为带摆动凹模的一次弯曲成形模，凸模下行先将坯料压成 U 形，然后凸模继续下行，摆动凹模将 U 形弯成圆形，工件顺凸模轴线方向推开支撑取下。这种模具生产率较高，但因为回弹会在工件接缝处留有缝隙和少量的直边，所以工件精度差，模具结构也比较复杂。图 3-62(b) 所示为坯料绕芯棒卷制圆形工件的方法，反侧压块的作用是为凸模导向，并平衡上、下模之间水平方向的错移力。这种模具结构简单，工件的圆度较好，但需要行程较大的压力机。

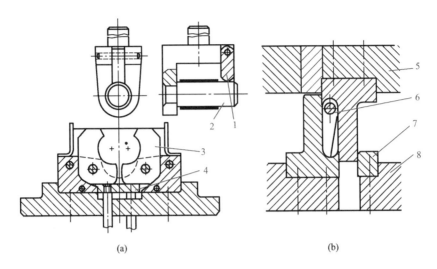

(a)   (b)

图 3-62　大圆一次弯曲成形模

1—支撑;2—凸模;3—摆动凹模;4—顶板;5—上模座;6—芯棒;7—反侧压块;8—下模座

6.铰链件弯曲模

如图 3-63 所示为常见的铰链件结构形式和弯曲工序安排。预弯模如图 3-64(a)所示。铰链卷圆通常采用推圆法。

图 3-64(b)所示为立式卷圆模,结构比较简单。图 3-64(c)所示为卧式卷圆模,设有压料装置,工件质量较好,操作方便。

7.其他形状弯曲件的弯曲模

工序安排和模具设计应根据弯曲件的形状、尺寸、精度要求、材料性能以及生产批量等因素具体考虑。图 3-65～图 3-67 所示为弯曲模实例。

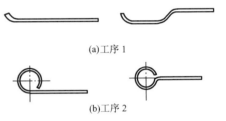

(a)工序 1

(b)工序 2

图 3-63　铰链件结构形式和弯曲工序安排

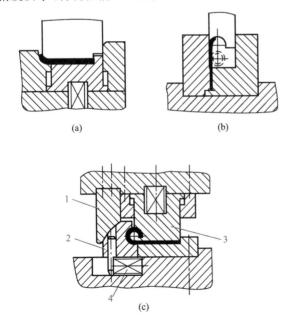

(a)   (b)

(c)

图 3-64　铰链件弯曲模

1—斜楔;2—凹模;3—凸模;4—弹簧

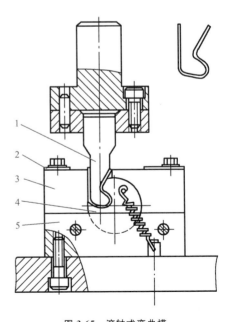

图 3-65　滚轴式弯曲模

1—凸模;2—定位板;3—凹模;4—滚轴;5—挡板

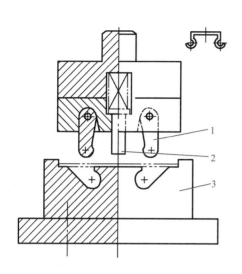

图 3-66 带摆动凸模的弯曲模

1—摆动凸模；2—压料装置；3—凹模

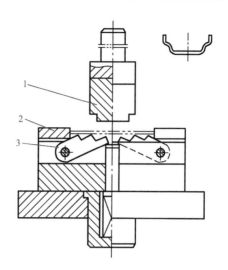

图 3-67 带摆动凹模的弯曲模

1—凸模；2—定位板；3—摆动凹模

（二）级进弯曲模

对于批量较大、尺寸较小的弯曲件，为了提高生产率和操作安全性，保证产品质量，可以采用连续弯曲的级进模进行多工位的冲裁、弯曲、切断等工艺成形，如图 3-68 所示。

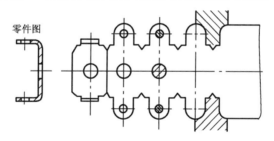

图 3-68 级进冲压

如图 3-69 所示为同时进行冲孔、切断和弯曲的级进模。条料以导料板导向并从刚性卸料板下面送至挡块右侧定位。上模下行时，凸凹模将条料切断并随即将所切断的坯料压弯成形。与此同时，冲孔凸模在条料上冲孔。上模回程时，卸料板卸下条料，顶件销在弹簧的作用下推出零件，获得侧壁带孔的 U 形弯曲件。

（三）复合弯曲模

对于尺寸不大、尺寸及位置精度要求比较高的弯曲件，可以采用复合模进行成形，即在压力机的一次行程中，同时完成落料、弯曲、冲孔等几种不同性质的工序。图 3-70（a）和图 3-70（b）是切断、弯曲复合模的结构简图；图 3-70（c）所示为落料、弯曲、冲孔复合模，该模具结构紧凑，工件精度高，但凸凹模修磨困难。

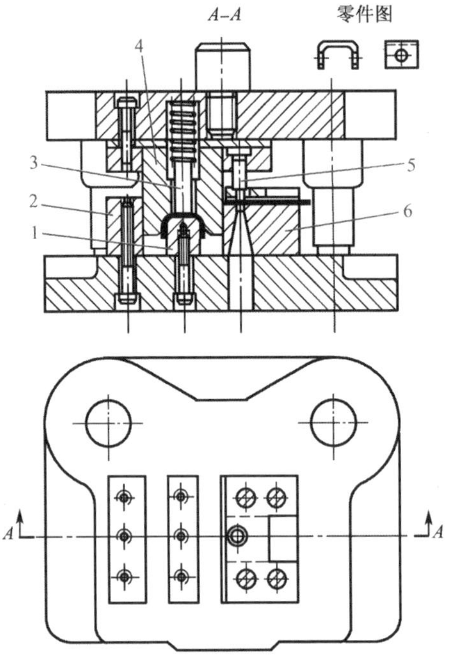

图 3-69   冲孔、切断、弯曲级进模

1—弯曲凸模;2—挡块;3—顶件销;4—凸凹模;

5—冲孔凸模;6—冲孔凹模

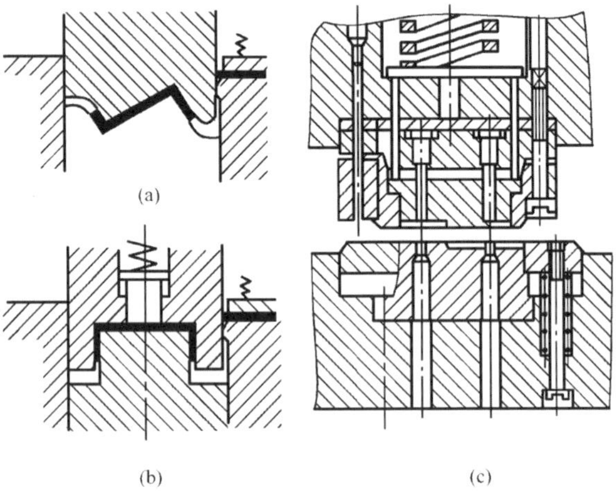

图 3-70   复合弯曲模

■ (四)通用弯曲模

通用弯曲模适用于生产量小、品种多、形状尺寸经常改变的小批量或试制弯曲件的生产。采用通用弯曲模不仅可以制造一般的 V 形、U 形、ㄥㄏ形零件,还可以制造精度要求不高的复杂形状零件,如图 3-71 所示。

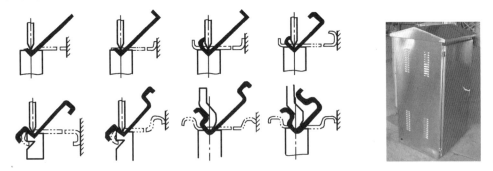

图 3-71   多次 V 形弯曲制造复杂形状零件示例

图 3-72 所示为折弯机用弯曲模的端面形状。在凹模四个面上分别制出适应弯曲的几种槽口(图 3-72(a)),凸模形式有直臂式(图 3-72(b))和曲臂式(图 3-72(c))两种,工作圆角半径做成多种尺寸,以方便按工件的需要予以更换。

图 3-73 所示为通用 V 形件弯曲模。凹模由两块组合而成,它具有四个工作面,以弯曲多种角度。凸模按工件的弯曲角度和圆角半径大小予以更换。

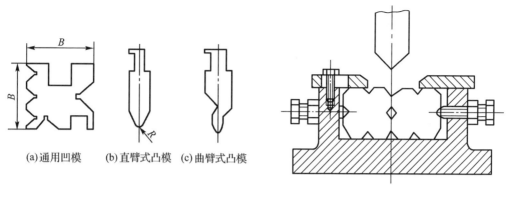

(a)通用凹模　(b)直臂式凸模　(c)曲臂式凸模

图 3-72　折弯机用弯曲模的端面形状　　　　图 3-73　通用 V 形件弯曲模

九、弯曲模工件零件设计

（一）弯曲模工作部分结构参数的确定

弯曲模工作部分的尺寸如图 3-74 所示。

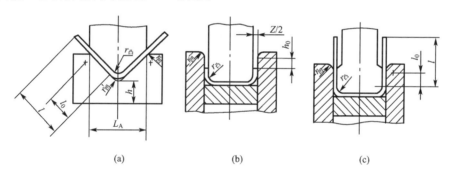

(a)　　　　　　　　(b)　　　　　　　　(c)

图 3-74　弯曲模工作部分的尺寸

1. 凸模圆角半径

当弯曲件的相对弯曲半径 r/t 较小时,凸模圆角半径 $r_凸$ 应与工件弯曲半径相等,但不应小于表 3-1 所列出的材料最小弯曲半径。

当 $r/t > 10$ 时,应考虑回弹,对凸模圆角半径加以修正。

2. 凹模圆角半径

凹模圆角半径 $r_凹$ 不能太小(图 3-74(b)、图 3-74(c)),以避免擦伤零件表面,影响模具寿命。同时,凹模两边的圆角半径应一致,否则在弯曲时坯料会发生偏移。具体 $r_凹$ 取值通常根据材料厚度选取:

$t < 2$ mm 时　　　　　　　　　　$r_凹 = (3 \sim 6)t$

$t = 2 \sim 4$ mm 时　　　　　　　　$r_凹 = (2 \sim 3)t$

$t > 4$ mm 时　　　　　　　　　　$r_凹 = 2t$

V 形弯曲模凹模底部可以开设退刀槽或选取圆角半径 $r'_凹 = (0.6 \sim 0.8)(r_凸 + t)$,如图 3-74(a)所示。

3. 凹模深度

当凹模深度 l_0 过小时,坯料两端未受压部分太多,工件回弹大并且不平直,影响工件的质量。但 l_0 太大浪费材料,并且压力机需要有较大的工作行程。

(1)V 形弯曲模

凹模深度 l_0 以及底部最小厚度 h 可由表 3-10 查出。应保证凹模开口宽度 $L_凹$ 的取值不能大于弯曲件展开长度的 4/5,如图 3-74(a)所示。

表 3-10 弯曲 V 形件的凹模深度 l_0 和底部最小厚度 h mm

弯曲件边长 l	材料厚度 t					
	$\leqslant 2$		$2 \sim 4$		>4	
	h	l_0	h	l_0	h	l_0
$10 \sim 25$	20	$10 \sim 15$	22	15	—	—
$25 \sim 50$	22	$15 \sim 20$	27	25	32	30
$50 \sim 75$	27	$20 \sim 25$	32	30	37	35
$75 \sim 100$	32	$25 \sim 30$	37	35	42	40
$100 \sim 150$	37	$30 \sim 35$	42	40	47	50

(2)U 形弯曲模

对于弯边高度不大或要求两边平直的 U 形件,凹模深度应大于零件的高度,如图 3-74(b)所示,其中 h_0 的取值见表 3-11。对于弯边高度较大而平直度要求不高的 U 形件,可以采用图 3-74(c)所示的凹模形式,凹模深度 l_0 见表 3-12。

表 3-11 弯曲 U 形件凹模的 h_0 mm

材料厚度 t	$\leqslant 1$	$1 \sim 2$	$2 \sim 3$	$3 \sim 4$	$4 \sim 5$	$5 \sim 6$	$6 \sim 7$	$7 \sim 8$	$8 \sim 10$
h_0	3	4	5	6	8	10	15	20	25

表 3-12 弯曲 U 形件的凹模深度 l_0 mm

弯曲件边长 l	l_0				
	材料厚度 t				
	<1	$1 \sim 2$	$2 \sim 4$	$4 \sim 6$	$6 \sim 10$
<50	15	20	25	30	36
$50 \sim 75$	20	25	30	35	40
$75 \sim 100$	25	30	35	40	40
$100 \sim 150$	30	35	40	50	50
$150 \sim 200$	40	45	55	65	65

4. 凸、凹模间隙

对于 V 形件,弯曲模的凸、凹模间隙是靠调整压力机的闭合高度来控制的,设计时可以不予考虑。对于 U 形件弯曲模,则应选择适当的间隙。间隙过小,会使工件弯边厚度变薄,降低凹模寿命,增大弯曲力;间隙过大,则弯曲件回弹增加,降低工件的精度。U 形件弯曲模凸、凹模单边间隙的计算公式为

$$Z/2 = t_{max} + Ct = t + \Delta + Ct \qquad (3-15)$$

式中　t——工件材料厚度(公称尺寸);

　　　Δ——材料厚度的上偏差;

　　　C——间隙系数,见表 3-13。

表 3-13	U 形件弯曲模凸、凹模的间隙系数 C								mm
弯曲件高度 H	C								
	弯曲件宽度 $B \leqslant 2H$				弯曲件宽度 $B > 2H$				
	材料厚度 t								
	<0.5	0.6~2	2.1~4	4.1~5	<0.5	0.6~2	2.1~4	4.1~7.5	7.6~12
10	0.05	0.05	0.04	—	0.10	0.10	0.08	—	—
20	0.05	0.05	0.04	0.03	0.10	0.10	0.08	0.06	0.06
35	0.07	0.05	0.04	0.03	0.15	0.10	0.08	0.06	0.06
50	0.10	0.07	0.05	0.04	0.20	0.15	0.10	0.06	0.06
70	0.10	0.07	0.05	0.05	0.20	0.15	0.10	0.10	0.08
100	—	0.07	0.05	0.05	—	0.15	0.10	0.10	0.08
150	—	0.10	0.07	0.05	—	0.20	0.15	0.10	0.10
200	—	0.10	0.07	0.07	—	0.20	0.15	0.15	0.10

当零件精度要求较高时,间隙应适当减小,可取 $Z/2 = t$。

5. U 形件弯曲凸、凹模横向尺寸及公差

确定 U 形件弯曲凸、凹模横向尺寸及公差的原则:工件标注外形尺寸时应以凹模为基准件,间隙取在凸模上;工件标注内形尺寸时应以凸模为基准件,间隙取在凹模上。凸、凹模的尺寸和公差应根据工件的尺寸、公差、回弹情况以及模具磨损规律而定,如图 3-75 所示,图中 Δ' 为弯曲件横向尺寸偏差。

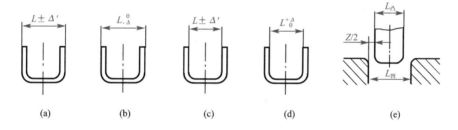

图 3-75 标注外形和内形尺寸的弯曲件和模具尺寸

(1)标注外形尺寸的弯曲件(图 3-75(a)、图 3-75(b))

凹模尺寸为

$$L_{凹} = (L_{max} - 0.75\Delta)^{+\delta_{凹}}_{0} \tag{3-16}$$

凸模尺寸为

$$L_{凸} = (L_{凹} - Z)^{0}_{-\delta_{凸}} \tag{3-17}$$

(2)标注内形尺寸的弯曲件(图 3-75(c)、图 3-75(d))

凸模尺寸为

$$L_{凸} = (L_{min} + 0.75\Delta)^{0}_{-\delta_{凸}} \tag{3-18}$$

凹模尺寸为

$$L_{凹} = (L_{凸} + Z)^{+\delta_{凹}}_{0} \tag{3-19}$$

式中　$L_{凸}$、$L_{凹}$——凸、凹模横向尺寸;

　　　L_{max}——弯曲件横向上极限尺寸;

　　　L_{min}——弯曲件横向下极限尺寸;

　　　Δ——弯曲件横向尺寸公差,对称偏差时 $\Delta = 2\Delta'$;

$\delta_{凸}$、$\delta_{凹}$——凸、凹模制造公差,可采用 IT7~IT9 级精度,一般取凸模精度比凹模精度高一级。

(二)斜楔、滑块设计

一般的冲压加工为垂直方向,当实现零件的冲压需要与水平方向或垂直方向呈一定角度时,应采用斜楔机构,即通过斜楔机构将压力机滑块的垂直运动转化为凸、凹模的水平运动或倾斜运动,从而进行弯曲、切边、冲孔等工序的加工。本节以滑块水平方向运动情况为例加以介绍。

1. 斜楔、滑块之间的行程关系

确定斜楔的角度主要考虑机械效率、行程和受力状态。斜楔作用下滑块的水平运动如图 3-76 所示,斜楔的有效行程 s_1 一般应大于滑块行程 s。α 为斜楔角,一般取 $40°$,为了增大滑块行程,可以取 α 为 $45°$ 或 $60°$。α 与 s/s_1 的对应关系见表 3-14。

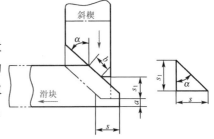

图 3-76　滑块的水平运动

表 3-14　　　　　　　　　α 与 s/s_1 的对应关系

α	$30°$	$40°$	$45°$	$50°$	$55°$	$60°$
s/s_1	0.577 3	0.839 1	1	1.191 7	1.428 1	1.732

2. 斜楔、滑块的尺寸设计

(1)如图 3-77 所示,滑块的长度尺寸 L_2 应保证当斜楔开始推动滑块时,推力的合力作用线处于滑块的长度之内。

(2)合理的滑块高度 H_2 应小于滑块长度 L_2,一般取 $L_2 : H_2 = (1~2) : 1$。

(3)为了保证滑块运动平稳,滑块的宽度 B_2 一般应满足 $B_2 \leqslant 2.5L_2$。

(4)斜楔尺寸 H_1、L_1 基本上可按不同模具的结构要求进行设计,但必须有可靠的挡块,以保证斜楔正常工作。

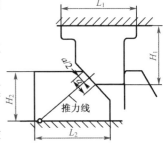

图 3-77　斜楔、滑块的尺寸关系

3. 斜楔、滑块的结构

斜楔、滑块的结构如图 3-78 所示。斜楔、滑块应设置复位机构,一般采用弹簧复位,有时也采用气缸等装置。

斜楔模应设置后挡块,在大型斜楔模上也可以把后挡块与模座铸成整体。当滑动面单位面积的压力超过 50 MPa 时,应设置防磨板,以提高使用寿命。

十、U 形件弯曲模设计

1. 工艺分析

零件材料为 Q235,适于弯曲冲压。此外,该零件形状简单,尺寸公差、弯曲圆角半径、弯曲角度公差均为未注公差,精度要求不高,可以不考虑半径和角度的回弹;零件最小弯曲半径为 R3,查表 3-1,可知材料 Q235 的最小弯曲半径的最大值为 R2,因此该零件适于弯曲。

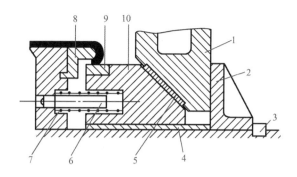

图 3-78 斜楔、滑块的结构

1—斜楔;2—挡块;3—键;4、5—防磨板;6—导销;7—弹簧;8、9—镶块;10—滑块

2.冲压工艺方案确定

如图 3-1 所示,该 U 形件的冲压包括落料、冲孔、弯曲三道基本工序。其中弯曲工序属于典型的 U 形件弯曲。可能的冲压方案有:

(1)全部采用单工序。

(2)落料、冲孔复合,弯曲单工序。

(3)采用级进模冲压生产。

由于零件批量小,因此采用级进模冲压模具成本高,对模具制造要求高。方案(1)需要三副模具,成本增加,生产率不高,因此采用方案(2)比较合理。本节只讨论其中弯曲模的设计。

3.零件展开尺寸计算(图 3-79)

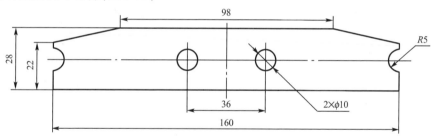

图 3-79 零件展开图

$$L_0 = \sum L_直 + \sum L_弯$$

$$\sum L_直 = (51-3-2) \times 2 + (66-2 \times 3 - 2 \times 2) = 148 \text{ mm}$$

$$\sum L_弯 = 2 \times \frac{\pi \alpha}{180}(r + xt)$$

查表 3-6,取 $x = 0.36$,将 $r = 3$、$t = 2$ 代入得

$$\sum L_弯 = 11.68 \text{ mm}$$

故

$$L_0 = \sum L_直 + \sum L_弯 \approx 160 \text{ mm}$$

4.弯曲力计算(校正弯曲力)

$$F_校 = AP$$

因

$$A = 28 \times (66 - 2 \times 2) = 1\ 736 \text{ mm}^2$$

查表 3-9,选取 $P = 80$ MPa,则

$$F_校 = AP = 1\ 736 \times 80 \times 10^{-3} \approx 139 \text{ kN}$$

5. 压力机选择

根据计算的弯曲力初选 J23-16,之后还应验算模具闭合高度和安装尺寸等。

6. 工作部分尺寸的计算

(1)凹模圆角

$t=2$ mm,$r_凹=(2\sim3)t$,取 $r_凹=2.5$、$t=5$ mm。

(2)凹模深度

查表 3-12,取 $l_0=25$ mm。

(3)凸、凹模间隙

$Z/2=t_{max}+Ct=t+\Delta+Ct$;查本书附录二,取 $\Delta=0.15$ mm;查表 3-13,取 $C=0.07$,故 $Z/2=2+0.15+0.07\times2=2.29$ mm。

(4)凹模宽度

$L_凹=(L_{max}-0.75\Delta)^{+\delta_凹}_0$,零件尺寸 66 mm,设标注为双向对称偏差,查冲压件未注公差表(可查附录三)得 $\Delta=0.74$ mm,制造公差凹模按 IT9 级,则 $\delta_凹=0.074$ mm;凸模按 IT8 级,则 $\delta_凸=0.046$ mm,故

$$L_凹=(66+0.37-0.75\times0.74)^{+0.074}_0=65.82^{+0.074}_0 \text{ mm}$$
$$L_凸=65.82-2\times2.29=61.24 \text{ mm}$$

7. 凹模设计

如图 3-80 所示,根据刃口尺寸综合考虑定位销、固定螺栓的布置及强度等。

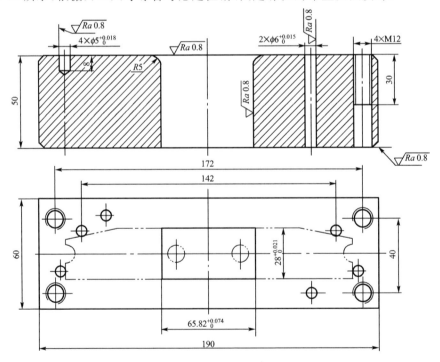

材料:Cr12MoV 热处理:(59~62)HRC

图 3-80 凹模

8. 凸模设计

如图 3-81 所示,考虑因素与凹模类似。

9.模架选择

模具外形尺寸、冲压力不大,为方便操作而采用后侧导向的模架。查《冷冲模设计资料与指导》4.4 节内容,根据凹模外形尺寸初选模架为:200 mm×160 mm×(160~200)mm Ⅰ GB/T 2851.3。同时查得上模座厚度为 40 mm,下模座厚度为 45 mm,模具的闭合高度为 40+45+75+10+2=172 mm。图 3-82 中顶板的厚度取 10 mm,满足压力机安装使用要求(查表得 1-3J23-16 压力机最大闭合高度为 220 mm)。

10.模具结构

装配图如图 3-82 所示。

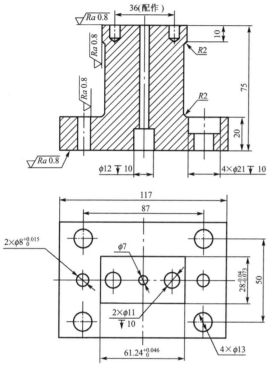

材料:Cr12MoV　热处理:(59~62)HRC

图 3-81　凸模

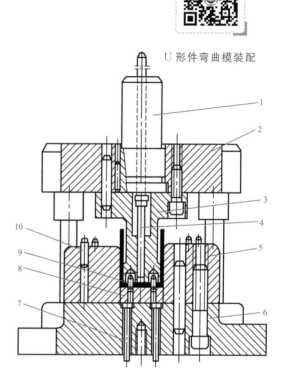

U 形件弯曲模装配

图 3-82　装配图

1—模柄;2—上模座;3—凸模;4—打料杆;5—凹模;
6—下模座;7—顶杆;8—顶板;9、10—定位销

11.实际生产中料片尺寸的修正(料片试验修正法)

实际成形类冲压生产过程中,由于材料、计算方法等原因导致计算出来的料片尺寸不准确。此时应采取以下措施:

(1)含有成形工序的零件,其模具生产顺序是先试验成形模,样件检验合格后再设计落料模。

(2)试验成形模时,先手工准备或者线切割(激光切割)几件样品,样件弯曲方向展开尺寸一般比计算值略微放大,逐件成形试验。同时根据试验结果逐步减小样片的尺寸,直到试件合格为止。

此方法对于拉深、翻边等成形类工序的料片尺寸确定同样适用。

弯曲件回弹及数据测定

1. 实训目的

观察试件在 V 形弯曲时的回弹现象,并掌握测定弯曲回弹角的方法;研究弯曲材质和弯曲变形程度对弯曲回弹量的影响;分析控制弯曲回弹量的方法。

2. 实训内容

研究影响弯曲回弹角大小的因素。通过对实训数据的分析,可以了解材料机械性能和变形程度对弯曲回弹量的影响情况,并找出各材料在弯曲回弹量最小时的最佳变形程度。实训用弯曲模如图3-83 所示。

3. 实训工具与设备

试样:Q235 钢板、08 钢板、黄铜板,厚度分别为 0.5 mm、1 mm。

模具:弯曲模具一副。

工具:角度尺、螺丝刀。

设备:四柱液压机。

4. 实训方法与步骤

(1)检查实训设备和模具。

(2)调整压力机连杆的长度,使凸模和凹模间的间隙为 0.5 mm。

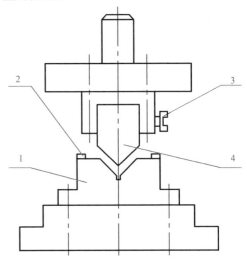

图 3-83 实训用弯曲模
1—凹模;2—定位块;3—紧固螺钉;4—可换凸模

(3)依次更换不同 R 的凸模进行实验。每更换一个凸模,对厚度为 0.5 mm 的 Q235 钢板、08 钢板和黄铜板进行冲样,并用角度尺测量弯曲件的弯曲角,计算回弹角的值,将实验数据填入表 3-15 中的相应位置。

(4)调整压力机连杆的长度,使凸模和凹模间的间隙为 1 mm。

(5)依次更换不同 R 的凸模进行实验。每更换一个凸模,对厚度为 1 mm 的 Q235 钢板、08 钢板和黄铜板进行冲样,并用角度尺测量弯曲件的弯曲角,计算回弹角的值,将实验数据填入表 3-15 中的相应位置。

表 3-15 　　　　　　　　　　　　　　　　　实训数据

板厚/材质		弯曲半径/回弹角(凸模)			
	Q235 钢板				
0.5 mm	08 钢板				
	黄铜板				
	Q235 钢板				
1 mm	08 钢板				
	黄铜板				

5.实训报告

(1)分析产生弯曲回弹的机理,阐明正、负回弹产生的原因。

(2)根据实验所得数据,作出不同材料的 R/t-$\Delta\alpha$ 曲线。

(3)分析实验中反映出的材质 σ_s/E 和变形程度 R/t 对弯曲回弹量的影响情况。

(4)根据影响弯曲回弹量的因素,简述减少回弹的措施。

素养提升

　　通过介绍凭借高超的技艺,锻造"中国品质"——长征火箭"心脏"的焊接人高凤林等八位身怀绝技的"大国工匠",激发学生学习工匠精神,争做大国工匠。更多内容扫描延伸阅读二维码进行延伸阅读与学习。

延伸阅读

////////// 复习与思考题 //////////

1.试用工序草图确定图 3-84 所示弯曲件的工序安排。

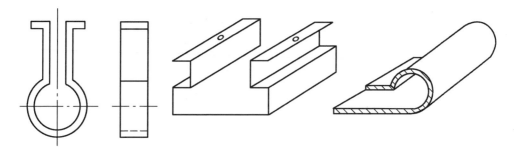

图 3-84 题 3-1 图

2.计算图 3-85 所示弯曲件的坯料展开长度、凸模角度及半径。

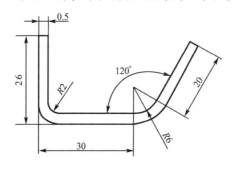

图 3-85 题 3-2 图

　　3.完成图 3-86 所示弯曲件的毛坯图及冲压工序安排,计算校正弯曲力、模具工作部分尺寸并标注公差,绘制弯曲模装配图。

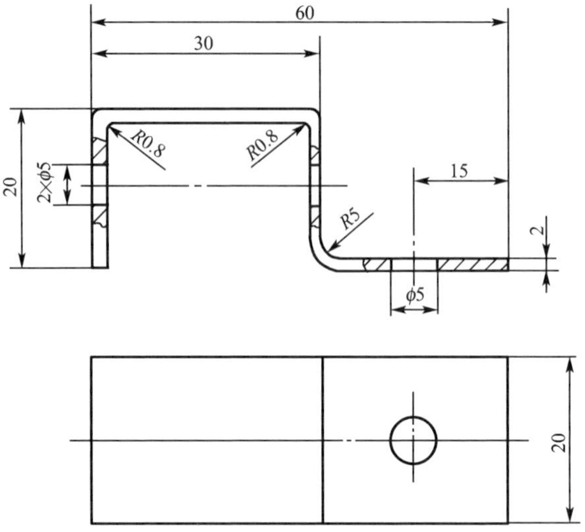

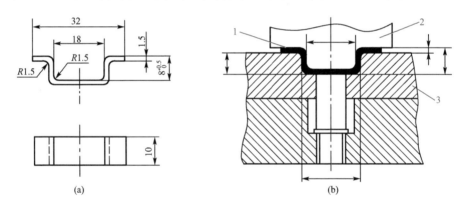

图 3-86　题 3-3 图

4.如图 3-87(a)所示零件,材料为 Q235A。计算弯曲凸、凹模工作部分的尺寸及公差,并标注在图 3-87(b)所示的模具结构草图上;计算弯曲力并选择合适的压力机。

(a)

(b)

图 3-87　题 3-4 图

1—零件;2—凸模;3—凹模

模块四
拉　深

- 零件名称：带凸缘圆筒件。
- 零件简图：如图 4-1 所示。
- 材料为 08 钢，厚度为 1.5 mm，尺寸全部为未注公差。
- 批量：大批量。
- 工作任务：制定冲压加工工艺并设计模具。

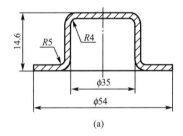
(a)

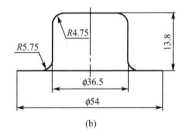
(b)

图 4-1　带凸缘圆筒件

一、概　述

拉深又称引伸、压延、拉延或拉伸等。根据拉深前、后零件的厚度是否变化，可以将拉深分为不变薄拉深和变薄拉深两种。不变薄拉深是指把毛坯拉压成空心体，或者把空心体拉压成外形更小而板厚没有明显变化的空心体的冲压工序；变薄拉深是指凸、凹模之间间隙小于空心毛坯壁厚，把空心毛坯加工成侧壁厚度小于毛坯壁厚的薄壁制件的冲压工序。拉深工艺应用非常广泛，是冷冲压重要的基本工序之一。

如图 4-2 所示为拉深件示例。为研究方便，可以根据拉深件的外形结构特点以及拉深变形过程的力学特点对拉深件进行如下分类：

（1）轴对称旋转体拉深件，如搪瓷杯、搪瓷盆、车灯壳、喇叭等。

（2）盒形拉深件，如饭盒、汽车油箱、电容器外壳等。

（3）不规则形状拉深件，如汽车覆盖件等。

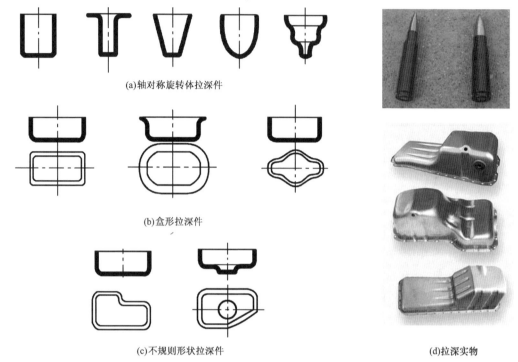

(a)轴对称旋转体拉深件

(b)盒形拉深件

(c)不规则形状拉深件

(d)拉深实物

图 4-2　拉深件示例

二、拉深变形

（一）拉深变形过程

如图 4-3 所示直径为 D、厚度为 t 的圆形毛坯，经过拉深模具拉深得到了直径为 d、高度为 h_1 的圆筒形零件。圆形的平板毛坯是如何变成圆筒形零件的呢？拉深变形过程中圆筒底部没有产生塑性变形，只有筒壁部分才发生了塑性变形；圆筒顶部的变形达到了最大值；圆周方向的材料受到最大限度的压缩，高度方向的材料受到

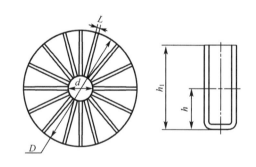

图 4-3　拉深时材料的转移

最大限度的拉深。筒壁部分材料的转移也可以从图 4-3 中看出：先在直径为 D 的毛坯上画出若干条宽度等于 L 的长方形，并使各长方形面积之和等于直径为 d、高度 $h=(D-d)/2$ 的圆筒体壁部面积之和；把这些狭条沿着直径为 d 的圆周弯折过来，再把它们加以焊接，就可以做成一个高度 $h=(D-d)/2$ 的圆筒形工件。因此，在圆筒形零件的拉深变形过程中，毛坯的中心部分成为圆筒件的底部，属于不变形区，而毛坯的凸缘部分是主要的变形区。拉深过程的实质就是将毛坯的凸缘部分（$D-d$ 的环形部分）材料逐渐转移到高度为（h_1-h）筒壁部分的过程。

（二）拉深变形过程中材料的应力与应变状态

拉深时材料在外力的作用下产生复杂的应力与应变,掌握其应力与应变状态,对于控制拉深件的破裂、起皱、形状与尺寸具有一定的理论指导作用;同时,为了更好地了解拉深过程所发生的各种现象,必须分析拉深过程中,材料各部分的应力与应变状态。如图 4-4 所示为带压边圈拉深圆筒形零件时,各变形区的应力与应变状态,其中 σ_1、ε_1 分别为毛坯径向应力与应变,σ_2、ε_2 分别为毛坯厚度方向应力与应变,σ_3、ε_3 分别为毛坯切向应力与应变。

根据材料变形区各部分应力与应变状态的不同,可以将毛坯划分为五个区域:

Ⅰ——平面凸缘部分　该部分材料径向受拉应力 σ_1、切向受压应力 σ_3 作用,使材料有向上翘的趋势。切向压应力过大,凸缘失去稳定,发生皱折,即起皱现象。

Ⅱ——凹模圆角部分　该部分是凸缘进入筒壁的过渡变形区。变形区材料径向受拉产生拉应力 σ_1 和径向拉应变 ε_1,切向受压产生压应力 σ_3 和切向压应变 ε_3;同时,由于承受凹模圆角压力以及弯曲作用而产生压应力 σ_2。由于拉应力 σ_1 的值最大,相应的 ε_1 值也最大,因

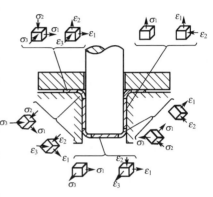

图 4-4　拉深过程中零件应力与应变状态

此板厚方向产生压应变 ε_2,使得板料的厚度变薄。凹模圆角越小,弯曲变形越大。

Ⅲ——筒壁部分　该部分属于已变形区和传力区。将凸模的拉深力传递到凸缘,受到单向拉深,当拉应力超过强度极限时即发生破裂。因流入多余材料的堆积而使筒壁上端材料变厚,下端变薄。越接近底部,变薄越厉害。

Ⅳ——凸模圆角部分　该部分是过渡变形区。它承受筒壁传来的拉应力,并受到凸模的压力。靠近圆角稍向上处的材料变薄最为严重,是危险断面。在实际生产中,常在此处开裂而造成废品。

Ⅴ——筒底部分　该部分变形区受双向平面拉深作用,产生拉应力 σ_1 和 σ_3,应变为平面方向的拉应变 ε_1 和 ε_3 以及板厚方向的压应变 ε_2。由于受凸模圆角处摩擦的制约,筒底材料的应力与应变均不大,拉深前、后的厚度变化甚微,一般只有 1%～3%,因此可以忽略不计。

（三）拉深变形过程中凸缘变形区的应力分布

在拉深变形过程中凸缘部分是主要的变形区,下面从力学的角度分析毛坯拉深到某一时刻时凸缘部分的应力分布规律。凸缘变形区在拉深变形中主要承受径向拉应力 σ_1 和切向压应力 σ_3。毛坯由 R_0 拉深到 R_t 时,凸缘变形区的 σ_1 和 σ_3 的大小可以根据材料受力过程的平衡条件和反映材料内部特性的塑性方程联合用数学方法求出,即

$$\sigma_1 = 1.1\sigma_s \ln \frac{R_t}{R} \tag{4-1}$$

$$\sigma_3 = 1.1\sigma_s \left(1 - \ln \frac{R_t}{R}\right) \tag{4-2}$$

式中　R_t——拉深变形过程中某时刻凸缘的半径；

　　　　R——凸缘任意处的半径；

　　　　σ_s——材料的流动应力；

　　　　σ_1、σ_3——毛坯由 R_0 拉深到 R_t 时，凸缘内任意半径 R 处径向拉应力与切向压应力。

图 4-5 是圆筒件拉深时凸缘变形区的应力分布。

根据凸缘应力分布图可知，当 $R=r$ 时，即拉深凹模入口处凸缘上的 σ_1 值最大，为 $\sigma_{1max}=1.1\sigma_s\ln(R_t/r)$；而在 $R=R_t$ 处，即凸缘的外边缘处 σ_3 值最大，为 $\sigma_3=1.1\sigma_s$。σ_1 由外向内逐渐增大，而 σ_3 由外向内逐渐减小。在 $R=0.61R_t$ 处 σ_1 和 σ_3 的绝对值相等。在 $R>0.61R_t$ 凸缘部分，由于 $|\sigma_3|>|\sigma_1|$，所以压应变 ε_3 为最大主应变，而板厚方向 ε_2 为拉应变，使得板厚略有增加；而在 $R<0.61R_t$ 的凸缘部分，由于 $|\sigma_3|<|\sigma_1|$，所以拉应变 ε_1 为最大主应变，而板厚方向 ε_2 为压应变，使得板厚略有变薄。由于以压缩变形为主的区域比以拉深为主的区域要大，因此圆筒形拉深变形从整体上来说属于压缩类变形。从式（4-1）可以得出，拉深应力 σ_1 的最大值不超过 $1.1\sigma_s$。将 $R_t=R_0$（毛坯半径）、$\sigma_1=1.1\sigma_s$ 以及 $R=r$ 代入可得 $\ln(R_0/r)=1$，

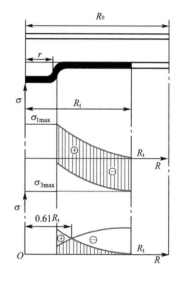

图 4-5　圆筒件拉深时凸缘变形区的应力分布

即 $R_0/r=2.72$。通常把 R_0/r 的比值称为拉深比，用 K_1 表示。此 K_1 值是没有考虑摩擦影响、凹模圆角处毛坯的弯曲作用以及材料在变形中冷作硬化带来的损失得出来的，因此也把 K_1 称为理想极限拉深比。K_1 的倒数 $m_1=1/K_1=1/2.72=0.37$ 称为理想极限拉深系数。即在理想条件下，圆筒形零件能够拉深的最大毛坯直径约为零件直径的 2.72 倍，否则就会拉裂。实际上，由于摩擦、凹模圆角处毛坯的弯曲和拉直以及冷作硬化的影响，圆筒形零件最大拉深比 K_{1max} 为 1.8～2.0，而拉深系数的极限值 m_{1max} 为 0.5～0.56。

（四）拉深件的主要质量问题

拉深过程中容易出现的质量问题主要有：凸缘变形区的起皱、筒壁传力区的拉裂、材料的厚度变化不均匀、材料硬化不均匀。

1. 起皱

如图 4-6 所示，当凸缘部分变形区承受的切向压应力 σ_3 较大而板料又较薄时，凸缘部分材料便会失去稳定而在凸缘的整个周围产生波浪形的连续弯曲，这种现象称为起皱。材料越薄，越容易起皱，起皱取决于凸缘区板料本身抵抗失稳的能力。凸缘宽度越大，厚度越薄，材料弹性模量和硬化模量越小，抵抗失稳能力越小。同时，起皱也取决于切向压应力 σ_3 的大小，σ_3 越大，越容易失稳起皱。由于 σ_3 在凸缘的外边缘最大，因此起皱首先在凸缘最外缘出现。起皱是拉深时的主要质量问题之一。

正常拉深时起皱是不允许的，对于高度小、厚度大的零件，起皱不大，通过模壁可以碾平材料，使其沿纵向移动而增加零件高度。起皱大的毛坯很难通过凸、凹模间隙而进入凹模，容易

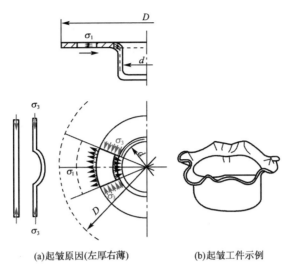

(a)起皱原因(左厚右薄)　　　　　(b)起皱工件示例

图 4-6　毛坯凸缘拉深时应力、应变及起皱

使毛坯承受过大的拉力而断裂。即使勉强把已经起皱的毛坯拉入凹模,此时起皱的痕迹也会保留下来,因而得不到光洁的零件表面。同时,模具也会因为磨损而降低寿命。

对于圆筒形拉深件,可以利用压边圈的压力来压住凸缘部分的材料,防止起皱。但压边力应合适,太小仍然会起皱,太大则会拉裂。是否采用压边圈可根据表 4-1 来确定。

表 4-1　　　　　　　　　　　　采用或不采用压边圈的条件

拉深方法	第一次拉深		以后各次拉深	
	t/D（％）	m_1	t/d_{n-1}（％）	m_n
使用压边圈	<1.5	<0.6	<1	<0.8
可用、可不用压边圈	1.5~2.0	0.6	1~1.5	0.8
不用压边圈	>2.0	>0.6	>1.5	>0.8

注:t/D(％)表示毛坯的相对厚度;D 表示毛坯直径;t 表示材料的厚度;d_{n-1} 表示第 $n-1$ 道工序半成品直径。

为了进行更准确的估计,还应考虑拉深系数的大小。如图 4-7 所示是根据毛坯相对厚度和拉深系数确定是否采用压边圈。其中在区域Ⅰ内要采用压边圈,而在区域Ⅱ内可以不采用压边圈。

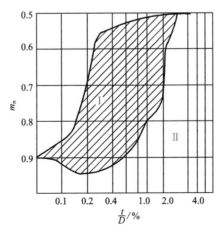

图 4-7　根据毛坯相对厚度和拉深系数确定是否采用压边圈

2. 拉裂及厚度变化

如图 4-8 所示,经过拉深变形以后,圆筒形零件壁部的厚度与硬度都会发生变化。零件壁部与底部圆角连接处在拉深中一直受到拉力的作用,因此拉薄的可能性大,变薄最厉害,也是拉深最容易破裂的地方,这是拉深件最薄弱的断面,称为危险断面。当拉应力超过强度极限时,拉深就会从该断面拉破,这种现象称为拉裂(俗称"掉底")。拉裂的拉深件是不可补救的废品,如图 4-9 所示。在拉深件上部,因为挤走的材料较多,切向压应力 σ_3 大,所以厚度变厚,而且越靠近上部越厚。因为越靠近口部,转移到厚度方向的材料越多。在危险断面以下和底部,因为凸模圆角处及底部的摩擦力阻止材料变薄,所以厚度变化很微小,几乎没有变化。图 4-10 所示是某拉深件厚度变化的具体数值,其最大增厚量可以达到板厚的 $20\% \sim 30\%$,其最大变薄量可以达到板厚的 $10\% \sim 18\%$。

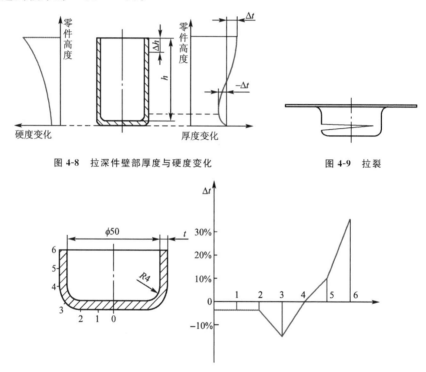

图 4-8　拉深件壁部厚度与硬度变化　　　　　　图 4-9　拉裂

图 4-10　拉深件厚度变化示例

3. 材料的硬度变化

拉深是一个塑性变形过程,随着塑性变形的产生,引起了材料的冷作硬化。因为材料的转移量在零件各个部分不一样,所以冷作硬化程度也不一样,如图 4-8 所示。在拉深件的上部挤走的材料较多,变形程度大,冷作硬化严重。往下则逐渐减小,到接近拉深件底部圆角处几乎没有多余的材料被挤走,该处冷作硬化最小,因此该处材料屈服极限也最低,强度最弱,这也是危险断面产生的又一个原因。拉深后材料发生硬化表现为材料的硬度和强度增加,塑性降低,使得后续变形困难。因此在实际生产中,有时在几道拉深工序中,需要对半成品零件进行退火处理,以降低其硬度,恢复其塑性。

综上所述,防止起皱和拉裂除了可以采取上述措施以外,还包括:一方面要通过改善材料的力学性能,提高筒壁抗拉强度;另一方面可以通过正确制定拉深工艺和设计模具,如凸、凹模圆角和间隙要合理,降低筒壁所受拉应力;也可使用机油或锭子油作为润滑剂涂在凹模圆角处,以减小摩擦,使材料易于变形等。

三、拉深件的工艺性

拉深件的工艺性是指拉深件在拉深工序中生产的难易程度。产品工艺性好,不仅能满足产品的使用技术要求,同时也能够用最简单、最经济和最快捷的方法将产品生产出来。

■ (一)对拉深件的外形尺寸的要求

设计拉深件时在满足使用要求的条件下应尽量减少工件的高度,使其可能用一道或两道拉深工序来完成。

■ (二)对拉深件形状要求

(1)设计拉深件时,应明确标注必须保证的是内形还是外形尺寸,不能同时标注工件的内、外形尺寸。带台阶的拉深件,其高度方向的尺寸标注一般应以底部为基准,如图 4-11 所示。

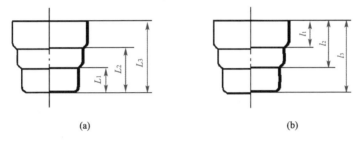

图 4-11 带台阶拉深件高度尺寸的标注

(2)拉深件形状应尽量简单对称,避免采用非常复杂的和非对称的拉深件。对于半敞开的或非对称的空心件,应能成对组合拉深后再将其剖切成两个或多个零件。

(3)拉深外形复杂的空心件时,要考虑工序间毛坯定位的工艺基准。

(4)拉深件的口部允许稍有回弹,但应保证整形或剖开后能达到断面及高度的尺寸要求。

■ (三)拉深件的圆角半径(图 4-12)

(1)圆筒件的圆角半径包括:底部与壁部的圆角半径,应满足 $r_d \geqslant t$(r_d 相当于凸模半径);凸缘与壁间的圆角半径,应满足 $R \geqslant 2t$;否则应增加整形工序。从有利于变形角度出发,最好取 $r_d \approx (3\sim5)t$,$R \approx (4\sim8)t$。

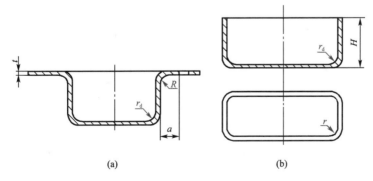

图 4-12 拉深件的圆角半径

(2)盒形件角部分的圆角半径 $r \geqslant 3t$。为了减少拉深次数,应尽可能取 $r \geqslant (1/5)H$(H 为盒形件的高度)。

(3)拉深件的底部或凸缘上的孔边到侧壁的距离应满足 $a \geqslant R+0.5t$ 或 $a \geqslant r_d+0.5t$。

■ (四)尺寸公差等级及表面质量的要求

(1)拉深件断面尺寸的公差等级一般都在 IT13 级以下,不宜高于 IT11 级。如果公差等级要求高,可以采取整形工序来达到要求。拉深件的制造精度包括直径方向和高度方向的精度,在一般情况下,拉深件的精度不应该超过表 4-2～表 4-4 中所列的数值。

表 4-2　　　　　　　　　　拉深件直径的极限偏差　　　　　　　　　　mm

材料厚度	拉深件直径的极限偏差			材料厚度	拉深件直径的极限偏差			附图
	拉深件直径的公称尺寸				拉深件直径的公称尺寸			
	≤50	50～100	100～300		≤50	50～100	100～300	
0.5	±0.12	—	—	2.0	±0.40	±0.50	±0.70	
0.6	±0.15	±0.20	—	2.5	±0.45	±0.60	±0.80	
0.8	±0.20	±0.25	±0.30	3.0	±0.50	±0.70	±0.90	
1.0	±0.25	±0.30	±0.40	4.0	±0.60	±0.80	±1.00	
1.2	±0.30	±0.35	±0.50	5.0	±0.70	±0.90	±1.10	
1.5	±0.35	±0.40	±0.60	6.0	±0.80	±1.00	±1.20	

注:拉深件外形要求取正偏差,内形要求取负偏差。

表 4-3　　　　　　　　　　圆筒形拉深件高度的极限偏差　　　　　　　　　　mm

材料厚度	拉深件高度的极限偏差					附图
	≤18	18～30	30～50	50～80	80～120	
≤1	±0.5	±0.6	±0.7	±0.9	±1.1	
1～2	±0.6	±0.7	±0.8	±1.0	±1.3	
2～3	±0.7	±0.8	±0.9	±1.1	±1.5	
3～4	±0.8	±0.9	±1.0	±1.2	±1.8	
4～5	—	—	±1.2	±1.5	±2.0	
5～6	—	—	—	±1.8	±2.2	

注:本表为不切边情况所达到的数值。

表 4-4　　　　　　　　　　带凸缘拉深件高度的极限偏差　　　　　　　　　　mm

材料厚度	拉深件高度的极限偏差					附图
	≤18	18～30	30～50	50～80	80～120	
≤1	±0.3	±0.4	±0.5	±0.6	±0.7	
1～2	±0.4	±0.5	±0.6	±0.7	±0.8	
2～3	±0.5	±0.6	±0.7	±0.8	±0.9	
3～4	±0.6	±0.7	±0.8	±0.9	±1.0	
4～5	—	—	±0.9	±1.0	±1.1	
5～6	—	—	—	±1.1	±1.2	

注:本表为未经整形所达到的数值。

(2)拉深件的厚度公差要求一般不应超过拉深工艺壁厚变化规律。据统计,对于不变薄拉深:壁的最大增厚量为 $(0.2～0.3)t$,最大变薄量为 $(0.10～0.18)t$(t 为板料厚度);盒形件的四角也要增厚。

(3)多次拉深零件的外壁上或凸缘表面上应允许有在拉深过程中产生的印痕。

如图 4-13 所示为保证零件较好的冲压生产工艺性,对拉深件结构所做修改的示例,修改后的零件结构简单,有利于拉深变形和简化模具结构。

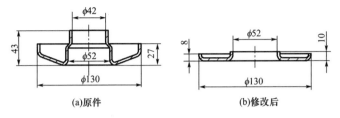

(a)原件　　　　　　　　(b)修改后

图 4-13　拉深件结构的修改

四、拉深件毛坯尺寸计算

在冲压生产中,材料的费用占总成本的 60%～80%。拉深件毛坯尺寸确定得正确与否,直接影响拉深变形的生产过程以及生产的经济性。其中生产的经济性体现在材料的合理使用和零件生产流程的安排上,对于复杂形状拉深件的毛坯尺寸确定,一般需要用样片经过试验,反复修改,才能最终确定毛坯的形状与尺寸。因此在设计零件生产用的模具时,应先设计拉深模,待毛坯形状与尺寸完全确定以后再设计冲裁模。而试验用样片则可以采取手工放样或用线切割来制造等加工方法;如果拉深件口部不齐,一般还需要预留切边余量。

■ (一)计算方法

拉深件毛坯尺寸确定的原则有两条:

(1)体积不变原则

毛坯尺寸计算

体积不变原则即拉深前、后材料的体积相等。对于不变薄拉深,可以假设变形过程中材料的厚度不变,则拉深前毛坯面积与拉深后零件的面积相等。

(2)相似原则

相似原则下毛坯形状一般与零件形状相似。如零件的断面是圆形、正方形、长方形或椭圆形,则毛坯的形状也对应相似。但毛坯的周边必须是光滑的曲线,并无急剧的转折。具体计算方法有等质量法、等体积法、等面积法、分析图解法以及作图法等。对于不变薄拉深,一般采取等面积法,对于复杂形状的旋转体零件,多采取分析图解法和作图法。

1.等质量法

$$M=\frac{\pi D^2}{4} \cdot t\rho = M'$$

$$D=\sqrt{\frac{4M'}{\pi t\rho}}=1.13\sqrt{\frac{M'}{t\rho}} \tag{4-3}$$

式中　M——毛坯质量;

　　　　M'——拉深件质量;

　　　　t——毛坯厚度;

　　　　ρ——材料密度。

对于已有拉深件样品时,使用等质量法来求毛坯直径会非常方便。

2. 等体积法

$$V = \frac{\pi D^2}{4} \cdot t = V'$$

$$D = \sqrt{\frac{4V'}{\pi t}} = 1.13\sqrt{\frac{V'}{t}} \qquad (4\text{-}4)$$

式中　V——毛坯体积；

　　　V'——拉深件体积。

等体积法一般适用于变薄拉深件。

3. 等面积法

$$A = \frac{\pi D^2}{4} = A'$$

$$D = \sqrt{\frac{4A'}{\pi}} = 1.13\sqrt{A'} \qquad (4\text{-}5)$$

式中　A——毛坯面积；

　　　A'——拉深件面积。

式(4-5)即不变薄拉深工序用来计算毛坯尺寸的依据。

■ (二)修边余量

在拉深过程中,由于材料各向异性的存在,凸、凹模之间间隙分布不均,板料厚度的波动,摩擦阻力的差异以及坯料定位误差等因素的影响,造成拉深件口部或凸缘周边不整齐,特别是经过多次拉深后的制件,口部或凸缘不整齐的现象更为显著,因此,必须增加制件的高度或凸缘的直径,增加的部分即修边余量,修边余量可以通过切边去除。因而毛坯尺寸的计算必须将加上了修边余量后的制件尺寸作为计算的依据,表4-5为无凸缘圆筒件的修边余量;表4-6为带凸缘圆筒件的修边余量。

表 4-5　　　　　无凸缘圆筒件的修边余量 Δh　　　　　mm

工件高度 h	Δh				附图
	工件的相对高度 h/d				
	0.5~0.8	0.8~1.6	1.6~2.5	2.5~4	
≤10	1	1.2	1.5	2	
10~20	1.2	1.6	2	2.5	
20~50	2	2.5	3.3	4	
50~100	3	3.8	5	6	
100~150	4	5	6.5	8	
150~200	5	6.3	8	10	
200~250	6	7.5	9	11	
>250	7	8.5	10	12	

表 4-6	带凸缘圆筒件的修边余量 Δd				mm
凸缘直径 d_1	Δd				附图
	凸缘的相对直径 d_1/d				
	<1.5	1.5~2	2~2.5	>2.5	
≤25	1.8	1.6	1.4	1.2	
25~50	2.5	2	1.8	1.6	
50~100	3.5	3	2.5	2.2	
100~150	4.3	3.6	3	2.5	
150~200	5	4.2	3.5	2.7	
200~250	5.5	4.6	3.8	2.8	
>250	6	5	4	3	

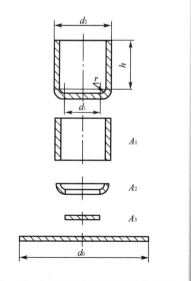

 (三)简单旋转体拉深件毛坯尺寸计算

简单旋转体拉深件毛坯尺寸计算可以按照以下步骤来进行：

(1)将拉深件划分为若干个简单的几何体。

(2)分别求出各简单几何体的表面积。

(3)把各简单几何体面积相加即得零件总面积 A'。

(4)根据表面积相等原则,求出坯料直径,即

$$A' = a_1 + a_2 + \cdots\cdots + a_n = \sum_{i=1}^{n} a_i$$

因毛坯面积 $A = A'$,故

$$D = \sqrt{\frac{4}{\pi} \cdot A'} = \sqrt{\frac{4}{\pi} \cdot \sum_{i=1}^{n} a_i} \tag{4-6}$$

式中,D 为毛坯直径。

例 4-1

　　求图 4-14 所示无凸缘圆筒件的毛坯直径尺寸。

　　解　圆筒面积 $A_1 = \pi d_2 h$(h 包含修边余量 Δh)

　　1/4 球环带面积　$A_2 = \pi(2\pi r d_1 + 8r^2)/4$

　　圆筒底面积　$A_3 = \pi d_1^2/4$

　　根据等面积法,以上三部分面积之和应等于毛坯的表面积,即

$$\pi d_0^2/4 = \pi d_2 h + \pi(2\pi r d_1 + 8r^2)/4 + \pi d_1^2/4$$

毛坯直径为

$$d_0 = \sqrt{d_1^2 + 4d_2 h + 2\pi r d_1 + 8r^2} \tag{4-7}$$

将 $\pi = 3.14, d_1 = d_2 - 2r, h = H - r$ 代入,则

$$d_0 = \sqrt{d_2^2 + 4d_2 H - 1.72 r d_2 - 0.56 r^2} \tag{4-8}$$

图 4-14　无凸缘圆筒件毛坯直径尺寸计算

例 4-2

求图 4-15 所示带凸缘圆筒的毛坯直径尺寸。

解 可将零件分解成如图 4-15 所示五个部分:a_1、a_2、a_3、a_4、a_5。

$$a_1 = \frac{\pi}{4}(d_4^2 - d_3^2)$$

$$a_2 = \frac{\pi}{2}r_1(\pi d_3 - 4r_1)$$

$$a_3 = \pi d_2 h$$

$$a_4 = \frac{\pi}{2}r_2(\pi d_1 + 4r_2)$$

$$a_5 = \frac{\pi d_1^2}{4}$$

设 $r_1 = r_2 = r$,并将 a_1、a_2、a_3、a_4、a_5 代入式(4-6)可得

$$D = \sqrt{d_1^2 + 4d_2 h + 2\pi r(d_1 + d_2) + 4\pi r^2 + d_4^2 - d_3^2}$$

以 $\pi = 3.14$,$d_3 = d_2 + 2r$,$d_1 = d_2 - 2r$,$h = H - 2r$ 代入可得

$$D = \sqrt{d_4^2 + 4d_2 H - 3.44rd_2}$$

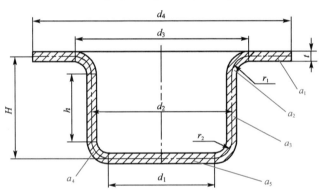

图 4-15 带凸缘圆筒件毛坯直径尺寸计算

计算时应注意,例 4-1 中 h 应该包括修边余量 Δh,例 4-2 中 d_4 应该包括修边余量 $2\Delta d$。当毛坯厚度 $t \geqslant 1$ mm 时,应该按照拉深件的中心线尺寸计算。

常用简单形状旋转体拉深件的毛坯尺寸的计算公式见表 4-7。

表 4-7   常用旋转体拉深件毛坯计算公式   mm

序号	零件形状	毛坯直径
1		$D = \sqrt{d^2 + 4dh}$
2		$D = \sqrt{d^2 + 4d_1 h}$

续表

序号	零件形状	毛坯直径
3		$D=\sqrt{d_1^2+4d_2h+6.28rd_1+8r^2}$ 或 $D=\sqrt{d_2^2+4d_2h-1.72rd_2-0.56r^2}$
4		$D=\sqrt{d_1^2+2\pi r_2d_1+8r_2^2+4d_2h+2\pi r_1d_2+4.56r_1^2+d_4^2-d_3^2}$ 若 $r_1=r_2=r$,则 $D=\sqrt{d_1^2+4d_2h+2\pi r(d_1+d_2)+4\pi r_2+d_4^2-d_3^2}$ 或 $D=\sqrt{d_4^2+4d_2H-3.44rd_2}$
5		$D=1.414\sqrt{d^2+2dh}$ 或 $D=2\sqrt{dH}$
6		$D=\sqrt{2d^2}=1.414d$
7		$D=\sqrt{d_1^2+2l(d_1+d_2)+4rd_2h}$
8		$D=\sqrt{d_1^2+2l(d_1+d_2)}$

■（四）复杂旋转体拉深件毛坯尺寸计算

1.计算原则

任何形状的母线 AB 绕轴线 $O—O$ 旋转,所得到的旋转体表面积等于母线展开长度 L 与其重心绕轴线旋转所得周长 $2\pi x$ 之积(x 是该段母线重心至轴线的距离)(图 4-16),即旋转体表面积 $A'=2\pi Lx$;毛坯面积 $A=\dfrac{\pi D^2}{4}$(D 为毛坯直径)。由于 $A=A'$,故毛坯直径为

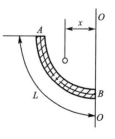

$$D=\sqrt{8Lx}$$

(4-9)　　**图 4-16　旋转体母线**

计算毛坯直径的方法有解析法和作图法。

2.解析法

解析法适用于直线与圆弧相连接的形状,如图 4-17 所示。

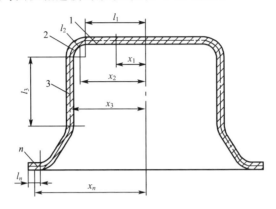

图 4-17 由直线和圆弧连接的母线

使用解析法计算复杂旋转体拉深件毛坯尺寸的步骤为:

(1)将母线按直线与圆弧分段 1、2、……、n。

(2)计算各段展开长度 l_1、l_2、……、l_n(也可直接查表求得)。

(3)计算各段的重心到轴线的距离 x_1、x_2、……、x_n。

直线的重心在中心上,圆弧的重心到轴线 O—O 的距离 x 可以通过先求出 A 与 B 的数值,再通过 r_0 换算求出。圆弧的重心到轴 y—y 的距离 A 与 B 的计算公式为

图 4-18(a):$B = 180R(1-\cos\alpha)/(\pi\alpha)$,$x = B + r_0$

图 4-18(b):$A = 180R\sin\alpha/(\pi\alpha)$,$x = A + r_0$

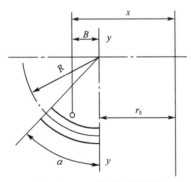
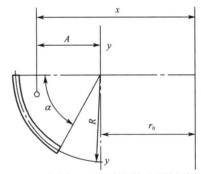

(a) 中心角 $\alpha < 90°$ 时圆弧与铅垂线相交　　　(b) 中心角 $\alpha < 90°$ 时圆弧与水平线相交

图 4-18 圆弧的重心到轴 y—y 的距离计算

(4)按式(4-9)计算毛坯直径

$$D = \sqrt{8\overline{Lx}} = \sqrt{8\sum_{i=1}^{n}(l_n x_n)} = \sqrt{8(l_1 x_1 + l_2 x_2 + \cdots + l_n x_n)} \qquad (4\text{-}10)$$

(一)拉深系数

1.拉深系数的表示方法

拉深系数是用来控制拉深时变形程度的一个工艺指标。拉深系数的确定是拉深工艺计算的基础。根据拉深系数可以确定零件的拉深次数以及各次拉深时的半成品的工序尺寸。在确定拉深工艺和设计模具时,必须首先确定零件的拉深次数,拉深次数确定得合理,就会使材料在拉深中的应力既不超过强度极限又能充分利用材料的塑性,使每道拉深工序都能达到材料最大的可能变形程度。确定合理的拉深系数直接关系到拉深件的经济性和质量。

圆筒件的拉深系数是每次拉深后圆筒直径(中径)与拉深前毛坯(或半成品)直径的比值,用 m 表示。如图 4-19 所示为多次拉深时圆筒直径的变化。

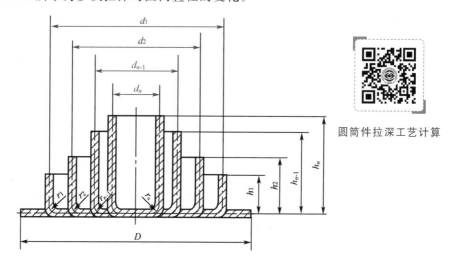

圆筒件拉深工艺计算

图 4-19 多次拉深时圆筒直径的变化

无凸缘圆筒件的第一次拉深系数为

$$m_1 = d_1/D$$

第二次拉深系数为

$$m_2 = d_2/d_1$$

第 n 次拉深系数为

$$m_n = d_n/d_{n-1}$$

式中 D——毛坯直径,mm;

$d_1, d_2, \cdots, d_n$——各次拉深后的平均直径,mm。

拉深系数 m 可以用来表示材料的变形程度,拉深系数 m 和材料断面收缩率 ψ 的关系为

$$\psi = (F_1 - F_2)/F_1 = (\pi d_1 t - \pi d_2 t)/\pi d_1 t = (d_1 - d_2)/d_1 = 1 - (d_2/d_1) = 1 - m \quad (4\text{-}11)$$

式(4-11)表明拉深系数 m 的数值是小于 1 的数。m 越小,拉深变形程度越大,破坏的可能性越大,但完成零件的拉深变形所需的拉深工序数越少,经济性越好。

总的拉深系数 $m_总$ 表示从毛坯拉深到成品直径 d_n 的总的变形程度,即

$$m_总 = \frac{d_n}{D} = \frac{d_1}{D} \cdot \frac{d_2}{d_1} \cdot \cdots \cdot \frac{d_n}{d_{n-1}} = m_1 m_2 \cdots m_n \quad (4\text{-}12)$$

2. 影响拉深系数的因素

影响拉深系数的因素很多,主要包括:

(1)材料的力学性能

材料的力学性能对拉深系数的影响是最基本的。一般来说,塑性好、屈强比 σ_s/σ_b 小的材料的拉深系数可小些。

(2)板料的相对厚度 $t/D(\%)$

板料的相对厚度 $t/D(\%)$ 越大,拉深时抵抗失稳起皱的能力越强,越有利于减小压边力、摩擦阻力和拉深系数。

(3)拉深条件

①模具工作部分的结构参数 主要是指凸、凹模圆角半径 $R_凸$、$R_凹$ 以及凸、凹模间隙 Z。当凹模圆角半径 $R_凹$ 大时,材料沿凹模滑动容易,故 m 值可偏小,但 $R_凹$ 过大会减小压边面积而增加起皱的可能性,反而要求增大 m 值。当凸模圆角半径 $R_凸$ 大时,m 值也可偏小,因为材料不易局部变薄。当凸、凹模间隙 Z 小时,因摩擦阻力增大,故 m 应大些;当间隙 Z 合理时,m 值最小。

②压边条件 采用压边圈并加以合适的压边力对拉深有利,可以减小拉深系数。但压边力过大,会增加拉深阻力,而压边力过小,不能防止拉深时的起皱。合理的压边力是在保证不起皱的前提下取最小值。

③摩擦与润滑条件 凹模特别是其圆角入口处与压边圈的工作表面光洁度高并采用润滑剂,可减小板料在拉深中的摩擦阻力,减小传力区危险断面的负担,有助于减小拉深系数。对于凸模工作表面,可以不是很光滑,也不需要润滑,可以使拉深时凸模工作表面与板料之间有较大的摩擦阻力,有助于阻止断面变薄,有利于减小拉深系数。

(4)拉深次数

第一次拉深时 m 值可以偏小,以后各次拉深时 m 应取大值。因为在以后各次拉深时,材料已经产生了冷作硬化现象,变形比较困难。

(5)零件的形状和尺寸

零件的几何形状不同,其拉深系数也不一样。如有凸缘和底部呈非圆形状的零件与无凸缘圆筒件,因为材料的变形情况不同,因此 m 值就不一样。

3. 拉深系数的确定

由于影响拉深系数的因素很多,因此一般都在一定的条件下用试验方法求解。表 4-8 列出了无凸缘圆筒件采用压边圈时的拉深系数,表 4-9 列出了无凸缘圆筒件不采用压边圈时的拉深系数,表 4-10 列出了其他金属材料的拉深系数(该表所列 m_n 为以后各次拉深系数的平均值)。拉深系数是拉深重要的工艺参数。拉深系数可以根据拉深时材料的拉应力不超过危险断面的强度极限来计算。通常第一次使用压边圈的拉深系数为 $0.48 \sim 0.63$,以后各次拉深时的 m_n 平均值为 $0.73 \sim 0.88$,均大于第一次拉深时的 m_1 值,并且以后各次拉深系数越来越大,不使用压边圈的拉深系数要大于使用压边圈的拉深系数。在实际生产中,并不是在所有情况下都采用极限拉深系数。因为太接近极限拉深系数会引起拉深件在凸模圆角部位过分变薄,而在以后的拉深中,部分变薄严重的缺陷会转移到成品零件的侧壁,从而降低零件的质量。

表 4-8   无凸缘圆筒件采用压边圈时的拉深系数

毛坯相对厚度 $t/D(\%)$	m_1	m_2	m_3	m_4	m_5
2.0～1.5	0.48～0.50	0.73～0.75	0.76～0.78	0.78～0.80	0.80～0.82
1.5～1.0	0.50～0.53	0.75～0.76	0.78～0.79	0.80～0.81	0.82～0.84
1.0～0.6	0.53～0.55	0.76～0.78	0.79～0.80	0.81～0.82	0.84～0.85
0.6～0.3	0.55～0.58	0.78～0.79	0.80～0.81	0.82～0.83	0.85～0.86
0.3～0.15	0.58～0.60	0.79～0.80	0.81～0.82	0.83～0.85	0.86～0.87
0.15～0.08	0.60～0.63	0.80～0.82	0.82～0.84	0.85～0.86	0.87～0.88

注:适用于 08、10S、15S 钢与软黄铜 H62、H68。

表 4-9   无凸缘圆筒件不采用压边圈时的拉深系数

毛坯相对厚度 $t/D(\%)$	m_1	m_2	m_3	m_4	m_5	m_6
0.4	0.90	0.92	—	—	—	—
0.6	0.85	0.90	—	—	—	—
0.8	0.80	0.88	—	—	—	—
1.0	0.75	0.85	0.90	—	—	—
1.5	0.65	0.80	0.84	0.87	0.90	—
2.0	0.60	0.75	0.80	0.84	0.87	0.90
2.5	0.55	0.75	0.80	0.84	0.87	0.90
3.0	0.53	0.75	0.80	0.84	0.87	0.90
>3.0	0.50	0.70	0.75	0.78	0.82	0.85

注:适用于 08、10 及 15Mn 钢等材料。

表 4-10   其他金属材料的拉深系数

材料	牌号	第一次拉深系数 m_1	以后各次拉深系数 m_n
铝及铝合金	8A06M、1035M、3A21M	0.52～0.55	0.70～0.75
杜拉铝	2A11M、2A12M	0.56～0.58	0.75～0.80
黄铜	H62	0.52～0.54	0.70～0.72
黄铜	H68	0.50～0.52	0.78～0.72
纯铜	T_2、T_3、T_4	0.50～0.55	0.72～0.80
无氧铜		0.52～0.58	0.75～0.82
镍、镁-镍、硅-镍		0.48～0.53	0.70～0.75
康铜(铜镍合金)		0.50～0.56	0.74～0.84
白铁皮		0.58～0.60	0.80～0.85
酸洗钢板		0.54～0.58	0.75～0.78
不锈钢	Cr13	0.52～0.56	0.75～0.78
不锈钢	Cr18Ni	0.50～0.52	0.70～0.75
不锈钢	1 Cr18Ni9Ti	0.52～0.55	0.78～0.81
不锈钢	Cr18Ni11Nb、Cr23Ni18	0.52～0.55	0.78～0.81
合金钢	30CrMnSiA	0.62～0.70	0.80～0.84
可伐合金		0.65～0.67	0.85～0.90
钼-铱合金	TA5	0.72～0.82	0.91～0.97
钛合金		0.60～0.65	0.80～0.85
锌		0.65～0.70	0.85～0.90

(二)拉深次数

当总拉深系数 $m_总 > m_1$ 时,零件只需要一次就可以拉深成形,否则需要进行多次拉深。具体拉深次数通常只能概略进行估计,最后需要通过工艺计算来确定。初步确定无凸缘圆筒件的拉深次数的方法有查表法、推算法、计算法以及查图法等。

1. 查表法

根据拉深件的最大相对高度 h/D 和毛坯的相对厚度 $t/D(\%)$,由表 4-11 查出拉深次数。

表 4-11 无凸缘圆筒件的最大相对高度 h/D 和毛坯的相对厚度 $t/D(\%)$ 与拉深次数的关系

拉深次数 n	h/D					
	毛坯的相对厚度 $t/D(\%)$					
	$2\sim1.5$	$1.5\sim1$	$1\sim0.6$	$0.6\sim0.3$	$0.3\sim0.15$	$0.15\sim0.08$
1	$0.94\sim0.77$	$0.84\sim0.65$	$0.70\sim0.57$	$0.62\sim0.5$	$0.52\sim0.45$	$0.46\sim0.38$
2	$1.88\sim1.54$	$1.60\sim1.32$	$1.36\sim1.1$	$1.13\sim0.94$	$0.96\sim0.83$	$0.9\sim0.7$
3	$3.5\sim2.7$	$2.8\sim3.2$	$2.3\sim1.8$	$1.9\sim1.5$	$1.6\sim1.3$	$1.3\sim1.1$
4	$5.6\sim4.3$	$4.3\sim3.5$	$3.6\sim2.9$	$2.9\sim2.4$	$2.4\sim2.0$	$2.0\sim1.5$
5	$8.8\sim6.6$	$6.6\sim5.1$	$5.2\sim4.1$	$4.1\sim3.3$	$3.3\sim2.7$	$2.7\sim2.0$

注:大的 h/d 值适用于第一道工序的大凹模圆角 $R_凹 = (8\sim15)t$;小的 h/d 值适用于第一道工序的小凹模圆角 $R_凹 = (4\sim8)t$;适用于 08F 及 10F 钢;表中数据为拉深件的相对高度。

也可以根据毛坯的相对厚度 $t/D(\%)$ 与总拉深系数 $m_总$ 由表 4-12 查取拉深次数。

表 4-12 总拉深系数 $m_总$ 与拉深次数的关系(圆筒件带压边圈)

拉深次数 n	$m_总$				
	毛坯的相对厚度 $t/D(\%)$				
	$2\sim1.5$	$1.5\sim1$	$1\sim0.5$	$0.5\sim0.2$	$0.2\sim0.06$
2	$0.33\sim0.36$	$0.36\sim0.40$	$0.40\sim0.43$	$0.43\sim0.46$	$0.46\sim0.48$
3	$0.24\sim0.27$	$0.27\sim0.30$	$0.30\sim0.34$	$0.34\sim0.37$	$0.37\sim0.40$
4	$0.18\sim0.21$	$0.21\sim0.24$	$0.24\sim0.27$	$0.27\sim0.30$	$0.30\sim0.33$
5	$0.13\sim0.16$	$0.16\sim0.19$	$0.19\sim0.22$	$0.22\sim0.25$	$0.25\sim0.29$

注:适用于 08F 及 10F 钢。表中数据为圆筒件总拉深系数。

2. 推算法

圆筒件的拉深次数也可以根据 $t/D(\%)$ 值由表 4-8 及表 4-9 查出 m_1、m_2、……、m_n,然后从第一道工序开始依次求出半成品直径,即

$$d_1 = m_1 D$$
$$d_2 = m_2 d_1$$
$$\vdots$$
$$d_n = m_n d_{n-1}$$

一直计算到得出的直径 (d_n) 大于工件要求的直径为止。因此,使用推算法不仅可以求出拉深次数,还可以知道中间工序的相关尺寸(拉深系数及半成品直径)。

3. 计算法

将直径为 D 的毛坯拉深成直径为 d_n 的工件,各工序零件直径变化为

$$d_1 = m_1 D$$
$$d_2 = m_n d_1 = m_n (m_1 D)$$
$$\vdots$$
$$d_n = m_n d_{n-1} = m_n^{n-1} (m_1 D)$$

对等式两边取对数得

$$\lg d_n = \lg m_n d_{n-1} = (n-1)\lg m_n + \lg(m_1 D)$$

即

$$n = 1 + \frac{\lg d_n - \lg(m_1 D)}{\lg m_n} \tag{4-13}$$

式(4-13)中 m_n 及 m_1 可以根据表 4-10 查取。对于计算出来的拉深次数 n，其小数部分不能按照四舍五入法取值，而是应取较大的整数值，因为表 4-10 中的拉深系数已经是极限值，这样才能满足安全而不破裂的要求。

六、圆筒件拉深工序尺寸计算

（一）无凸缘圆筒件拉深工序计算流程

无凸缘圆筒件拉深工序计算流程如图 4-20 所示。

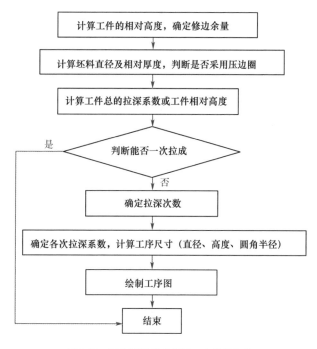

图 4-20　无凸缘圆筒件拉深工序计算流程

（二）圆筒件各次拉深工序尺寸计算

当圆筒件经过工艺计算需要多次拉深时，必须计算各次拉深时半成品的尺寸作为模具设计和选择压力机的依据。圆筒件各次拉深件的半成品工序尺寸计算主要包括各次拉深得到的半成品直径、圆角半径以及拉深高度。

1. 半成品直径

根据选定的拉深系数按推算法进行计算。应遵循根据零件的具体尺寸确定的实际拉深系数比查表得出的拉深系数要大的原则进行调整，具体半成品直径应该根据调整以后的拉深系数进行计算。

2. 半成品圆角半径

半成品圆角半径包括凸模和凹模圆角半径。一般先确定凹模圆角半径 $R_凹$，即

$$R_凹 = 0.8\sqrt{(d_0 - d)t} \tag{4-14}$$

式中　d_0——毛料直径或上一次拉深直径，mm；

　　　d——拉深直径，mm。

凸模圆角半径为

$$R_凸 = (0.7 \sim 1)R_凹 \tag{4-15}$$

最后一次拉深时凸模的圆角半径 $R_凸$ 应与制件底部的圆角半径相等，中间各次凸模圆角半径与凹模圆角半径尽量相等，各次拉深时凸模的圆角半径可逐渐减小。

3. 半成品拉深高度

各工序半成品的直径与凸、凹模圆角半径确定以后，可以根据圆筒件的底部形状计算出各工序拉深高度，见表 4-13。

表 4-13　　　　　　　　　圆筒件的拉深高度计算公式（部分）

工件形状	拉深工序	计算公式
平底圆筒件	1	$h_1 = 0.25(d_0 k_1 - d_1)$
	2	$h_2 = h_1 k_2 + 0.25(d_1 k_2 - d_2)$
圆角底圆筒件	1	$h_1 = 0.25(d_0 k_1 - d_1) + 0.43\dfrac{r_1}{d_1}(d_1 + 0.32 r_1)$
	2	$h_2 = 0.25(d_0 k_1 k_2 - d_2) + 0.43\dfrac{r_2}{d_2}(d_2 + 0.32 r_2)$ $r_1 = r_2 = r$ 时 $h_2 = h_1 k_2 + 0.25(d_1 - d_2) - 0.43\dfrac{r}{d_2}(d_1 - d_2)$

注：d_0 表示毛坯直径(mm)；d_1、d_2 表示第 1、2 工序拉深的工件直径(mm)；k_1、k_2 表示第 1、2 工序拉深的拉深比($k_1 = 1/m_1$、$k_2 = 1/m_2$)；r_1、r_2 表示第 1、2 工序拉深件底部圆角半径(mm)。

如图 4-21 所示圆筒件，材料选用 08 钢。

试计算该零件毛坯尺寸、拉深次数以及工序尺寸。

解　$t = 1$ mm，按中线尺寸计算工件的直径。

(1) 修边余量 δ

工件的相对高度为

$$h/d_2 = 67.5/20 \approx 3.4$$

查表 4-5 得 $\Delta h = 6$ mm。

（2）毛坯直径

根据无凸缘圆筒件毛坯计算公式（4-7）得

$$D = \sqrt{d_1^2 + 4d_2h + 2\pi rd_1 + 8r^2}$$
$$= \sqrt{12^2 + 4 \times 20 \times 69.5 + 2\pi \times 4 \times 12 + 8 \times 4^2}$$
$$\approx 78 \text{ mm}$$

（3）确定是否使用压边圈

毛坯相对厚度 $t/D \times 100 = 1/78 \times 100 \approx 1.28$，查表 4-1 确定采用压边圈。

（4）确定拉深次数

先判断能否一次拉出。根据毛坯相对厚度，查表 4-8 得 $m_1 = 0.50 \sim 0.53$。

零件总的拉深系数 $m_\text{总}$ 为

$$m_\text{总} = d/D = 20/78 = 0.256$$

由于 $m_\text{总} = 0.256 < m_1 = 0.50 \sim 0.53$，因此不能一次拉出。

①采用查表法确定拉深次数

由 $t/D \times 100 = 1.28$，$h/d_2 = 3.7$（h 包含修边余量为 74）$= 3.7$，查表 4-11 得拉深次数 $n = 4$。

②采用计算法确定拉深次数

由表 4-10 查得 $m_1 = 0.56$，$m_n = 0.77$，则由式（4-13）得

$$n = 1 + [\lg 20 - \lg(0.56 \times 78)]/\lg 0.77 = 3.98$$

取拉深次数 $n = 4$。

（5）确定各次拉深直径

查表 4-8 取各次拉深极限拉深系数（小值）分别为 $m_1 = 0.50$、$m_2 = 0.75$、$m_3 = 0.78$、$m_4 = 0.80$，则各半成品直径分别为

$$d_1 = 0.5 \times 78 = 39 \text{ mm}$$
$$d_2 = 0.75 \times 39 = 29.3 \text{ mm}$$
$$d_3 = 0.78 \times 29.3 = 22.9 \text{ mm}$$
$$d_4 = 0.80 \times 22.9 = 18.3 \text{ mm}$$

$d_4 = 18.3$ mm < 20 mm，到第四次时，计算工序件直径已经小于成品零件直径，因此整个工序只需要四次拉深，即拉深次数 $n = 4$。因为计算直径不等于零件成品直径，所以应对拉深系数进行适当的调整，使其均大于相应的极限拉深系数。查表 4-8 调整拉深系数（大值），取 $m_1 = 0.53$、$m_2 = 0.76$、$m_3 = 0.79$、$m_4 = 0.82$，则

$$d_1 = 0.53 \times 78 = 41.3 \text{ mm}$$
$$d_2 = 0.76 \times 41.3 = 31.4 \text{ mm}$$
$$d_3 = 0.79 \times 31.4 = 24.8 \text{ mm}$$

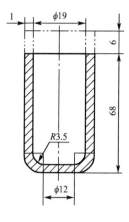

图 4-21　圆筒件

$$d_4 = 0.82 \times 24.8 = 20.3 \text{ mm}$$

取 $d_4 = 20$ mm，则 $m_4 = 0.81$ 在合理拉深系数范围内。

（6）半成品底部圆角半径

根据式（4-14）及式（4-16），取半成品圆角半径分别为 $r_1 = 5$ mm、$r_2 = 4.5$ mm、$r_3 = 4$ mm、$r_4 = 3.5$ mm。

（7）计算半成品拉深高度

根据表 4-13 的有关计算公式得

$$h_1 = 0.25 \times \left(\frac{78^2}{41.3} - 41.3 \right) + 0.43 \times \frac{5}{41.3} \times (41.3 + 0.32 \times 5) = 28.7 \text{ mm}$$

$$h_2 = 0.25 \times \left(\frac{78^2}{31.4} - 31.4 \right) + 0.43 \times \frac{4.5}{31.4} \times (31.4 + 0.32 \times 5) = 42.6 \text{ mm}$$

$$h_3 = 0.25 \times \left(\frac{78^2}{24.8} - 24.8 \right) + 0.43 \times \frac{4}{24.8} \times (24.8 + 0.32 \times 4) = 57.0 \text{ mm}$$

$$h_4 = 74 \text{ mm}$$

（8）画出各工序图

该零件的工序图如图 4-22 所示（图中尺寸为中线尺寸）。

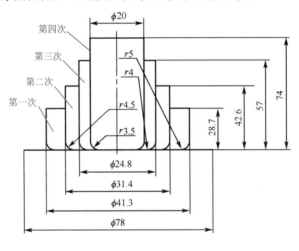

图 4-22　圆筒件工序图

七、圆筒件以后各次拉深

（一）圆筒件以后各次拉深的特点

（1）以后各次圆筒件毛坯的壁厚与力学性能都不均匀，材料已冷作硬化，因此极限拉深系数比第一次拉深系数要大得多，一般后一次都略大于前一次。

（2）首次拉深时在开始阶段较快地就会达到最大拉深力，然后逐渐减小为零，而以后各次拉深时，在拉深的整个阶段拉深力一直都在增加，直到拉深的最后阶段才由最大值下降到零。

（3）以后各次拉深危险断面与首次拉深一样，都在凸模圆角处。由于首次拉深最大拉深力发生在初始阶段，因此破裂也发生在拉深的初始阶段；而以后各次拉深最大拉深力发生在拉深的最后阶段，因此破裂也往往发生在拉深的最后阶段。

（4）以后各次拉深的变形区，因为外缘有筒壁的刚性支持，所以稳定性比首次拉深要好，不容易起皱。只是在拉深的最后阶段，筒壁的边缘进入变形区后，变形区的外缘失去了刚性支持才有起皱的可能。

（5）坯件定位方式不同。

（二）以后各次拉深方法

如图 4-23 所示，以后各次拉深可以有正拉深和反拉深两种方法。一般采用正拉深的方法。

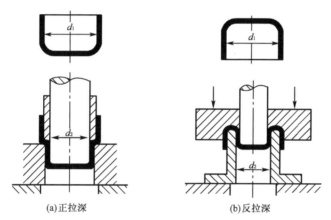

（a）正拉深　　　　　　　（b）反拉深

图 4-23　正拉深与反拉深

反拉深的拉深方向与上一次拉深方向相反，工件的内、外表面互相转换。反拉深与正拉深相比具有如下特点：

（1）反拉深材料流动方向与正拉深相反，有利于互相抵消拉深时产生的残余应力。

（2）反拉深材料的弯曲与反弯曲次数少，加工硬化少，有利于成形。反拉深时，处于内圆弧处的材料在流动的过程中始终处于内圆弧地位。

（3）反拉深毛坯与凹模接触比正拉深大，材料的流动阻力也大，材料不易起皱，因此反拉深一般可以不用压边圈。

（4）反拉深拉深力比正拉深大 20% 左右。

（5）如图 4-23（b）所示，反拉深时坯料 d_1 套在凹模外表面，拉深后工件外径要通过凹模的内孔。因此凹模的壁厚应为 $(d_1-d_2)/2$。这就要求反拉深的拉深系数不能太大，否则凹模壁厚太小，强度不足。同时凹模的圆角半径不能大于 $(d_1-d_2)/4$。

反拉深后圆筒的最小直径 $d_2=(30\sim90)t$，圆角半径 $r=(2\sim6)t$。反拉深主要适用于板料较薄的中等和大型零件。如图 4-24 所示为反拉深零件示例。

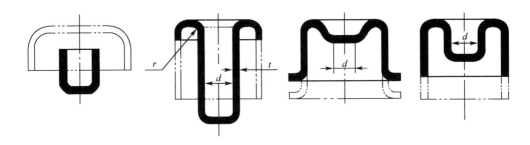

图 4-24　反拉深零件示例

八、带凸缘圆筒的拉深

带凸缘圆筒件与无凸缘圆筒件相比,二者的变形本质是一样的,即变形区应力与应变状态和变形特点是相同的。区别在于带凸缘圆筒件只是将毛坯拉深到零件要求的直径时就不再拉深,而不是将凸缘变形区的材料全部拉入凹模。

带凸缘圆筒件需要多次拉深时,其拉深方法可以分为窄凸缘圆筒件和宽凸缘圆筒件的拉深两种。窄凸缘圆筒件 $d_t/d=1.1\sim1.4$;宽凸缘圆筒件 $d_t/d>1.4$。

(一)带凸缘圆筒件的拉深变形程度及拉深次数

如果带凸缘圆筒件的拉深能够一次完成,则可以根据毛坯和零件尺寸直接进行工艺计算。而判断是否能够一次拉出,不能应用无凸缘圆筒件的第一次拉深系数,因为这些系数只有当凸缘全部转变为工件的侧表面时才能适用。而在拉深带凸缘圆筒件时,可在相同比例关系 $m_1=d_1/D$ 的情况下,即采用相同的毛坯直径 D 和相同的工件直径 d_1 时,拉深出各种不同凸缘直径 d_t 和不同高度 h 的工件,如图 4-25 所示。显然凸缘直径和工件高度不同,其实际变形程度也是不同的,凸缘直径越小,工件高度越大,其变形程度越大。而这些不同情况只是无凸缘拉深过程的中间阶段,而不是其拉深过程的终结。因此不能用 $m_1=d_1/D$ 来表达各种不同情况下实际的变形程度。

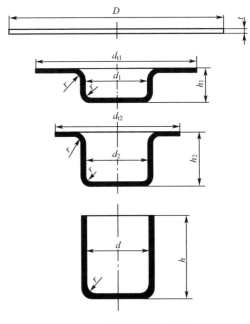

图 4-25　不同凸缘直径和高度的拉深件变形比较

由例 4-2 可知,带凸缘圆筒件的毛坯直径为

$$D=\sqrt{d_4^2+4d_2H-3.44rd_2}$$

因此带凸缘圆筒件的第一次拉深系数为

$$m_1 = \frac{d_1}{D} = \frac{1}{\sqrt{\left(\dfrac{d_t}{d_1}\right)^2 + 4\dfrac{h_1}{d_1} - 3.44\dfrac{r_1}{d_1}}} \qquad (4-16)$$

式中 d_t/d_1——凸缘的相对直径(d_t 包括修边余量)；

         h_1/d_1——相对拉深高度；

         r_1/d_1——底部及凸缘部分的相对圆角半径。

此外，m_1 还应考虑毛坯相对厚度 $t/D(\%)$ 的影响。

因此，带凸缘圆筒件的第一次拉深的许可变形程度可以用相对应于 d_t/d_1 不同比值的最大相对拉深高度 h_1/d_1 来表示，见表 4-14。

表 4-14   带凸缘圆筒件第一次拉深时的最大相对高度 h_1/d_1

凸缘相对直径 d_t/d_1	h_1/d_1				
	毛坯的相对厚度 $t/D(\%)$				
	0.06～0.2	0.2～0.5	0.5～1.0	1.0～1.5	1.5
≤1.1	0.45～0.52	0.50～0.62	0.57～0.70	0.60～0.80	0.75～0.90
1.1～1.3	0.40～0.47	0.45～0.53	0.50～0.60	0.56～0.72	0.65～0.80
1.3～1.5	0.35～0.42	0.40～0.48	0.45～0.53	0.50～0.63	0.58～0.70
1.5～1.8	0.29～0.35	0.34～0.39	0.37～0.44	0.42～0.53	0.48～0.58
1.8～2.0	0.25～0.30	0.29～0.34	0.32～0.38	0.36～0.46	0.42～0.51
2.0～2.2	0.22～0.26	0.25～0.29	0.27～0.33	0.31～0.40	0.35～0.45
2.2～2.5	0.17～0.21	0.20～0.23	0.22～0.27	0.25～0.32	0.28～0.35
2.5～2.8	0.13～0.16	0.15～0.18	0.17～0.21	0.19～0.24	0.22～0.27
2.8～3.0	0.10～0.13	0.12～0.15	0.14～0.17	0.16～0.20	0.18～0.22

注：①适用于 08、10 钢。

    ②表中较大值对应于零件圆角半径较大的情况，即 $r_凸$、$r_凹$ 为 $(10～20)t$；表中较小值对应于零件圆角半径较小的情况，即 $r_凸$、$r_凹$ 为 $(4～8)t$。

当相对拉深高度 $h/d > h_1/d_1$ 时，就不能用一道工序拉深出来，需要两次或多次拉深，即拉深次数要根据拉深系数或零件相对高度来判断。

（二）窄凸缘圆筒件的拉深方法

如图 4-26 所示，对于窄凸缘圆筒件的拉深，在前几次拉深中不留凸缘，先拉成圆筒件，而在最后的几道拉深工序中形成锥形凸模，最后将其压平。其拉深系数的确定和拉深工艺计算与无凸缘圆筒件完全相同。如图 4-27 所示为窄凸缘圆筒件拉深示例。

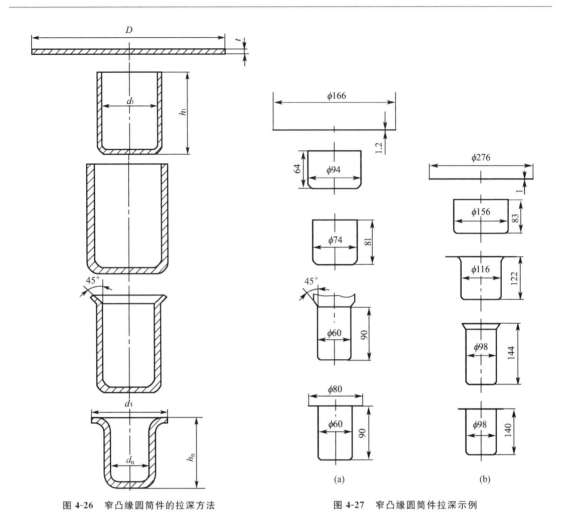

图 4-26 窄凸缘圆筒件的拉深方法   图 4-27 窄凸缘圆筒件拉深示例

（三）宽凸缘圆筒件的拉深

对于宽凸缘拉深件，在第一次拉深时，就将凸缘直径拉深到零件所要求的尺寸，而在以后各次拉深中，凸缘直径保持不变，仅改变筒体的形状和尺寸。在以后各次拉深中逐步减小直径，增加高度，最后达到所要求的尺寸。具体拉深常采用以下方法：

（1）如图 4-28(a)所示为采用缩小筒体直径来增加高度的拉深方法，适用于材料较薄，拉深深度比直径大的中小型零件。

（2）如图 4-28(b)所示为高度基本不变而减小圆角半径，逐渐缩小筒体直径的拉深方法，适用于材料较厚，直径和深度相近的大中型零件。

（3）如图 4-29(a)所示拉深方法为凸缘过大而圆角半径过小，首先以适当的圆角半径成形，然后再按图纸技术要求的尺寸整形。

（4）如图 4-29(b)所示为凸缘过大，利用材料胀形成形的方法。

宽凸缘圆筒件拉深时，其第一次拉深的极限拉深系数见表 4-15；以后各次拉深时的拉深系数可以按圆筒件拉深系数表（表 4-8）中的 m_2、m_3、……、m_n 的值来确定。

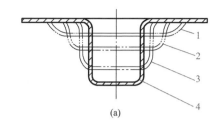

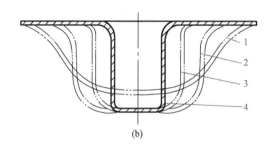

图 4-28 宽凸缘拉深件拉深方法应用(1)

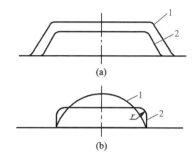

图 4-29 宽凸缘拉深件拉深方法应用(2)

表 4-15 带凸缘圆筒件第一次拉深时的拉深系数 m_1

凸缘相对直径 d_t/d_1	m_1				
	毛坯的相对厚度 $t/D(\%)$				
	0.06~0.2	0.2~0.5	0.5~1.0	1.0~1.5	1.5
≤1	0.59	0.57	0.55	0.53	0.50
1.1~1.3	0.55	0.54	0.53	0.51	0.49
1.3~1.5	0.52	0.51	0.50	0.49	0.47
1.5~1.8	0.48	0.48	0.47	9.46	0.45
1.8~2.0	0.45	0.45	0.44	0.43	0.42
2.0~2.2	0.42	0.42	0.42	0.41	0.40
2.2~2.5	0.38	0.38	0.38	0.38	0.37
2.5~2.8	0.35	0.35	0.34	0.34	0.33
2.8~3.0	0.33	0.33	0.32	0.32	0.31

注:适用于 08、10 钢。

从表 4-15 可知,在相同的毛坯相对厚度 $t/D(\%)$ 条件下,随着凸缘相对直径 d_t/d_1 的增加,m_1 的值减小,但并不表示实际变形程度的增加。因为毛坯直径 D 一定时,d_t/d_1 越大,实际上在拉深时毛坯直径 D 减小越少,如图 4-28 所示。例如表 4-15 中,当 $d_t/d_1=3$,毛坯相对厚度 $t/D(\%)=0.06\sim0.2$ 时,$m_1=0.33$。好像变形程度很大,其实不然。$m_1=d_1/D=0.33$,$d_t/d_1=3$,故 $D=d_1/m_1=d_1/0.33=3d_1$,而 $d_t=3d_1$,即 $D\approx d_t$,相当于实际变形程度几乎为零。

为了保证以后拉深时凸缘不参加变形,宽凸缘拉深件首次拉入凹模的材料应该比零件最后拉深部分实际需要的材料多 3%~10%(按面积计算,拉深次数多时取上限,拉深次数少时取下限),这些多余的材料在以后各次拉深中,逐次将 1.5%~3% 的材料挤回到凸缘部分,使凸缘变厚,从而避免拉裂。对于料厚小于 0.5 mm 的拉深件效果更为显著。这一原则实际上是通过正确计算各次拉深高度和严格控制凸模进入凹模的深度来实现的。

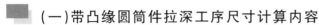

九、带凸缘圆筒件拉深工序尺寸计算

（一）带凸缘圆筒件拉深工序尺寸计算内容

（1）选定修边余量（查表 4-6）。

（2）预算毛坯直径 D。

（3）计算 $t/D(\%)$ 和 d_1/d_1，由表 4-14 查出第一次拉深时允许的最大相对高度 h_1/d_1，然后与零件的相对高度 h/d 相比，判断能否一次拉出。

如果 $h/d \leqslant h_1/d_1$，则可以一次拉出，工序尺寸计算结束；如果 $h/d > h_1/d_1$，则一次不能拉深，需要多次拉深，应计算各工序尺寸。

（4）查表 4-15 选取第一次拉深系数 m_1，查表 4-8 选取以后各次拉深的拉深系数 m_2、m_3、$\cdots$、m_n，并预算出各工序的拉深直径 $d_1 = m_1 D$、$d_2 = m_2 d_1$、$\cdots$、$d_n = m_n d_{n-1}$，通过计算即可知道拉深的次数。

（5）确定拉深次数以后，通常还需要调整各工序的拉深系数，使各工序变形程度的分配更合理。

（6）根据调整以后的拉深系数，重新计算各工序的拉深直径：$d_1 = m_1 D$、$d_2 = m_2 d_1$、$\cdots$、$d_n = m_n d_{n-1}$。

（7）确定各工序零件的圆角半径。

（8）根据上面计算宽凸缘圆筒件工序尺寸所述方法，重新计算毛坯直径。

（9）计算第一次拉深高度，并校核第一次拉深的相对高度，检查是否安全。

（10）计算以后各次拉深高度。

$$h_1 = \frac{0.25}{d_1}(D^2 - d_t^2) + 0.43(r_1 + R_1) + \frac{0.14}{d_1}(r_1^2 - R_1^2)$$

$$h_2 = \frac{0.25}{d_2}(D^2 - d_t^2) + 0.43(r_2 + R_2) + \frac{0.14}{d_2}(r_2^2 - R_2^2)$$

$$\vdots$$

$$h_n = \frac{0.25}{d_n}(D^2 - d_t^2) + 0.43(r_n + R_n) + \frac{0.14}{d_n}(r_n^2 - R_n^2) \tag{4-17}$$

式中　r——工件圆角半径；

　　　R——凹模圆角半径。

（11）画出工序图。

（二）带凸缘圆筒件拉深工序尺寸计算实例

例 4-4

计算图 4-30 所示拉深件的工序尺寸。已知材料选用 08 钢，材料厚度 $t = 2$ mm。

解　料厚 $t = 2$ mm，按中心线计算。

（1）查表 4-6 选取修边余量 Δd

$d_凸/d = 76/28 = 2.7$，取 $\delta = 2.2$ mm，实际 $d_凸 = 76 + 4.4 = 80$ mm。

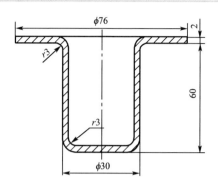

图 4-30 宽凸缘圆筒件

（2）初算毛坯直径

根据例 4-2 方法得

$$D=\sqrt{d_1^2+4d_2h+2\pi r(d_1+d_2)+4\pi r^2+d_4^2-d_3^2}$$

其中 $d_1=20$ mm；$d_2=28$ mm；$h=52$ mm；$r=4$ mm；

$d_3=36$ mm；$d_4=80$ mm。

$$D=\sqrt{20^2+4\times28\times52+2\times3.14\times4\times(20+28)+4\times3.14\times4^2+(80^2-36^2)}=$$
$$\sqrt{7\ 630+5\ 104}\approx113\ \text{mm}$$

其中 7 630×($\pi/4$)为零件不包含凸缘部分的表面积，即零件实际需要拉深部分面积；5 140×($\pi/4$)为零件凸缘（不包含圆筒口部圆角）部分的表面积。

（3）判断是否能够一次拉出

$$h/d=60/28=2.14$$
$$d_凸/d=80/28=2.86$$
$$t/D\times100=(2/113)\times100=1.77$$

查表 4-14 得 $h_1/d_1=0.18\sim0.22$，因为零件实际 $h/d=2.14$，所以不能一次拉出。

（4）计算拉深次数及各工序拉深直径

利用表 4-14 来进行计算，但由于有两个未知数 m_1、d_t/d_1，因此需要试凑。下面用逼近法来确定第一次的拉深直径，见表 4-16。

表 4-16   逼近法确定第一次的拉深直径

假定 d_t/d_1	$t/D/\%$	$d_1/$mm	实际 $m_1(d_1/D)$	极限 $[m_1]$	拉深系数差 $m_1-[m_1]$
1.2	1.77	80/1.2=67	0.59	0.49	+0.10
1.3	1.77	80/1.3=62	0.55	0.49	+0.06
1.4	1.77	80/1.4=57	0.50	0.47	+0.03
1.5	1.77	80/1.5=53	0.47	0.47	0
1.6	1.77	80/1.6=50	0.44	0.45	−0.01

实际拉深系数应该比极限拉深系数稍大，因此 d_t/d_1 的值为 1.5 和 1.6 不合适。当取 d_t/d_1 的值为 1.4 时，实际拉深系数与极限拉深系数相接近，故初定第一次拉深直径 $d_1=57$ mm。

查表 4-8 选取以后各次拉深系数：

$$m_2=0.74, d_2=d_1 m_2=57\times0.74=42 \text{ mm}$$

$$m_3=0.77, d_3=d_2 m_3=42\times0.77=32 \text{ mm}$$

$$m_4=0.79, d_4=d_3 m_4=32\times0.79=25 \text{ mm}<28 \text{ mm}$$

因此,各次拉深变形程度分配不合理,需要进行调整,见表 4-17。

表 4-17　　　　　　　　　　　　拉深直径的调整

极限拉深系数$[m_n]$	实际拉深系数 m_n	拉深直径 d_n/mm	拉深系数差 $m_n-[m_n]$
$[m_1]=0.47$	$m_1=0.495$	$d_1=Dm_1=113\times0.495=56$	$+0.025$
$[m_2]=0.74$	$m_2=0.77$	$d_2=d_1 m_2=56\times0.77=43$	$+0.03$
$[m_3]=0.77$	$m_3=0.79$	$d_3=d_2 m_3=43\times0.79=34$	$+0.02$
$[m_4]=0.79$	$m_4=0.82$	$d_4=d_3 m_1=34\times0.82=28$	$+0.03$

由于拉深系数差值比较接近,因此各次变形程度比较合理。

(5)计算圆角半径

查表 4-24,选取各工序圆角半径为 $R_{凹1}=9$ mm;$R_{凹2}=6.5$ mm;$R_{凹3}=4$ mm;$R_{凹4}=3$ mm。

根据 $R_{凸n}=(0.7\sim1) R_{凹n}$,因此取 $R_{凸1}=7$ mm;$R_{凸2}=6$ mm;$R_{凸3}=4$ mm;$R_{凸4}=3$ mm。

(6)调整毛坯直径

设第一次拉入凹模的材料比实际需要多 5%,修正后毛坯直径为

$$D=\sqrt{7\,630\times1.05+5\,104}=115 \text{ mm}$$

第一次拉深高度为

$$h_1=0.25(D^2-d_t^2)/d_1+0.43(r_1+R_1)+0.14(r_1^2-R_1^2)/d_1$$

因 $D=115$ mm,$d_t=80$ mm,$d_1=56$ mm,$r_1=8$ mm,$R_1=10$ mm,故

$$h_1=38.1 \text{ mm}$$

(7)校核第一次相对高度

查表 4-14,$d_t/d_1=80/56=1.43$,$t/D\times100=(2/115)\times100=1.74$,许可相对最大高度 $[h_1/d_1]=0.74>h_1/d_1=38.1/56=0.68$。

(8)计算以后各次拉深高度

设第二次多拉入 3% 的材料,先求假想毛坯

$$D_2=\sqrt{7\,630\times1.03+5\,104}=114 \text{ mm}$$

$$h_2=0.25(D_2^2-d_t^2)/d_2+0.43(r_2+R_2)+0.14(r_2^2-R_2^2)/d_2$$

因 $D=114$ mm,$d_t=80$ mm,$d_2=43$ mm,$r_2=7$ mm,$R_2=7.5$ mm,故

$$h_2=44.6 \text{ mm}$$

设第三次多拉入 1.5% 的材料,先求假想毛坯:

$$D_3=\sqrt{7\,630\times1.015+5\,104}=113.4 \text{ mm}$$

$$h_3=0.25(D_3^2-d_t^2)/d_3+0.43(r_3+R_3)+0.14(r_3^2-R_3^2)/d_3$$

因 $D_3=113.4$ mm,$d_t=80$ mm,$d_3=34$ mm,$r_3=5$ mm,$R_2=5$ mm,故

$$h_3 = 51.8 \text{ mm}, h_4 = 60 \text{ mm}$$

（9）绘制工序图

工序图如图 4-31 所示。

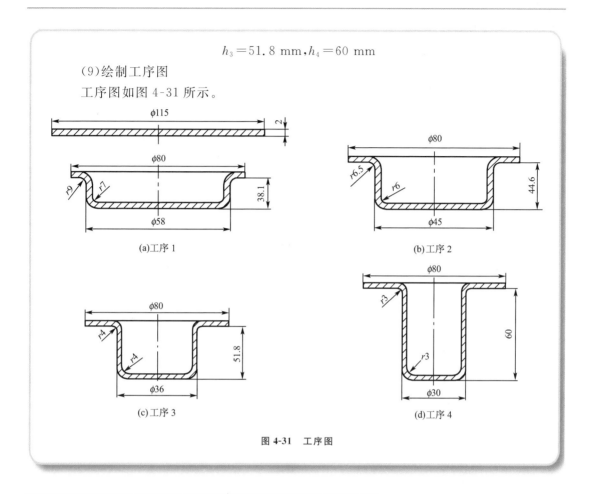

(a)工序 1　　　　　　　　　　　(b)工序 2

(c)工序 3　　　　　　　　　　　(d)工序 4

图 4-31　工序图

十、压边力、拉深力的计算及压力机吨位的选择

■ （一）压边力的计算

压边装置可分为弹性压边装置和刚性压边装置。在单动压力机上拉深时一般使用弹性压边装置，在双动压力机上拉深时一般使用刚性压边装置。当需要采用压边装置时，压边力的大小必须合适。具体压边力的计算见表 4-18。

表 4-18　　　　　　　　　　　拉深时压边力的计算

拉深类别	计算公式
任何形状的拉深件	$F_压 = Ap$
圆筒件首次拉深	$F_压 = \dfrac{\pi}{4}[d_0^2 - (d_1 + 2r_凹)^2]p$
圆筒件以后各次拉深	$F_压 = \dfrac{\pi}{4}[d_{n-1}^2 - (d_n + 2r_凹)^2]p$

注：A 表示压边圈内毛坯的面积（mm²）；d_n 表示拉深件直径（mm）；p 表示单位压力力（Pa）；$r_凹$ 表示圆筒件凹模圆角半径（mm）。

p 值可以由经验公式求得，即

$$p = 48(Z - 1.1)\frac{D}{t} \cdot \sigma_b \times 10^{-5} \tag{4-18}$$

式中　Z——各工序拉深系数的倒数；

D——毛坯直径，mm；

t——材料厚度，mm；

σ_b——毛坯材料的抗拉强度，MPa。

p 值也可以直接由表 4-19 或表 4-20 中查得。

表 4-19 　　　　　　　　　　　单位压边力　　　　　　　　　　　　　MPa

材料	p	材料	p
软钢 $t \leqslant 0.5$ mm	2.5～3.0	黄铜	1.5～2.0
软钢 $t > 0.5$ mm	2.0～2.5	不锈钢	3.0～4.5
铝	0.8～1.2	压轧青铜	2.0～2.5
紫铜、杜拉铝(退火)	1.2～1.8	20 钢、08 钢、镀锡钢板	2.5～3.0

表 4-20 　　　　　　　在双动压力机上拉深时单位压边力的数值　　　　　　　MPa

工序复杂程度	单位压边力 p
难加工件	3.7
普通加工件	3
容易加工件	2.5

(二)拉深力的计算

在确定拉深件所需要的压力机的吨位时，必须先求得拉深力。如果给定了毛坯的材质、直径 D、拉深凹模直径 d 及凹模圆角半径 $r_{凹}$，则在拉深圆筒件时，其最大拉深力为

$$F_{max} = 3(\sigma_b + \sigma_s)(D - d - r_{凹})t \qquad (4-19)$$

式中　σ_b——材料的抗拉强度，MPa；

　　　　σ_s——材料的屈服强度，MPa；

　　　　d——拉深凹模直径，mm。

为了更简单地计算拉深力，常采用如下实用公式进行计算：

圆筒件首次拉深采用压边圈：

$$F_{max} = \pi d_1 t \sigma_b K_1 \qquad (4-20)$$

圆筒件以后各次拉深采用压边圈：

$$F_{max} = \pi d_n t \sigma_b K_2 \qquad (4-21)$$

式中　d_1——初次拉深时凸模的直径，mm；

　　　　d_n——多次拉深时凸模的直径，mm；

　　　　K_1、K_2——系数，分别见表 4-21 和表 4-22；

　　　　σ_b——材料的抗拉强度，MPa。

表 4-21 　　　　　　　　　　钢板系数 K_1(08～15 钢)

$t/d_0(\%)$	K_1									
	初次拉深系数 d_1/d_0									
	0.45	0.48	0.50	0.52	0.55	0.60	0.65	0.70	0.75	0.80
5.0	0.95	0.85	0.75	0.65	0.60	0.50	0.42	0.35	0.28	0.20
2.0	1.10	1.00	0.90	0.80	0.75	0.60	0.50	0.42	0.35	0.25
1.2	—	1.10	1.00	0.90	0.80	0.68	0.56	0.47	0.37	0.30
0.8	—	—	1.10	1.00	0.90	0.75	0.60	0.50	0.40	0.33
0.5	—	—	—	1.10	1.00	0.82	0.67	0.55	0.46	0.36
0.2	—	—	—	—	1.10	0.90	0.75	0.60	0.50	0.40
0.1	—	—	—	—	—	1.10	0.90	0.75	0.60	0.50

表 4-22　　　　　　　　　　　　　　　钢板系数 K_2（08～15 钢）

$t/d_0(\%)$	K_2									
	第二次拉深系数 m_2									
	0.7	0.72	0.75	0.78	0.80	0.82	0.85	0.88	0.90	0.92
5.0	0.85	0.70	0.60	0.50	0.42	0.32	0.28	0.20	0.15	0.12
2.0	1.10	0.90	0.75	0.60	0.52	0.42	0.32	0.25	0.20	0.14
1.2	—	1.10	0.90	0.75	0.62	0.52	0.42	0.30	0.25	0.16
0.8	—	—	1.00	0.82	0.70	0.57	0.46	0.35	0.27	0.18
0.5	—	—	1.10	0.90	0.76	0.63	0.50	0.40	0.30	0.20
0.2	—	—	—	1.00	0.85	0.70	0.56	0.44	0.33	0.23
0.1	—	—	—	1.10	1.00	0.82	0.68	0.55	0.40	0.30

（三）压力机公称压力的选择

选用普通单动压力机时，压边力与拉深力是同时产生的（压边力由弹性装置产生），因此计算总拉深力应包括压边力。压力机的吨位 $F_压$ 应大于拉深力 F_{max} 与压边力 F_Y 之和，即

$$F_压 > F_{max} + F_Y \tag{4-22}$$

选用双动压力机时，压力机内滑块（拉深滑块）的公称压力应大于拉深力；压力机外滑块（压边滑块）的公称压力应大于压边力。

拉深力 F 是随拉深高度变化的。压力机的最大压力（公称压力）作用在滑块（凸模）下降到接近工作行程的下止点位置。而在拉深变形过程中，所需要的最大拉深力并非作用在凸模下降到接近行程的下极限点位置，而是作用在凸模进入凹模的深度等于凸模圆角半径 $r_凸$ 与凹模圆角半径 $r_凹$ 之和的位置时。

根据压力机曲线与冲压变形力曲线的关系（图 4-32），压力机允许的压力曲线应全部包围冲压变形力曲线。因此，当拉深行程较大，特别是采用落料拉深复合模时，不能简单地将落料力与拉深力叠加去选择压力机吨位，而是应该根据压力机压力曲线与冲压变形力曲线之间的关系来选择；否则，很可能由于过早出现最大冲压力而使压力机超载损坏。

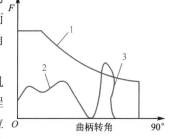

图 4-32　冲压变形力与压力机曲线
1—压力机压力曲线；
2—拉深力曲线；3—落料力曲线

为了选用方便，通常进行概略估算，即

浅拉深时　　　　　　　　　　　　　$F_总 \leqslant (0.7 \sim 0.8) F_压$　　　　　　　（4-23）

深拉深时　　　　　　　　　　　　　$F_总 \leqslant (0.5 \sim 0.6) F_压$　　　　　　　（4-24）

式中　$F_总$——拉深力和压边力之和，选用复合模时，还包括其他变形力；

$F_压$——压力机的公称压力。

（四）拉深功与功率计算

由于拉深工作行程长，消耗功较多，因此对拉深变形还需要验算压力机的电动机功率，拉深力并不是常数，而是随凸模的工作行程改变的，如图 4-33 所示。为了计算实际的拉深功（曲线下的面积），不能用最大拉深力 F_{max}，而应该用平均拉深力 $F_{平均}$。

不变薄拉深的拉深功为

$$W = F_{平均} h \times 10^{-3} = C F_{max} h \times 10^{-3} \tag{4-25}$$

式中 $F_{\max}$——最大拉深力，N；

      $F_{平均}$——平均拉深力，N；

      h——拉深深度，mm；

      C——$F_{平均}/F_{\max}$，一般取 $C \approx 0.6 \sim 0.8$。

拉深功率 $P(\mathrm{kW})$ 为

$$P = (Wn)/(60 \times 750 \times 1.36) \tag{4-26}$$

压力机的电动机功率 $P_{电}(\mathrm{kW})$ 为

$$P_{电} = (KWn)/(60 \times 750 \times 1.36 \eta_1 \eta_2) \tag{4-27}$$

式中 K——不平衡系数，$K = 1.2 \sim 1.4$；

      η_1——压力机效率，$\eta_1 = 0.6 \sim 0.8$；

      η_2——电动机效率，$\eta_2 = 0.9 \sim 0.95$；

      n——压力机每分钟行程次数。

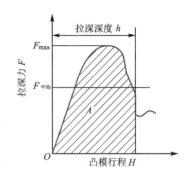

图 4-33 拉深力-行程图

十一、拉深模凸、凹模工作部分结构参数确定

拉深模工作部分结构内容包括：凸、凹模圆角半径；拉深模凸、凹模间隙；凸、凹模工作部分尺寸和拉深模凸、凹模结构。

■ （一）凸、凹模圆角半径的确定

1. 凹模圆角半径 $R_{凹}$

圆筒件首次拉深时凹模圆角半径的计算公式为

$$R_{凹1} = 0.8\sqrt{(d_0 - d)t} \tag{4-28}$$

或

$$R_{凹1} = C_1 C_2 t \tag{4-29}$$

式中 C_1——考虑材料力学性能的系数，对于软钢、硬铝，$C_1 = 1$；对于纯铜、黄铜、铝，$C_1 = 0.8$；

      C_2——考虑板厚与拉深系数的系数，见表 4-23。

表 4-23   拉深凹模圆角半径系数 C_2

材料厚度/mm	拉深件直径/mm	C_2		
		拉深系数 m_1		
		$0.48 \sim 0.55$	$0.55 \sim 0.6$	$\geqslant 0.6$
0.5	$\leqslant 50$	$7 \sim 9.5$	$6 \sim 7.5$	$5 \sim 6$
	$50 \sim 200$	$8.5 \sim 10$	$7 \sim 8.5$	$6 \sim 7.5$
	200	$9 \sim 10$	$8 \sim 10$	$7 \sim 9$
$0.5 \sim 1.5$	$\leqslant 50$	$6 \sim 8$	$5 \sim 6.5$	$4 \sim 5.5$
	$50 \sim 200$	$7 \sim 9$	$6 \sim 7.5$	$5 \sim 6.5$
	200	$8 \sim 10$	$7 \sim 9$	$6 \sim 8$
$1.5 \sim 3$	$\leqslant 50$	$5 \sim 6.5$	$4.5 \sim 5.5$	$4 \sim 5$
	$50 \sim 200$	$6 \sim 7.5$	$5 \sim 6.5$	$4.5 \sim 5.5$
	200	$7 \sim 8.5$	$6 \sim 7.5$	$5 \sim 6.5$

以后各次拉深时，凹模的圆角半径应该逐渐减小，即

$$R_{凹n} = (0.6 \sim 0.8)R_{凹n-1} \tag{4-30}$$

根据工艺要求，$R_{凹}$ 不应小于材料厚度的 2 倍。如果零件凸缘处圆角半径太小，则应该在末次拉深以后增加一道整形工序，使之达到零件的技术要求。

表 4-24 所列拉深凹模的圆角半径即根据上面的公式制定的。

表 4-24	拉深凹模圆角半径 $R_凹$					mm
$D-d$	$R_凹$					
	$t \leqslant 1$	$t=1\sim1.5$	$t=1.5\sim2$	$t=2\sim3$	$t=3\sim4$	$t=4\sim6$
$\leqslant 10$	2.5	3.5	4	4.5	5.5	6.5
$10\sim20$	4	4.5	5.5	6.5	7.5	9
$20\sim30$	4.5	5.5	6.5	8	9	11
$30\sim40$	5.5	6.5	7.5	9	10.5	12
$40\sim50$	6	7	8	10	11.5	14
$50\sim60$	6.5	8	9	11	12.5	15.5
$60\sim70$	7	8.5	10	12	13.5	16.5
$70\sim80$	7.5	9	10.5	12.5	14.5	18
$80\sim90$	8	9.5	11	13.5	15.5	19
$90\sim100$	8	10	11.5	14	16	20
$100\sim110$	8.5	10.5	12	14.5	17	20.5
$110\sim120$	9	11	12.5	15.5	18	21.5
$120\sim130$	9.5	11.5	13	16	18.5	22.5
$130\sim140$	9.5	11.5	13.5	16.5	19	23.5
$140\sim150$	10	12	14	17	20	24
$150\sim160$	10	12.5	14.5	17.5	20.5	25

2. 凸模圆角半径 $R_凸$

凸模圆角半径 $R_凸$ 太小，在拉深变形的过程当中，危险断面处容易拉断。但 $R_凸$ 太大，会使拉深初始阶段不与模具接触的毛坯宽度增大，因而这部分材料容易起皱(内皱)。

(1)首次拉深时，选用凸模圆角半径 $R_凸$ 等于或略小于凹模圆角半径 $R_凹$，即

$$R_凸=(0.7\sim1.0)R_凹 \tag{4-31}$$

(2)末次拉深时，凸模圆角半径 $R_{凸n}$ 应等于零件的内圆角半径 R，但必须满足 $R_{凸n} \geqslant (2\sim3)t$，否则要增加整形工序。

(3)中间各次拉深时，对于旋转体零件而言，应尽可能使

$$R_{凸n}=\frac{d_{n-1}-d_n-2t}{2} \tag{4-32}$$

(二)拉深模凸、凹模间隙

拉深模凸、凹模的单边间隙 Z 等于凹模直径与凸模直径差值的一半。间隙应合理选取，Z 过小会增大摩擦力，使得拉深件容易破裂，并且容易擦伤表面以及降低模具寿命；Z 过大，又容易使拉深件起皱，且影响工件的精度。在进行拉深模设计确定凸、凹模的有关尺寸时，必须先确定该间隙。并且应根据材质、材料厚度偏差、制件的尺寸精度、表面粗糙度、模具使用寿命以及毛坯在拉深中外缘的变厚现象等条件综合考虑。圆筒件拉深间隙可以按照下列方法确定：

1. 不用压边圈时

$$Z=(1\sim1.1)t_{max} \tag{4-33}$$

式中　Z——单边间隙，末次拉深时或精密拉深件取小值，中间拉深时取大值；

　　　t_{max}——材料厚度的最大极限尺寸，mm。

2. 使用压边圈时

使用压边圈时，间隙按表 4-25 选取。

表 4-25　　　　　　　　　　　有压边圈拉深时单边间隙 Z

总拉深次数	拉深工序	单边间隙 Z	总拉深次数	拉深工序	单边间隙 Z
1	第一次拉深	$(1\sim1.1)t$		第一、二次拉深	$1.2t$
2	第一次拉深	$1.1t$	4	第三次拉深	$1.1t$
	第二次拉深	$(1\sim1.05)t$		第四次拉深	$(1\sim1.05)t$
3	第一次拉深	$1.2t$		第一、二、三次拉深	$1.2t$
	第二次拉深	$1.1t$	5	第四次拉深	$1.1t$
	第三次拉深	$(1\sim1.05)t$		第五次拉深	$(1\sim1.05)t$

注：①t 材料厚度，取材料厚度允许偏差的中间值。

　　②拉深精密零件时，最后一次拉深间隙取 $Z=t$。

3. 精度要求较高的拉深件

对于精度要求较高的拉深件，为了减小拉深后的回弹，降低零件的表面粗糙度，常采用负间隙拉深，间隙取 $Z=(0.9\sim0.95)t$。

4. 多次拉深工序

在多次拉深工序中，除了最后一次拉深外，间隙的取向是没有规定的。对于最后一次拉深：尺寸标注在外径的拉深件，以凹模为准，间隙取在凸模上，即减小凸模尺寸得到间隙；尺寸标注在内径的拉深件，以凸模为准，间隙取在凹模上，即增大凸模尺寸得到间隙。

（三）凸、凹模工作部分尺寸计算及凸、凹模制造公差

1. 凸、凹模工作部分尺寸计算

拉深凸、凹模工作部分尺寸计算及凸、凹模制造公差的确定，仅在最后一道工序考虑，对于中间工序没有必要严格要求。因此，模具尺寸可以直接取工序尺寸。最后一道工序拉深模凸、凹模工作部分尺寸及公差应根据工件的要求来确定。确定凸、凹模工作部分尺寸时，还应考虑模具的磨损和拉深件的弹复，如图 4-34 所示。

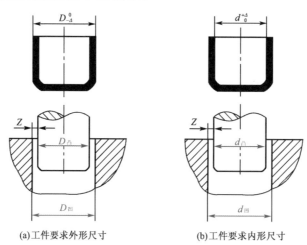

(a) 工件要求外形尺寸　　　　　(b) 工件要求内形尺寸

图 4-34　工件尺寸与凸、凹模工作部分尺寸

（1）工件要求外形尺寸时（图 4-34(a)），以凹模尺寸为基准进行计算。

凹模尺寸为

$$D_{凹}=(D-0.75\Delta)^{+\delta_{凹}}_{0} \tag{4-34}$$

凸模尺寸为

$$D_凸 = (D - 0.75\Delta - 2Z)_{-\delta_凹}^{0} \qquad (4-35)$$

（2）工件要求内形尺寸时（图 4-34(b)），以凸模尺寸为基准进行计算。

凸模尺寸为

$$d_凸 = (d + 0.4\Delta)_{-\delta_凸}^{0} \qquad (4-36)$$

凹模尺寸为

$$d_凹 = (d + 0.4\Delta + 2Z)_{0}^{+\delta_凸} \qquad (4-37)$$

（3）对中间工序凸、凹模尺寸

取凸、凹模尺寸等于毛坯的过渡尺寸。若以凹模为基准，则

凹模尺寸为

$$D_凹 = D_{0}^{+\delta_凹} \qquad (4-38)$$

凸模尺寸为

$$D_凸 = (D - 2Z)_{-\delta_凸}^{0} \qquad (4-39)$$

式中　Δ——工件公差；

　　　$\delta_凸$——凸模制造公差；

　　　$\delta_凹$——凹模制造公差；

　　　Z——凸、凹模单边间隙。

2. 凸、凹模制造公差

圆筒件拉深模凸、凹模制造公差根据工件的材料厚度与工件直径来选定，见表 4-26。

表 4-26　　　　　　　　　　圆筒件拉深模凸、凹模制造公差　　　　　　　　　　mm

材料厚度 t	工件直径的公称尺寸							
	10		10~50		50~200		200~500	
	$\delta_凹$	$\delta_凸$	$\delta_凹$	$\delta_凸$	$\delta_凹$	$\delta_凸$	$\delta_凹$	$\delta_凸$
0.25	0.015	0.010	0.02	0.010	0.03	0.015	0.03	0.015
0.35	0.020	0.010	0.03	0.020	0.04	0.020	0.04	0.025
0.50	0.030	0.015	0.04	0.030	0.05	0.030	0.05	0.035
0.80	0.040	0.025	0.06	0.035	0.06	0.040	0.06	0.040
1.00	0.045	0.030	0.07	0.040	0.08	0.050	0.08	0.060
1.20	0.055	0.040	0.08	0.050	0.09	0.060	0.10	0.070
1.50	0.065	0.050	0.09	0.060	0.10	0.070	0.12	0.080
2.00	0.080	0.055	0.11	0.070	0.12	0.080	0.14	0.090
2.50	0.095	0.060	0.13	0.085	0.15	0.100	0.17	0.120
3.50	—	—	0.15	0.100	0.18	0.120	0.20	0.140

注：①此表中数据适用于未精压的薄钢板。

　　②如用精压钢板，则凸、凹模的制造公差取表中数据的 20%~25%。

　　③如用有色金属，则凸、凹模的制造公差取表中数据的 50%。

3. 拉深凸模排气孔尺寸

当凸、凹模间隙较小或制件较深时，为便于凸模下行时制件封闭的容腔内气体的顺利排出，避免制件变形及黏膜拉裂，通常在凸模上开有排气槽，如图 4-35 所示。凸模排气孔直径的大小可查表 4-27。

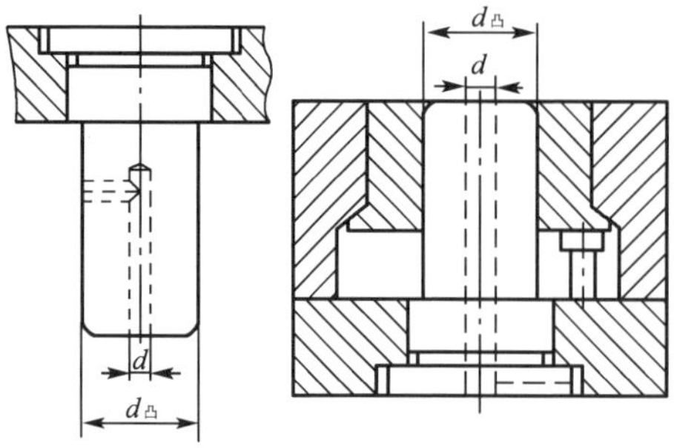

表 4-27		凸模排气孔直径		mm
凸模直径	≤50	50～100	100～200	＞200
排气孔直径	5	6.5	8	9.5

图 4-35　拉深凸模排气孔

（四）常用拉深凸模和凹模结构

1. 不使用压边圈的拉深模的凸模和凹模结构

如图 4-36 所示为不使用压边圈的拉深凹模的结构。图 4-36（a）所示形式为普通带圆弧的平端面凹模结构形式，毛坯的定位可以使用定位销等定位装置，一般适用于大件。图 4-36（b）和图 4-36（c）所示两种凹模结构形式使毛坯在拉深时其过渡形状呈曲面状态，可以增大其抵抗失稳的能力，对拉深变形有利，可以提高零件质量，减小拉深系数，一般适用于小件。如图 4-37所示的凹模结构形式适用于无压边圈的多次拉深模的工作部分结构。

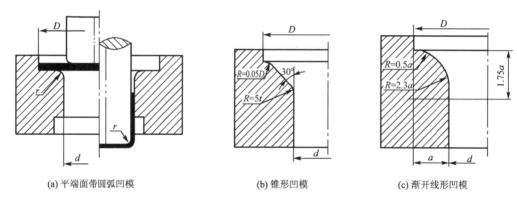

(a) 平端面带圆弧凹模　　　　(b) 锥形凹模　　　　(c) 渐开线形凹模

图 4-36　不使用压边圈的拉深凹模的结构

2. 使用压边圈的拉深模的工作部分结构

如图 4-38 所示为使用压边圈的多次拉深模的工作部分结构。其中图 4-38（a）所示为带圆角半径的凸模和凹模结构形式，适用于拉深尺寸较小（$d \leqslant 100$ mm）的零件，以及带宽凸缘与形状复杂的零件。图 4-38（b）所示为带有斜角的凸模与凹模结构形式。这种结构形式可以使毛坯在下次拉深工序中容易定位，能减轻毛坯的反复弯曲变形，改善拉深时材料变形的条件，减少材料的变薄，有利于提高冲压件的侧壁质量，一般适用于拉深尺寸较大的中型和大型尺寸的圆筒件。对于非圆形工件，$n-1$ 次拉伸底部做成斜角有利于成形。对于有斜角的凸模，其圆角半径应增大到 $R_{凸}=(1.5 \sim 2)R_{凹}$。凸模圆角半径和凹模圆角半径以及压边圈圆角半径之间的关系如图 4-37 和图 4-38 所示。

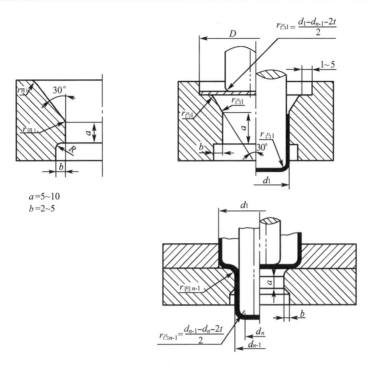

图 4-37　无压边圈的多次拉深模的工作部分结构

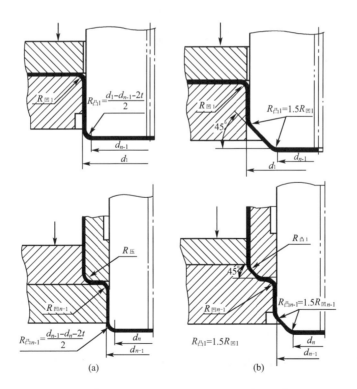

图 4-38　使用压边圈的多次拉深模的工作部分结构

十二、常用拉深模结构

拉深模设计具有拉深工艺计算复杂、模具结构相对简单的特点。拉深模种类繁多,可以按照不同的特征进行分类。按工艺特点可以分为简单拉深模、复合拉深模和级进拉深模;按工艺顺序可以分为首次拉深模和以后各次拉深模;按模具结构特点可以分为带导柱、不带导柱、带压边圈和不带压边圈的拉深模;按使用的压力机可以分为单动压力机用和双动压力机用拉深模。

(一)首次拉深模

1.无压边装置的首次拉深模

图 4-39 所示为一副无压边圈的首次拉深模的结构,适用于拉深变形程度不大,相对厚度(t/D)较大的零件。拉深凸模直接固定在模柄上,拉深凹模用螺钉固定在下模座上,毛坯由定位板定位,卸料靠工件口部拉深后弹性恢复张开,在凸模上行时被凹模下底面刮落,凸模上开有排气孔,可以使拉深的圆筒件不至于紧贴在凸模上,影响工件的刮落。

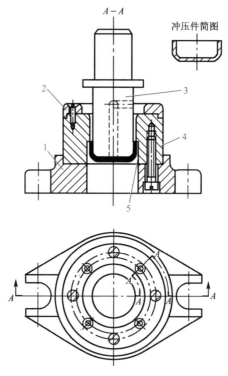

图 4-39 无压边圈的首次拉深模

1—下模座;2—定位板;3—凸模;4—凹模;5—脱料颈

2.带压边装置的首次拉深模

如图 4-40 所示为一副压边圈安装在上模的正装首次拉深模。该模具适用于拉深深度不大的工件。因为弹性元件安装在上模,所以凸模长度较大。如图 4-41 所示为一副压边圈安装在下模部分的倒装拉深模。因为压边圈的弹性元件或气垫安装在压力机的工作台面下面,所以弹性元件工作的压缩行程较大,可以用来拉深深度较大的拉深件。锥形压边圈在拉深时先将毛坯压成锥形,使毛坯先产生一定的收缩,然后再拉深成圆筒形。

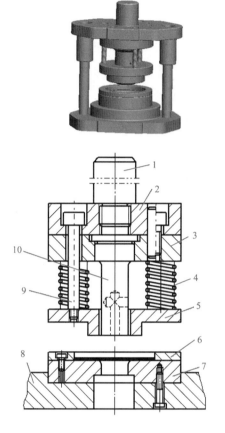

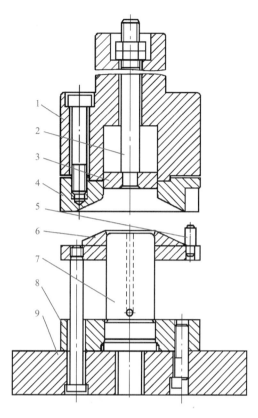

图 4-40 带压边圈正装首次拉深模

1—模柄;2—上模座;3—凸模固定板;4—弹簧;5—压边圈;
6—定位板;7—凹模;8—下模座;9—卸料螺钉;10—凸模

图 4-41 带锥形压边圈的倒装拉深模

1—上模座;2—推杆;3—推件板;4—锥形凹模;5—限
位柱;6—锥形压边圈;7—拉深凸模;8—凸模固定板;
9—下模座

（1）弹性压边装置

常用压边装置可分为弹性压边装置和刚性压边装置两类。如图 4-42 所示为普通单动压力机用弹性压边装置。气垫安装在压力机的工作台下，弹簧垫和橡皮垫一般安装在模具上，有

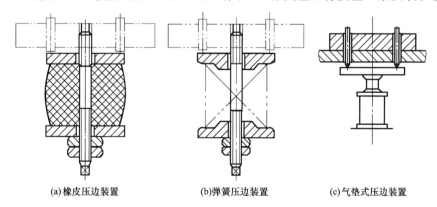

(a)橡皮压边装置　　　　(b)弹簧压边装置　　　　(c)气垫式压边装置

图 4-42 弹性压边装置

时作为通用缓冲器也可以安装在压力机的工作台下。这三种弹性压边装置的压边力随压力机行程变化的曲线如图4-43所示：气垫式压边装置的压边力随行程变化很小,可以认为不变,因此压边效果较好。弹簧压边装置和橡皮压边装置的压边力随行程的增大而增大,特别是橡皮压边装置更为严重。拉深变形随着拉深深度的增加,凸缘变形区的材料不断减少,需要的压边力也应逐渐减小。因此,弹簧和橡皮压边装置在这种情况下,就会使拉深力增大,导致零件拉裂,故弹簧和橡皮压边装置通常只适用于浅拉深。由于气垫结构较复杂,制造不容易,且必须使用压缩空气,小厂往往不具备这些条件,因此在普通单动的中、小型压力机上,还是广泛使用橡皮和弹簧压边装置。选择弹簧时应选总压缩量大,压边力随压缩量增加缓慢的弹簧;而橡皮则应选择软橡皮,且橡皮的总高度不应小于拉深行程(压缩量)的5倍,橡皮的高度在不影响模具结构的前提下越大越好。

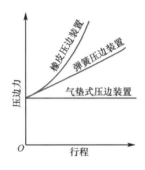

图4-43 压边力和行程的关系

在拉深过程中,为了保持压边力的均衡,防止将坯料压得过紧,可以采用带限位装置的压边圈。如图4-44所示。限位装置可以使压边圈和凹模之间始终保持一定的距离 s,防止在拉深较薄板料和宽凸缘零件时,压边圈将毛坯压得太紧。拉深钢件时,$s=1.2t$;拉深铝合金工件时,$s=1.1t$;拉深带凸缘工件时,$s=t+(0.05\sim0.1)$mm。

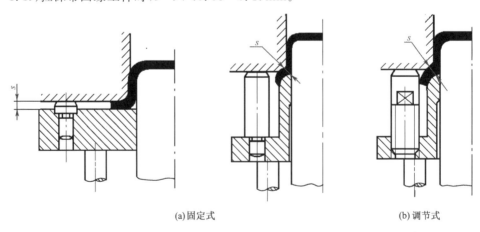

(a)固定式　　　　　　　　　　　(b)调节式

图4-44 带限位装置的压边圈

(2)刚性压边装置

刚性压边装置在双动压力机上利用外滑块压边。这种压边装置的特点是压边力不随压力机行程变化,拉深效果较好,且模具结构简单。如图4-45所示为双动压力机用刚性压边装置的工作原理。曲轴旋转,通过凸轮带动外滑块使压边圈将毛坯压紧在凹模上,接着由内滑块带动凸模对毛坯进行拉深。拉深过程中,外滑块保持不动以保证压边圈对毛坯的持续压紧。由于毛坯凸缘变形区在拉深过程中厚度有增大现象,所以在调整模具时,应该使 c 略大于板厚 t。如图 4-46 所示为带刚性压边装置的拉深模,它适用于拉深高度较大的零件。

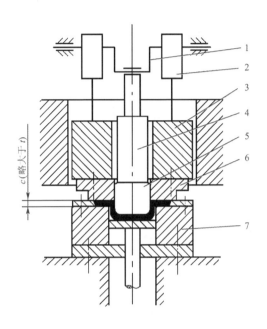

图 4-45　双动压力机用刚性压边装置的工作原理

1—曲柄;2—凸轮;3—外滑块;4—内滑块;

5—凸模;6—压边圈;7—凹模

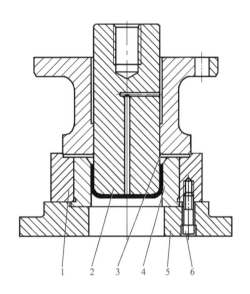

图 4-46　带刚性压边装置的拉深模

1—固定板;2—拉深凸模;3—刚性压边圈;

4—拉深凹模;5—下模座;6—固定螺钉

(二)以后各次拉深模

1. 无压边装置的以后各次拉深模

以后各工序中毛坯为半成品圆筒件,其定位与首次拉深时片状毛坯的定位完全不同,常采用如下方法来定位:利用专门设计制作的定位板;在凹模上加工出供半成品定位用的凹窝;利用半成品用凸模来定位。如图 4-47 所示为无压边装置的以后各次拉深模,它适用于拉深直径缩小量不大的工件。

2. 带压边装置的以后各次拉深模

如图 4-48 所示为一副带压边装置的以后各次拉深模。该模具为常见结构形式,其中毛坯的定位是利用压边圈的外形,也就是说压边圈的外形应该与毛坯的内形相配合。拉深后零件如果留在下模拉深凸模上,则由弹顶装置推动压边圈将零件从拉深凸模上刮掉;如果拉深后零件留在上模拉深凹模内,则上模上行后由打杆推动推件板将零件从拉深凹模内推出。

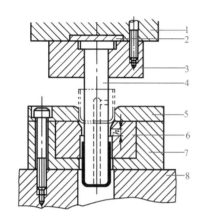

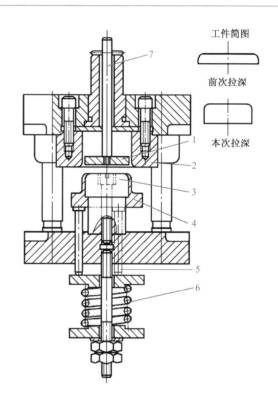

图 4-47　无压边装置的以后各次拉深模

1—上模座；2—垫板；3—凸模固定板；4—凸模；

5—定位板；6—凹模；7—凹模固定板；8—下模座

图 4-48　带压边装置的以后各次拉深模

1—推件板；2—拉深凹模；3—拉深凸模；

4—压边圈；5—顶杆；6—弹簧；7—打杆

十三、落料拉深复合模

　　如图 4-49 所示为正装式落料拉深复合模。其中落料工序由凸凹模和落料凹模完成；拉深由凸凹模和拉深凸模完成。拉深凸模的高度比落料凹模低，因此可以保证先落料再拉深。弹性压边装置安装在下模座。

　　如图 4-50 所示为落料、正、反拉深复合模。其中落料由落料凹模和落料拉深凸凹模完成，正拉深由落料拉深凸凹模和拉深凸凹模完成，反拉深由拉深凸凹模和反拉深凸模完成。正拉深时由压边圈压边，反拉深时无压边装置。零件留在上模反拉深凸模上时，由打料装置推动推杆，推杆再推动推件板，从而将零件从凸凹模推出。零件留在下模拉深凸凹模内时，直接由弹簧顶出。

　　图 4-51 所示为一副再次拉深、冲孔、切边复合模。前道工序已经拉深出 45°斜角，压边圈外形与毛坯内形相吻合。其中由拉深、切边凹模和拉深凸模上部完成拉深。

　　底部压形由拉深凸模和推件板完成；底部冲孔由冲孔凸模和冲孔凹模完成。限位螺钉可以防止压边装置对毛坯压边太大，起限位作用。当行程快终了时，由拉深、切边凹模和拉深凸模下部完成切边。利用该方法对圆筒件切边的原理如图 4-52 所示。在拉深凸模的下部固定有带锋利刃口的切边凸模，拉深凹模同时起切边凹模的作用，它们之间的尺寸关系如图所示。因为凹模没有锋利的刃口，所以切边处有较大的毛刺，也称该方法为挤口。零件留在下模以及切边废料由压边圈通过弹顶装置顶出；零件留在上模由推件从凹模中推出。

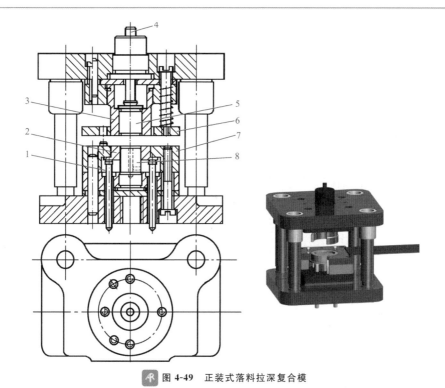

图 4-49　正装式落料拉深复合模

1—顶杆；2—压边圈；3—凸凹模；4—推杆；5—推件板；6—卸料板；7—落料凹模；8—拉深凸模

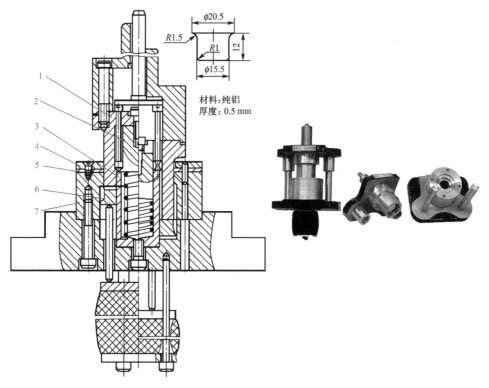

$\phi20.5$

$R1.5$　$R1$　12

$\phi15.5$

材料：纯铝
厚度：0.5 mm

图 4-50　落料、正、反拉深复合模

1—落料拉深凸凹模；2—反拉深凸模；3—拉深凸凹模；4—卸料板；5—导料板；6—压边圈；7—落料凹模

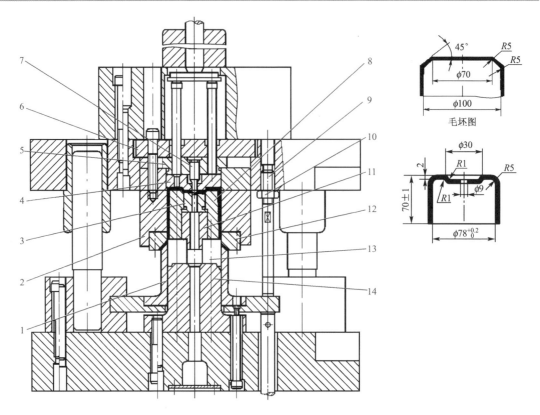

图 4-51　再次拉深、冲孔、切边复合模

1—压边圈；2—凹模固定板；3—冲孔凹模；4—推件板；5—冲孔凸模固定板；6—垫板；7—冲孔凸模；
8—拉深凸模；9—限位螺钉；10—螺母；11—垫柱；12—拉深、切边凹模；13—切边凸模；14—固定板

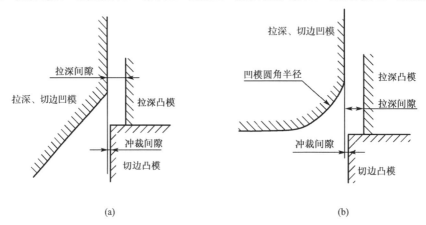

图 4-52　圆筒件切边原理

如图 4-53 所示为同时完成两个零件的落料、拉深、冲底等的多工序复合模。图 4-54 为零件图。其工作过程为：压力机滑块下行，落料冲头与落料凹模完成大件的落料，与此同时大件拉深凸模与拉深凹模开始大件拉深，拉深高度由落料冲头控制；与此同时小件拉深凸模与大件拉深凸模开始对小件进行拉深，拉深高度由大件拉深凸模内阶梯孔控制；最后由小件拉深凸模与大件拉深凸模冲去小件底部的孔。滑块上行时，分别由上、下弹顶装置以及推件装置推出。

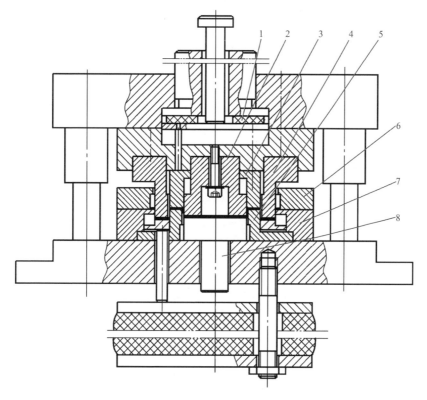

图 4-53 多工序复合模

1—小压边橡皮；2—小件拉深凸模；3—上顶料器；4—拉深凹模；

5—大件拉深凸模；6—卸料板；7—落料凹模；8—下顶料器

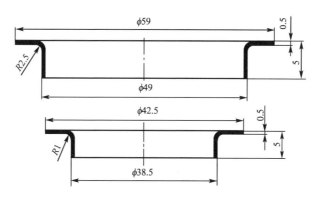

图 4-54 同时冲制的两件产品零件图

如图 4-55 所示为民爆行业雷管组成零件加强帽的落料冲孔拉深自动模。材料为铝带，压力机为双曲柄复动冲床，采用单推式卧辊自动送料装置，冲压一次同时完成加工 3 件产品，生产率非常高。模具工作过程为：落料，曲柄通过冲座带动下料冲下行，与落料凹模先共同完成落料；冲孔拉深，另一曲柄通过冲柄带动冲子与拉深凹模共同完成冲底部小孔和拉深；卸料，冲柄下行时，零件套在冲子上通过张紧的刮模；冲柄上行，张紧的剖分刮模将冲子上的零件刮下。

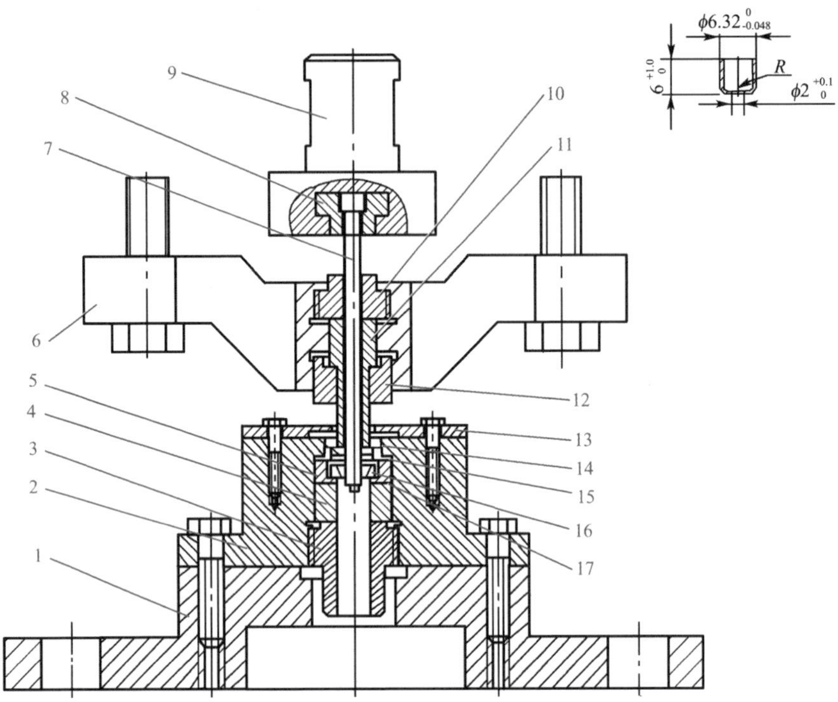

图 4-55　加强帽的落料冲孔拉深自动模

1—底座；2—镶拼模座；3—压紧螺母；4—垫环；5—模垫；6—冲座；7—冲子；8—衬板；9—冲柄；10—上压紧块；

11—下料冲；12—调节螺母；13—导料板；14—落料凹模；15—冲盂凹模；16—弹簧；17—刮模

十四、带凸缘圆筒件的冲压工艺和模具设计

带凸缘圆筒件如图 4-1 所示。

(一) 工艺参数计算

1. 毛坯尺寸

根据例 4-2 可知：

$$D=\sqrt{d_4^2+4d_2H-3.44rd_2}=\sqrt{54^2+4\times36.5\times13.8-3.44\times5.25\times36.5}\approx65 \text{ mm}$$

2. 判断能否一次拉深成形

零件厚度为 1.5 mm，大于 1 mm，应按中线尺寸计算。如图 4-1(b)所示为该零件的中线尺寸。

因为 $\dfrac{d_t}{d}=\dfrac{54}{36.5}=1.48$，所以该零件属于宽凸缘圆筒件。

拉深系数 $m=\dfrac{d}{D}=\dfrac{36.5}{65}=0.56$，$\dfrac{t}{D}\times100\%=\dfrac{1.5}{65}\times100\%=2.31\%$，查表 4-15 可知，该零件可以一次拉深成形。

3. 是否采用压边圈

根据拉深系数和毛坯相对厚度查表 4-1 及图 4-7 可知必须使用压边圈。

4.零件排样

毛坯直径为 $\phi 65$ mm,考虑到操作的安全与方便,采用单排方式。如图 4-56 所示为零件的排样图。

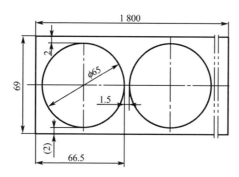

图 4-56 排样

其中搭边值查附录五选取 $a=2$ mm, $a_1=1.5$ mm。

步距 $L=D+a_1=65+1.5=66.5$ mm

条料宽度 $b=D+2a=65+2\times 2=69$ mm

5.条料尺寸

根据零件图和板料规格拟选用板料为:1.5 mm×900 mm×1 800 mm

(1)板料纵裁利用率

条料数量为

$$n_1=B/b=900/69=13$$

每条零件数为

$$n_2=(A-a_1)/L=(1\ 800-1.5)/66.5=27$$

每张板料可冲零件总数为

$$n=n_1 n_2=13\times 27=351$$

材料利用率(d 为冲去的底孔直径尺寸)为

$$\eta=\frac{[n\pi(D^2-d^2)]/4}{AB}\times 100\%=\frac{[351\times 3.14\times(65^2-11^2)]/4}{900\times 1\ 800}\times 100\%=69.8\%$$

(2)板料横裁利用率

条料数量为

$$n_1=B/b=1\ 800/69=26$$

每条零件数为

$$n_2=(B-a_1)/L=(900-1.5)/66.5=13$$

每张板料可冲零件总数为

$$n=n_1 n_2=26\times 13=338$$

材料利用率为

$$\eta=\frac{[n\pi(D^2-d^2)]/4}{AB}\times 100\%=\frac{[338\times 3.14\times(65^2-11^2)]/4}{900\times 1\ 800}\times 100\%=67.2\%$$

因此板料采用纵裁的方式时,材料的利用率高。

6. 材料消耗定额

零件净重为

$$m=st\rho=\frac{3.14\times[65^2-11^2-3\times3.2^2-(54^2-50^2)]\times10^{-2}\times1.5\times10^{-1}\times7.85}{4}=34\text{ g}=0.034\text{ kg}$$

式中,[ ]内第一项为毛坯尺寸,第二项为底孔废料尺寸,第三项为三个小孔尺寸,( )内为切边废料尺寸,低碳钢密度 $\rho=7.85\text{ g/cm}^3$。

材料消耗定额为

$$m_0=(ABt\rho)/351=(900\times10^{-1}\times1\,800\times10^{-1}\times1.5\times10^{-1}\times7.85)\times10^{-3}/351=0.054\text{ kg}$$

7. 冲压力以及压力机选取

(1)落料力

$$F_{落}=1.3\pi Dt\tau=1.3\times3.14\times65\times1.5\times294=117\,011\text{ N}$$

式中 $\tau=294$ 由表 1-2 查得。

(2)卸料力

$$F_{卸}=F_{落}K_{卸}=0.04\times117\,011=4\,680\text{ N}$$

(3)拉深力

$$F_{拉}=\pi d_1 t\sigma_b K_1=3.14\times36.5\times1.5\times392\times0.75=50\,543\text{ N}$$

式中 $K_1=0.75$ 由表 4-21 查得。

(4)压边力

$$F_{压}=\frac{\pi}{4}[D^2-(d_1+2r_{凹1})^2]p=\frac{3.14}{4}\times[65^2-(36.5+2\times5.75)^2]\times2.5=3\,770\text{ N}$$

式中 $p=2.5\text{ MPa}$ 由表 4-19 查得。

(5)压力机选取

该工序所需要的最大总压力位于离下止点 13.8 mm 稍后一点,其数值为

$$F_{总}=F_{落}+F_{卸}+F_{压}=117\,011+4\,680+3\,770=125\,461\text{ N}\approx130\text{ kN}$$

在具体确定压力机吨位时,还必须核对压力机的说明书中所给出的允许工作负荷曲线,即确保在整个冲压过程中所需要的冲压力都在压力机的许可压力范围内。假设车间现有压力机的规格为 250 kN、400 kN、630 kN、800 kN,如果选用 250 kN 的压力机,则冲压所需的总压力只有压力机公称压力的 52%。

■ (二)模具的结构形式

采用落料拉深复合模时,模具的凸凹模壁厚不能太薄,否则其零件的强度不够。当落料直径一定时,确定凸凹模壁厚的关键在于拉深件的高度。拉深件高度越大,拉深成形的直径比越大(细长),凸凹模壁厚就越厚;而拉深件太浅时,凸凹模壁厚可能太薄。该模具凸凹模壁厚 $b=(65-38)/2=13.5$ mm,满足强度要求。

模具的结构原理如图 4-57 所示,采用了落料正装、拉深倒装的结构形式,其结构特点是:标准缓冲器位于模座下方,起压边和下顶件的作用,冲压后卡在凸凹模上的条料由上弹性卸料装置来卸料,而零件则由刚性推件装置推出。该副模具的优点是操作方便,出件可靠,生产率高;其缺点主要是采用了上弹性卸料装置,导致模具结构复杂,模具轮廓增大。拉深件外形尺寸、拉深高度和材料厚度越大,所需要的卸料力越大,因此需要的弹簧越多,弹簧的长度越长,从而使得模架轮廓尺寸过分庞大,所以弹性卸料装置只适用于拉深件的深度不大、材料较薄、所需要的卸料力较小的情况。

为简化上模部分结构,也可以采用刚性卸料装置,如图 4-58 所示。刚性卸料装置固定在凹模上面,零件被刮出后容易留在刚性卸料板内,不易出件,操作不便,影响生产率,同时取件也存在安全隐患。这样的结构形式适用于拉深深度较大、材料较厚的情况。采用刚性卸料板时,也可以做成左、右各一块呈悬臂式结构,采用前后送料,并且选用可倾式压力机。

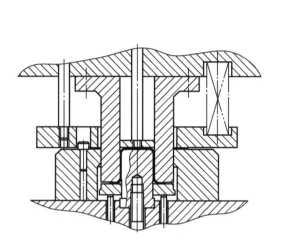

图 4-57 模具的结构原理　　　　　　图 4-58 刚性卸料装置

本例中由于拉深深度不太大,材料不厚,采用弹性卸料还是比较合适的。

从装模方便的角度考虑,该副模具采用后侧导柱导向模架。

(三)模具工作部分尺寸计算

1. 落料模

落料模采取凸模和凹模分开加工方式。

落料尺寸按未注公差计算,因此落料件尺寸为 $\phi 65_{-0.74}^{0}$ mm。

由式(2-6)得

$$D_{凹}=(D-x\Delta)_{0}^{+\delta_{凹}}=(65-0.5\times0.74)_{0}^{+0.03}=64.63_{0}^{+0.03}$$

式中 $x=0.5$、$\delta_{凹}=0.03$ 分别由表 2-5 查得,并按 IT7 级制造精度确定。

$$D_{凸}=(D-x\Delta-Z_{\min})_{-\delta_{凸}}^{0}=(65-0.5\times0.74-0.132)_{-0.02}^{0}=64.50_{-0.02}^{0}$$

式中 $Z_{\min}=0.132$、$\delta_{凸}=0.02$ 分别由表 2-4 及表 2-6 查得,同时查得 $Z_{\max}=0.24$ mm。

验算:$|\delta_{凹}|+|\delta_{凸}|=0.03+0.02=0.05$ mm $<Z_{\max}-Z_{\min}=0.24-0.132=0.108$ mm

凹模壁厚按式(2-43)进行计算,$H=Kb_{1}=0.25\times65=16$;凹模参数 C 由表 2-11 查得 30 mm,实际选取 32.5 mm。

2. 拉深模

拉深模按标注内形尺寸及未注公差进行计算,工序件尺寸为 $\phi 35_{0}^{+0.62}$ mm。

按式(4-37)计算得

$$D_{凹}=(d+0.4\Delta+2Z)_{0}^{+\delta_{凹}}=(35+0.4\times0.62+2\times1.8)_{0}^{+0.09}=38.85_{0}^{+0.09}\ \text{mm}$$

式中 Z 由表 4-25 查得,$Z=1.2t$;$\delta_{凹}$ 由表 4-26 查得,$\delta_{凹}=+0.09$ mm。

$$d_{凸}=(d+0.4\Delta)_{\delta_{凸}}=(35+0.4\times0.62)_{-0.06}^{0}=35.25_{-0.06}^{0}\ \text{mm}$$

式中 $\delta_{凸}$ 由表 4-26 查得,$\delta_{凸}=-0.06$ mm。

（四）其他零件结构尺寸计算

1. 闭合高度

$H_{模}$＝下模座厚度＋上模座厚度＋凸凹模高度＋凹模高度－（凸模与凹模刃面高度差＋拉深件高度－材料厚度）＝$40+35+62+44-(1+13.8-1.5)=167.7$ mm，故根据设备的负荷状况，选用 JA23-35 型压力机，其闭合高度为 $130\sim205$ mm。

模具闭合高度满足 $H_{max}-5\geqslant H_{模}\geqslant H_{min}+10$。

2. 上模座卸料螺钉沉孔深度

$h_2\geqslant$卸料板工作行程＋螺钉头部高度＝$15.2+8=23.2$ mm；实际选取 25.4 mm，预留有 2.2 mm 的安全余量，当凸凹模修磨量超过 2.2 mm 时，需要加深沉孔的深度。

3. 卸料螺钉长度

$$l_1=(62+0.4-12)+(35-25.4)=60 \text{ mm}。$$

4. 推杆长度

$l_2>$模柄总长＋凸凹模高度－推件块厚度＝$85+62-25=122$ mm，实际选取 $l_2=140$ mm。

（五）模具结构图

模具主要零件图及总装配图如图 4-59～图 4-61 所示。

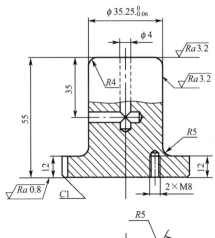

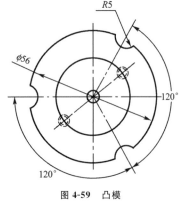

图 4-59 凸模

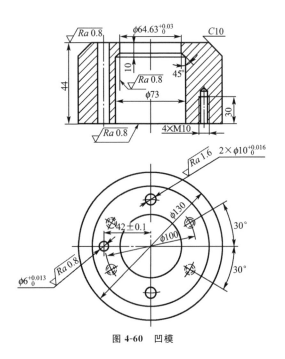

图 4-60 凹模

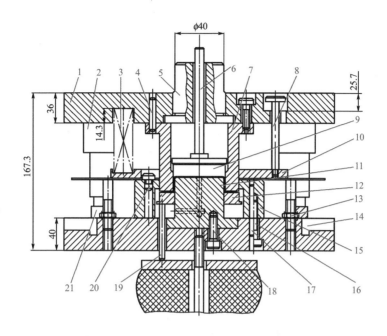

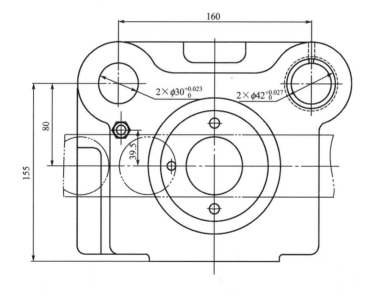

带凸缘件落料
拉深复合模

图 4-61 带凸缘件落料拉深复合模

1—上模座;2—导套;3—卸料弹簧;4、17—定位销;5—模柄;6、19—推杆;7—凸凹模;
8—卸料螺钉;9—推件块;10—卸料板;11—凸模;12—压边圈;13—螺栓;
14—下模座;15—凹模;16、18—螺钉;20—挡料销;21—导柱

最小拉深系数测定及拉深件起皱、拉裂实训

1. 实训目的

了解拉深的成形缺陷;掌握控制板料极限变形程度的措施;掌握拉深的工艺参数设计。

2. 实训内容

最小拉深系数测定及拉深件起皱、拉裂实训。本实训用时 2 学时,建议按照 6 人/组,分组完成。

3. 实训设备、仪器、工具或材料

液压机(≥2T)1 台,拉深模具 1 副,钢板坯料(图 4-62)若干,卡尺等测量工具若干,活动扳手、铜棒锤子、内六角扳手等工具若干。

4. 实训步骤

(1)了解拉深模的总体结构和工作原理。

图 4-62　钢板坯料

(2)将拉深模正确安装在液压机上,并调试到位。

(3)根据产品尺寸和材料性能,设计不同拉深系数及其他工艺参数。

(4)启动液压机,执行拉深操作。

(5)记录拉深过程及拉深工艺参数。

(6)实验结果分析。

5. 实训数据及现象记录

(1)记录拉深模安装与调试步骤。

(2)记录材料性能参数。

(3)记录坯料及产品尺寸。

(4)记录实验过程中的不同拉深系数及拉深条件。

(5)检测并记录实验产品拉深状况。正常拉深结果如图 4-63 所示,拉裂情况如图 4-64 所示,起皱情况如图 4-65 所示。

图 4-63　正常　　　　　　图 4-64　拉裂　　　　　　图 4-65　起皱

6. 实训结果分析及实验报告要求

根据实验过程及结果:

(1)比较各次拉深过程中的拉深件测量尺寸与设计尺寸(筒径 d,筒高 h,凸缘直径 d_{f})。

(2)分析实验零件产生成形质量问题的原因及控制措施。

(3)确定适合该拉深件的成形极限参数值(参考相应材料的 FLD(成形极限)图)。

素养提升

通过对一家生产差速器的企业的介绍,教育学生在实践中培养精益求精的工作态度,践行精益求精的工匠精神。更多内容扫描延伸阅读二维码进行延伸阅读与学习。

延伸阅读

//////////// 复习与思考题 ////////////

1.一圆筒件在拉深过程中出现壁部圆角破裂,而另一圆筒件在拉深中凸缘起皱,试分析原因并提出预防措施。

2.拉深件修边余量如何确定?

3.影响拉深系数的因素有哪些?

4.如图 4-66 所示拉深件,材料选用 08 钢,料厚为 1 mm。试计算毛坯尺寸、拉伸次数,确定各工序尺寸以及凸、凹模工作部分尺寸。

5.如图 4-67 所示拉深件,材料选用 08 钢,料厚为 1 mm。试计算拉伸次数及各工序尺寸。

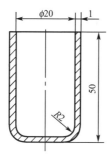

图 4-66 题 4-4 图

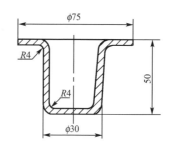

图 4-67 题 4-5 图

模块五
其他冲压成形工艺与模具设计

任务描述

- 零件名称:自行车脚踏内板。
- 零件简图:如图 5-1 所示。
- 材料:10。
- 批量:大批量。
- 工作任务:制定冲压加工工艺并设计模具。

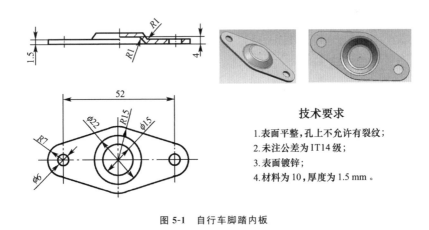

技术要求

1. 表面平整,孔上不允许有裂纹;
2. 未注公差为 IT14 级;
3. 表面镀锌;
4. 材料为 10,厚度为 1.5 mm。

图 5-1 自行车脚踏内板

一、其他冲压成形工艺与模具设计基础

在冲压生产中,除冲裁、弯曲和拉深工序以外,还有一些是通过板料的局部变形来改变毛坯的形状和尺寸的冲压成形工序,如翻边、胀形和校形等,这类冲压成形工序统称为其他冲压成形工序。

翻边是将毛坯或半成品的外边缘或孔边缘沿一定的曲线翻成竖立边缘的冲压方法。当翻

边的沿线是一条直线时,翻边变形就转变成弯曲,所以也可以说弯曲是翻边的一种特殊形式。但弯曲时毛坯的变形仅局限于弯曲线的圆角部分,而翻边时毛坯的圆角部分和边缘部分都是变形区,所以翻边变形比弯曲变形复杂得多。根据坯料的边缘状态和应力、应变状态的不同,翻边可以分为内孔翻边和外缘翻边,也可分为伸长类翻边和压缩类翻边。

（一）内孔翻边

翻边

内孔翻边可分为圆孔内孔翻边和非圆孔内孔翻边。

1. 圆孔内孔翻边

（1）圆孔内孔翻边的变形特点

将画有等距离坐标网格(图 5-2(a))的坯料放入翻边模内进行翻边(图 5-2(b))。翻边后从图 5-2(b)所示冲裁件坐标网格的变化可以看出:坐标网格由扇形变成了矩形,说明金属沿切向伸长,越靠近孔口,伸长越大。同心圆之间的距离变化不明显,即金属在径向变形很小。竖边的壁厚有所减薄,尤其在孔口处减薄较为显著。由此不难分析,翻边是坯料的变形区 d 与 D_1 之间的环形部分。变形区受两向拉应力——切向拉应力 σ_3 和径向拉应力 σ_1 的作用(图 5-2(c)),其中切向拉应力是最大主应力。在坯料孔口处切向拉应力达到最大值,因此圆孔内孔翻边的成形障碍在于孔口边缘被拉裂,破坏的条件取决于翻边时材料变形程度的大小。

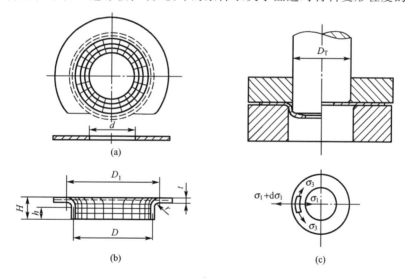

(a)

(b)　(c)

图 5-2　圆孔内孔翻边时的应力与变形情况

（2）圆孔内孔翻边的变形程度

圆孔内孔翻边的变形程度用翻边系数 K 表示,翻边系数为翻边前孔径 d 与翻边后孔径 D 的比值,即

$$K = d/D \tag{5-1}$$

显然,K 值越小,变形程度越大。翻边孔边不破裂所能达到的最小翻边系数为极限翻边系数,用 K_{min} 表示。表 5-1 列出了低碳钢的一组极限翻边系数值。

表 5-1 低碳钢的极限翻边系数 K_{min}

凸模形状	预制孔形状	K_{min}									
		预制孔相对直径 d/t									
		100	50	35	20	15	10	8	5	3	1
球形凸模	钻孔	0.70	0.60	0.52	0.45	0.40	0.36	0.33	0.30	0.25	0.20
	冲孔	0.75	0.65	0.57	0.52	0.48	0.45	0.44	0.42	0.42	—
平底凸模	钻孔	0.80	0.70	0.60	0.50	0.45	0.42	0.40	0.35	0.30	0.25
	冲孔	0.85	0.75	0.65	0.60	0.55	0.52	0.50	0.48	0.47	—

注：采用表中 K_{min} 值，实际翻边后口部边缘会出现小的裂纹，如果工件不允许开裂，则翻边系数需加大 10%～15%。

极限翻边系数与许多因素有关，主要有：

①材料的塑性 材料的延伸率 δ、应变硬化指数 n 和各向异性系数 r 越大，极限翻边系数越小，越有利于翻边。

②孔的加工方法 预制孔的加工方法决定了孔的边缘状况，当孔的边缘无毛刺、撕裂、硬化层等缺陷时，极限翻边系数小，有利于翻边。目前，预制孔主要用冲孔或钻孔方法加工，由表 5-1 可知，钻孔比一般冲孔的 K_{min} 小。采用常规冲孔方法生产率高，特别适于加工较大的孔，但会形成孔口表面的硬化层、毛刺、撕裂等缺陷，导致极限翻边系数变大。采取冲孔后热处理退火、修孔或沿与冲孔方向相反的方向进行翻孔以使毛刺位于翻孔内侧等方法，能获得较小的极限翻边系数。用钻孔后去毛刺的方法也能获得较小的极限翻边系数，但生产率要低一些。

③预制孔的相对直径 由表 5-1 可知，预制孔的相对直径 d/t 越小，极限翻边系数越小，越有利于翻边。

④凸模的形状 由表 5-1 可知，球形凸模的极限翻边系数比平底凸模的小。此外，抛物面、锥形面和较大圆角半径的凸模也比平底凸模的极限翻边系数小。因为在翻边变形时，球形或锥形凸模在凸模前端最先与预制孔口接触，在凹模口区产生的弯曲变形比平底凸模的小，更容易使孔口部产生塑性变形。所以当翻边后孔径 D 和材料厚度 t 相同时，可以翻边的预制孔径更小，因而极限翻边系数就越小。

（3）圆孔内孔翻边的工艺设计计算

①平板坯料翻边的工艺计算 当翻边系数 K 大于极限翻边系数 K_{min} 时，可采用平板坯料冲孔、翻边成形工艺，如图 5-3 所示，其中

$$d = D - 2(H - 0.43r - 0.72t) \tag{5-2}$$

竖边高度为

$$H = \frac{D}{2}\left(1 - \frac{d}{D}\right) + 0.43r + 0.72t \tag{5-3}$$

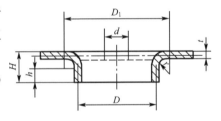

图 5-3 平板毛坯翻边

或

$$H = \frac{D}{2}(1 - K) + 0.43r + 0.72t$$

如果以极限翻边系数 K_{min} 代入，则可求出一次翻边能达到的最大极限高度为

$$H_{max} = \frac{D}{2}(1 - K_{min}) + 0.43r + 0.72t \tag{5-4}$$

　　式(5-4)是按中性层长度不变的原则推导的,是近似公式,生产实际中往往通过试冲来检验和修正计算值。当 $K \leqslant K_{min}$ 时,可采用多次翻边,由于在第二次翻边前往往要将中间毛坯进行软化退火,故该方法较少采用。对于一些较薄料的小孔翻边,可以不先加工预制孔,而是采用带尖的锥形凸模在翻边时先完成刺孔,继而进行翻边。

　　②先拉深后冲底孔再翻边的工艺计算　当 $K \leqslant K_{min}$ 时,可采用预先拉深,在底部冲孔然后再翻边的方法。在这种情况下,应先确定预拉深后翻边所能达到的最大高度,然后根据翻边高度及零件高度来确定拉深高度及预冲孔直径。如图 5-4 所示,先拉深后翻边的高度 h 为

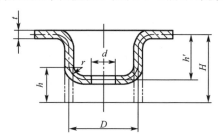

图 5-4　预先拉深的翻边

$$h = \frac{D-d}{2} + 0.57r = \frac{D}{2}(1-K) + 0.57r$$

用 K_{min} 代替 K,则可求得翻边的极限高度为

$$h_{max} = \frac{D}{2}(1-K_{min}) + 0.57r \tag{5-5}$$

此时预先冲孔的直径 d 为

$$d = K_{min}D \tag{5-6}$$

或

$$d = D + 1.14r - 2h_{max}$$

拉深高度 h' 为

$$h' = H - h_{max} + r \tag{5-7}$$

　　先拉深后翻边的方法是一种很有效的方法,但若先加工预制孔后拉深,则孔径有可能在拉深过程中变大,使翻边后达不到要求的高度,这一点应加以考虑。

　　(4)翻边力的计算

　　用圆柱形平底凸模翻边时,翻边力的计算公式为

$$F = 1.1\pi(D-d)t\sigma_s \tag{5-8}$$

用锥形或球形凸模翻边的力略小于式(5-8)的计算值。

　　(5)翻边模工作部分的设计

　　翻边凹模圆角半径一般对翻边成形影响不大,可取值为零件的圆角半径。翻边凸模圆角半径应尽量取大些,以利于翻边变形。翻边凸模的形状有平底形、曲面形(球形、抛物线形等)和锥形。图 5-5 所示为几种常见的翻边凸、凹模的结构形状,其中凸模直径 D_0 段为凸模工作部分,凸模直径 d_0 段为导正部分,1 为整形台阶,2 为锥形过渡部分。图 5-5(a)所示为带导正销的锥形凸模,当竖边高度不高、竖边直径大于 10 mm 时,可设计整形台阶,否则可不设整形台阶,当翻边模采用压边圈时也可不设整形台阶;图 5-5(b)所示为一种双圆弧形无导正销的曲面形凸模,当竖边直径大于 6 mm 时用平底,当竖边直径小于或等于 6 mm 时用圆底;图 5-5(c)所示为带导正销的凸模,当竖边直径小于 4 mm 时,可同时冲孔和翻边。此外,还有用于无预制孔的带尖锥形凸模。

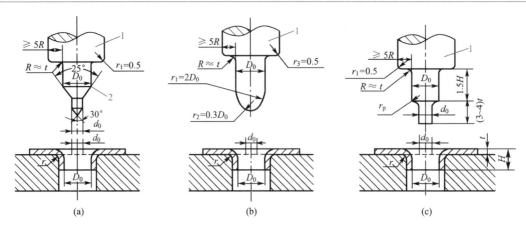

图 5-5　翻边凸、凹模的形状及尺寸

1—整形台阶；2—锥形过渡

由于翻边变形区材料变薄,因此为了保证竖边的尺寸及其精度,翻边凸、凹模间隙以稍小于材料厚度 t 为宜,可取单边间隙 $\dfrac{Z}{2}$ 为

$$\frac{Z}{2}=(0.75\sim0.85)t \qquad (5\text{-}9)$$

上式中,0.75 用于拉深后冲孔翻边,0.85 用于平坯冲孔翻边。若翻边成螺纹底孔或与轴配合的小孔,则取 $\dfrac{Z}{2}=0.7t$ 左右。

2. 非圆孔内孔翻边

图 5-6 所示为非圆孔内孔翻边。从变形情况看,可以沿孔边分成 Ⅰ、Ⅱ、Ⅲ 三种性质不同的变形区,其中只有 Ⅰ 区属于圆孔内孔翻边变形,Ⅱ 区为直边,属于弯曲变形,而 Ⅲ 区和拉深变形相似。由于 Ⅱ 区和 Ⅲ 区两部分的变形性质可以减轻 Ⅰ 区部分的变形程度,因此非圆孔内孔翻边系数可以小于圆孔内孔翻边系数。非圆孔内孔翻边较圆孔内孔翻边的极限翻边系数要小一些,其值可近似计算,即

$$K'_{\min}=K_{\min}\alpha/180° \qquad (5\text{-}10)$$

式中　$K'_{\min}$——非圆孔内孔翻边的极限翻边系数;

　　　$K_{\min}$——圆孔内孔翻边的极限翻边系数;

　　　α——曲率部位中心角。

式(5-10)只适用于中心角 $\alpha\leqslant180°$ 的情况。当 $\alpha>180°$ 或直边部分很短时,直边部分的影响已不明显,极限翻边系数的数值按圆孔内孔翻边计算。

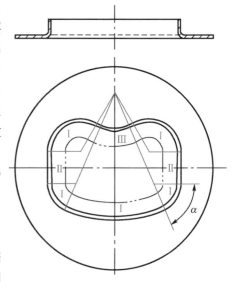

图 5-6　非圆孔内孔翻边

■ (二)平面外缘翻边

平面外缘翻边可分为内凹外缘翻边和外凸缘翻边,由于不是封闭轮廓,故变形区内沿翻边线上的应力和变形是不均匀的。如图 5-7(a)所示内凹外缘翻边,其应力应变特点与内孔翻边

近似,变形区主要受切向拉应力作用,属于伸长类平面翻边,材料变形区外缘边所受拉伸变形最大,容易开裂。如图 5-7(b)所示外凸缘翻边(也称折边),其应力应变特点类似于浅拉深,变形区主要受切向压应力作用,属于压缩类平面翻边,材料变形区受压缩变形容易失稳起皱。内凹外缘翻边的变形程度用翻边系数 $\varepsilon_{伸}$ 表示为

$$\varepsilon_{伸} = \frac{b}{R-b} \tag{5-11}$$

式中,R、b 的含义如图 5-7(a)所示,内凹外缘翻边时 $b \leqslant R - r$。

外凸缘翻边的变形程度用翻边系数 $\varepsilon_{压}$ 表示为

$$\varepsilon_{压} = \frac{b}{R+b} \tag{5-12}$$

式中,R、b 的含义如图 5-7(b)所示,外凸缘翻边时 $b \geqslant r - R$。

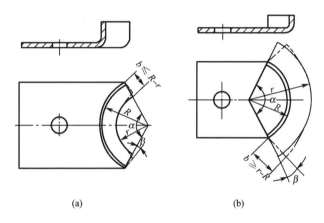

(a)   (b)

图 5-7　平面外缘翻边

内凹外缘翻边的极限变形程度主要受材料变形区外缘边开裂的限制,外凸缘翻边的极限变形程度主要受材料变形区失稳起皱的限制。在相同翻边高度的情况下,曲率半径 R 越小,$\varepsilon_{伸}$ 和 $\varepsilon_{压}$ 越大,变形区的切向应力和切向应变的绝对值越大;反之,当 R 趋于无穷大时,$\varepsilon_{伸}$ 和 $\varepsilon_{压}$ 为零,此时变形区的切向应力和切向应变值为零,翻边变成弯曲。

■ (三)翻边模的结构

翻边模的结构与一般拉深模相似,所不同的是翻边模的凸模圆角半径一般较大,甚至做成曲面形状。图 5-8(a)所示为内孔翻边模,图 5-8(b)所示为内、外缘同时翻边的模具。图 5-9 所示为落料、拉深、冲孔、翻边复合模。凸凹模 8 与落料凹模均固定在固定板上,以保证同轴度。冲孔凸模压入凸凹模 1 内,并用垫片调整它们的高度差,以此控制冲孔前的拉深高度,确保翻出合格的零件高度。该模具的工作顺序是:上模下行,首先在凸凹模 1 和落料凹模的作用下落料。上模继续下行,在凸凹模 1 和凸凹模 8 的相互作用下将坯料拉深,冲床缓冲器的力通过顶杆传递给顶件块并对坯料施加压料力。当拉深到一定深度后,由冲孔凸模和凸凹模进行冲孔并翻边。当上模回升时,在顶件块和推件块的作用下将工件顶出,条料由卸料板卸下。

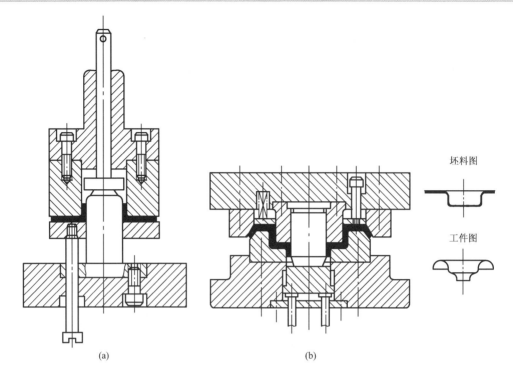

(a)   (b)

图 5-8　翻边模的结构

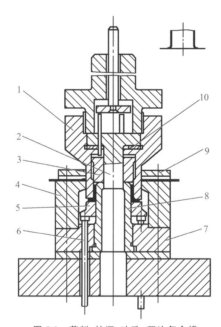

图 5-9　落料、拉深、冲孔、翻边复合模

1、8—凸凹模;2—冲孔凸模;3—推件块;4—落料凹模;

5—顶件块;6—顶杆;7—固定板;9—卸料板;10—垫片

（四）平板毛坯的起伏成形

平板毛坯在模具的作用下发生局部胀形而形成各种形状的凸起或凹下的冲压方法称为起伏成形，图 5-10 所示为胀形时坯料的变形情况，其中涂黑部分表示坯料的变形区。当坯料外径与成形直径的比值 $D/d>3$ 时，d 与 D 之间环形部分金属发生切向收缩所必需的径向拉应力很大，属于变形的强区，以致于环形部分金属根本不可能向凹模内流动。其成形完全依赖于直径为 d 的圆周以内金属厚度的变薄来实现表面积的增大。很显然，胀形变形区内金属处于切向和径向两向受拉的应力状态，其成形极限将受到拉裂的限制。材料的塑性越好，硬化指数 n 值越大，可能达到的极限变形程度就越大。由于胀形时坯料处于双向受拉的应力状态，变形区的材料不会产生失稳起皱现象，因此成形后零件的表面光滑，质量好。同时，由于变形区材料截面上拉应力沿厚度方向的分布比较均匀，卸载时的弹性恢复很小，容易得到尺寸精度较高的零件。

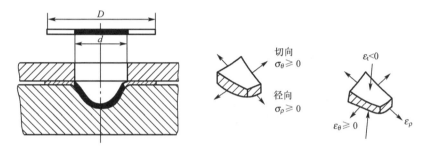

图 5-10　胀形变形区及其应力、应变示意图

起伏成形主要用于加工加强筋、局部凹坑、文字、花纹等，如图 5-11 所示。该成形方法的极限变形程度通常有两种确定方法，即试验法和计算法。起伏成形的极限变形程度主要受材料性能、零件几何形状、模具结构、胀形方法以及润滑等因素的影响。特别是复杂形状的零件，应力、应变的分布比较复杂，其危险部位和极限变形程度一般通过试验方法确定。对于比较简单的起伏成形零件，可近似地确定其极限变形程度，即

$$\varepsilon_{极}=\frac{l_1-l_0}{l_0}\times100\%\leqslant K\delta \tag{5-13}$$

式中　$\varepsilon_{极}$——起伏成形的极限变形程度；

l_0、l_1——胀形变形区变形前、后截面的长度；

K——形状系数，加强筋 $K=0.7\sim0.75$（半圆筋取大值，梯形筋取小值）；

δ——材料单向拉伸的延伸率。

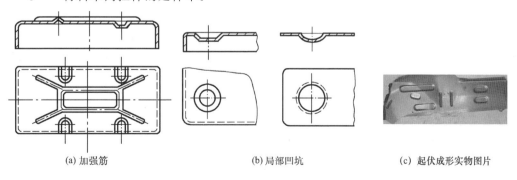

(a) 加强筋　　　　　　　　　　(b) 局部凹坑　　　　　　　　(c) 起伏成形实物图片

图 5-11　起伏成形

要提高胀形极限变形程度,可以采用图 5-12 所示的两次胀形法:第一次用大直径的球凸模使变形区达到在较大范围内聚料和均化变形的目的,得到最终所需的表面积材料;第二次胀形到所要求的尺寸。如果制件圆角半径超过了极限范围,还可以采用先加大胀形凸模圆角半径和凹模圆角半径,胀形后再整形的方法成形。另外,减小凸模表面粗糙度值、改善模具表面的润滑条件也能取得一定的效果。

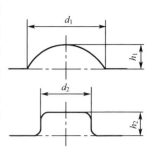

图 5-12 两次胀形示意图

1. 压加强筋

常见的加强筋形式和尺寸见表 5-2。加强筋结构比较复杂,所以成形极限多用总体尺寸表示。当加强筋与边框距离为 $(3\sim3.5)t$ 时,由于在成形过程中边缘材料要向内收缩,成形后需增加切边工序,因此应预留切边余量。多凹坑胀形时,还要考虑到凹坑之间的影响。用刚性凸模压制加强筋的变形力为

$$F = KLt\sigma_b \tag{5-14}$$

式中　K——系数,$K = 0.7\sim1$,加强筋形状窄而深时取大值,宽而浅时取小值;

　　　L——加强筋的周长,mm;

　　　t——料厚,mm;

　　　σ_b——材料的抗拉强度,MPa。

表 5-2　　　　　　　　　　　常见的加强筋形式和尺寸　　　　　　　　　　　mm

简图	R	h	r	B	α
	$(3\sim4)t$	$(2\sim3)t$	$(1\sim2)t$	$(7\sim10)t$	—
	—	$(1.5\sim2)t$	$(0.1\sim1.5)t$	$\geqslant3h$	$15°\sim30°$

在曲柄压力机上用薄料($t<1.5$ mm)对小工件(面积$<2\,000$ mm²)压筋或压筋兼有校形工序时的变形力为

$$F = KAt^2 \tag{5-15}$$

式中　K——系数,钢取 $200\sim300$ N/mm⁴,铜、铝取 $150\sim200$ N/mm⁴;

　　　A——成形面积,mm²。

2. 压凹坑

压凹坑时,成形极限常用极限胀形深度表示。如果是纯胀形,凹坑深度因受材料塑性限制不能太大。用球头凸模对低碳钢、软铝等胀形时,可达到的极限胀形深度 h 约等于球头直径 d 的 1/3。用平头凸模胀形可能达到的极限胀形深度取决于凸模圆角半径,其取值范围见表 5-3。

表 5-3 平板毛坯凹坑的极限胀形深度 mm

简图	材料	极限胀形深度
	软钢	$(0.15\sim0.20)d$
	铝	$(0.10\sim0.15)d$
	黄铜	$(0.15\sim0.22)d$

若工件底部允许有孔,可以预先冲出小孔,使其底部中心部分材料在胀形过程中易于向外流动,以达到提高成形极限的目的,有利于达到胀形要求。

(五)空心毛坯的胀形

空心毛坯胀形是将空心件或管状坯料的形状加以改变,使材料沿径向拉深,胀出凸起曲面的工艺方法。如高压气瓶、球形容器、波纹管、自行车三通接头、壶嘴、皮带轮等零件。空心毛坯的胀形分为刚模胀形和软模胀形。

图 5-13 所示刚模胀形中,分瓣凸模在向下移动时因锥形芯轴的作用向外胀开,使毛坯胀形成所需形状尺寸的工件。胀形结束后,分瓣凸模在顶杆的作用下复位,便可取出工件。刚性凸模分瓣越多,所得到的工件精度越高,但模具结构复杂,成本较高。因此,用分瓣凸模刚模胀形不宜加工形状复杂的零件。

图 5-14 所示软模胀形中,凸模将力传递给液体、气体、橡胶等软体介质,软体介质再将力作用于毛坯使之胀形并贴合于可以对开的分块凹模,从而得到所需形状尺寸的工件。

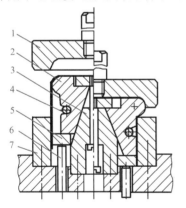

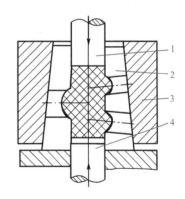

图 5-13 刚模胀形
1—凹模;2—分瓣凸模;3—锥形芯轴;4—拉簧;
5—毛坯;6—顶杆;7—下凹模

图 5-14 自行车多通接头软模胀形
1、4—凸模压柱;2—分块凹模;3—模套

1. 胀形系数

空心毛坯胀形的变形程度用胀形系数表示,即

$$K=\frac{d_{\max}}{d_0} \tag{5-16}$$

式中　K——胀形系数,极限胀形系数($d_{\max}$达到胀破时的极限值 $d'_{\max}$)用 $K_{\max}$ 表示;

　　　d_0——毛坯直径;

　　　$d_{\max}$——胀形后工件的最大直径。

极限胀形系数与工件许用延伸率的关系式为

$$\delta_w = \frac{\pi d'_{max} - \pi d_0}{\pi d_0} = K_{max} - 1 \qquad (5\text{-}17)$$

$$K_{max} = 1 + \delta_w \qquad (5\text{-}18)$$

表 5-4 列出了部分材料的极限胀形系数和切向许用延伸率 δ_w 的试验值。如采取轴向加压或对变形区局部加热等辅助措施,还可以提高极限变形程度。

表 5-4 　　　　　　　　　　　　极限胀形系数和切向许用延伸率

材料		厚度/mm	极限胀形系数	切向许用延伸率 $\delta_w / \%$
纯铝	L1、L2	1.0	1.28	28
	L3、L4	1.5	1.32	32
	L5、L6	2.0	1.32	32
铝合金	LF21-M	0.5	1.25	25
黄铜	H62	0.5～1.0	1.35	35
	H68	1.5～2.0	1.40	40
低碳钢	08F	0.5	1.20	20
	10、20	1.0	1.24	24
不锈钢	1Cr18Ni9T	0.5	1.26	26
		1.0	1.28	28

2. 胀形力

刚模胀形所需压力的计算公式可以根据力的平衡方程式推导得到,即

$$F = 2\pi H t \sigma_b \cdot \frac{\mu + \tan\beta}{1 - \mu^2 - 2\mu\tan\beta} \qquad (5\text{-}19)$$

式中　F——所需胀形压力;

　　　H——胀形后的高度;

　　　t——材料厚度;

　　　σ_b——材料的抗拉强度;

　　　μ——摩擦系数,一般 $\mu = 0.15 \sim 0.20$;

　　　β——芯轴锥角,一般 $\beta = 8°、10°、12°、15°$。

圆柱形空心毛坯软模胀形时,所需胀形压力 $F = Ap$,A 为成形面积,单位压力 p 为

$$p = 2\sigma_b \left(\frac{t}{d_{max}} + m \cdot \frac{t}{2R} \right) \qquad (5\text{-}20)$$

式中　σ_b——材料的抗拉强度;

　　　m——约束系数,当毛坯两端不固定且轴向可以自由收缩时,$m = 0$;当毛坯两端固定且轴向不可以自由收缩时,$m = 1$。

其他符号的含义如图 5-15 所示。

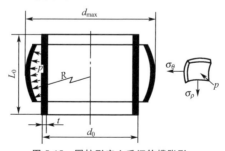

图 5-15　圆柱形空心毛坯软模胀形

3. 胀形毛坯长度的计算

圆柱形空心毛坯胀形时,为增加材料在周围方向的变形程度和减小材料的变薄,毛坯两端一般不固定,使其自由收缩。因此,毛坯长度 L_0(图 5-15)应比工件长度增加一定的收缩量,即

$$L_0 = L[1 + (0.3 \sim 0.6)\delta_w] + \Delta h \qquad (5-21)$$

式中　　L——工件的母线长度,mm;

　　　　δ_w——工件切向许用延伸率,见表 5-4;

　　　　Δh——修边余量,5~20 mm。

4. 模具结构示例

如图 5-16 所示为罩盖胀形模。侧壁靠聚氨酯橡胶的胀压成形,底部靠压包凸模和压包凹模成形,将模具型腔侧壁设计成胀形下模和胀形上模以便于取件。

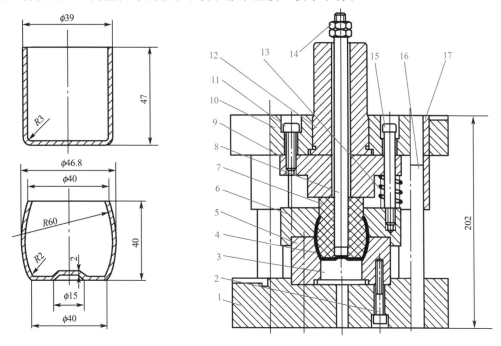

图 5-16　罩盖胀形模

1—下模板;2—螺栓;3—压包凸模;4—压包凹模;5—胀形下模;6—胀形上模;7—聚氨酯橡胶;8—拉杆;
9—上固定板;10—上模板;11—螺栓;12—模柄;13—弹簧;14—螺母;15—拉杆螺栓;16—导柱;17导套

图 5-17 所示为皮带轮胀形模,安装在液压机上。下台面上装有带液压油腔的成形下模以及在导板内滑动的六个成形卧楔块。由于弹簧的推力,成形卧楔块在非工作时处于松开位置。上滑块上装有上模座,上模座与成形上模及环形气垫活塞连接在一起。环形气垫活塞在气缸内活动,气缸与带斜面的楔圈固定在一起。图 5-17(a)所示模具开启,取出成形的半成品,并放入新的坯料。图 5-17(b)中,左边上滑块连同件 1~5 全部下降,当楔圈推动成形卧楔块压紧坯料时,上滑块暂停活动。此时,截止阀打开,液体从充油罐进入模具,封闭在坯料内的空气通过放气软管及截止阀排出。油全部充满后,关闭截止阀,上滑块继续下行。成形上模接触坯料顶部后,再继续下行,油就受到压缩而产生高压,工件受到油压后开始如图 5-17(b)中左边虚线所示那样变形。因为液体基本上是不可压缩的,所以坯料容积缩小时多余的油通过溢流阀流出,工件在稳压下逐渐成形,直至模具全部闭合,如图 5-17(b)右边所示。

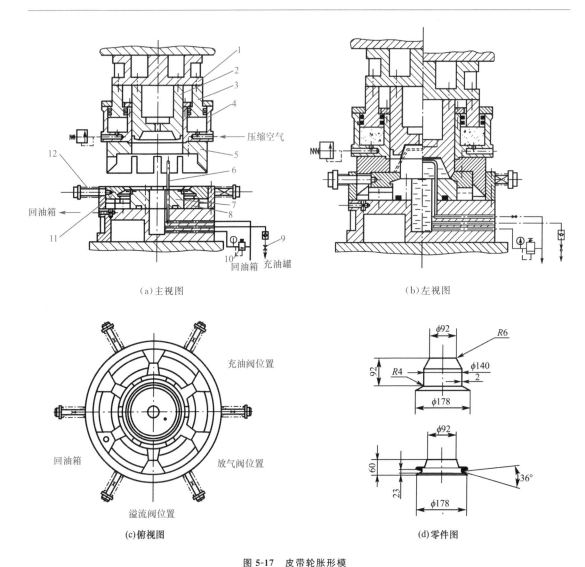

图 5-17　皮带轮胀形模

1—上模座；2—成形上模；3—环形气垫活塞；4—气缸；5—楔圈；6—放气软管；
7—成形下模；8—卧楔导板；9—截止阀；10—溢流阀；11—成形卧楔块；12—弹簧

（六）校形的特点及应用

校形通常指平板工件的校平和空间形状工件的整形。校形工序大多在冲裁、弯曲、拉深等工序之后进行，以便使冲压件获得较高精度的平面度、圆角半径和形状尺寸，因此它在冲压生产中具有相当重要的意义，而且应用也比较广泛。校平和整形工序的共同特点如下：

（1）只在工件局部位置使其产生不大的塑性变形，以达到提高零件形状和尺寸精度的目的。

（2）因为校形后工件的精度比较高，所以模具的精度要求相应也比较高。

（3）校形时需要在压力机下止点对工件施加校正力，因此所用设备最好为精压机。若使用机械压力机，则机床应有较好的刚度，并需要装有过载保护装置，以防因材料厚度波动等原因损坏设备。

1. 平板零件的校平

条料不平或冲裁过程中材料的变形(尤其是无压料的级进模冲裁和斜刃冲裁)都会使冲裁件产生不平整的缺陷,当对零件的平面度有要求时,必须在冲裁后加校平工序。校平的方式通常有模具校平、手工校平和在专门校平设备上校平三种。

平板零件的校平模有光面校平模和齿形校平模两种形式。

光面校平模适用于软材料、薄料或表面不允许有压痕的制件。光面校平模改变材料内应力状态的作用不大,仍有较大回弹,特别是对于高强度材料的零件校平效果比较差。在生产实际中有时将工件背靠背地(弯曲方向相反)叠起来校平,能收到一定的效果。为了使校平不受压力机滑块导向精度的影响,校平模最好采用浮动式结构,如图 5-18 所示。

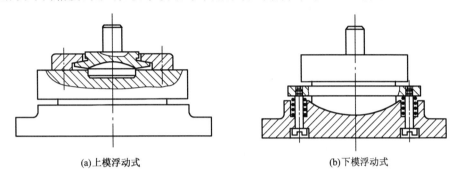

(a)上模浮动式   (b)下模浮动式

图 5-18 光面校平模

齿形校平模适用于平直度要求较高或抗拉强度高的较硬材料零件。齿形校平模有尖齿和平齿两种,图 5-19(a)所示为尖齿齿形,图 5-19(b)所示为平齿齿形,齿互相交错。采用尖齿校平模时,模具的尖齿挤压进入材料表面层内一定的深度,形成塑性变形的小网点,改变了材料原有的应力状态,故能减少回弹,校平效果较好。其缺点是在校平零件的表面上留有较深的压痕,而且工件也容易粘在模具上不易脱模,因此在生产中多采用平齿校平模。

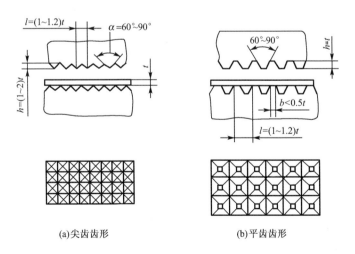

(a)尖齿齿形   (b)平齿齿形

图 5-19 齿形校平模

当零件的表面不允许有压痕或零件的尺寸较大,且要求具有较高的平直度时,还可以采用加热校平法。将需要校平的零件叠成一定的高度,由夹具压紧成平直状态,然后放进加热炉内加热到一定温度。由于温度升高后材料的屈服强度降低,材料的内应力数值也相应降低,因此回弹变形减小,进而达到校平的目的。

校平力的计算公式为

$$F = Ap \tag{5-22}$$

式中　A——校平零件的面积;

　　　p——校平单位面积压力,可查表 5-5。

表 5-5　　　　　　　　　　　　　校平和整形单位面积压力

方法	p/MPa	方法	p/MPa
光面校平模校平	50~80	敞开形制件整形	50~100
细齿校平模校平	80~120	拉深件整形	150~200
粗齿校平模校平	100~150		

2. 空间形状零件的整形

空间形状零件的整形是指在弯曲、拉深或其他成形工序之后对工件的整形。在整形前工件已基本成形,但可能圆角半径还太大或某些形状和尺寸还未达到产品的要求,这时可以借助于整形模使工件产生局部塑性变形,以达到提高精度的目的。整形模和前工序的成形模相似,但对模具工作部分的精度、表面粗糙度要求更高,圆角半径和间隙较小。

弯曲件的整形方法有图 5-20(a)所示的压校和图 5-20(b)所示的镦校两种形式。镦校时使整个工件处于三向受压的应力状态,改变了工件的应力状态,因此能得到较好的整形效果。带大孔或宽度不等的弯曲件不能采用镦校。

(a)压校　　　　　　　　(b)镦校

图 5-20　弯曲件的整形

无凸缘拉深件的整形通常取整形模间隙为$(0.9~0.95)t$,即采用变薄拉深的方法进行整形。这种整形也可以和最后一次拉深合并,但应取稍大一些的拉深系数。

带凸缘拉深件的整形部位有凸缘平面、侧壁、底平面和凸、凹模圆角半径(图 5-21)。整形时工件圆角半径变小,要求从邻近区域补充材料,如果邻近区域材料不能流动过来(例如当凸缘直径大于筒壁直径的 2.5 倍时,凸缘的外径已不可能产生收缩变形),则只有靠变形区本身的材料变薄来实现。这时,变形部位材料的伸长变形以 2%~5%为宜,变形过大工件会破裂。

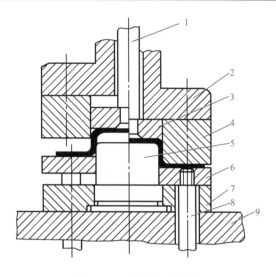

图 5-21   带凸缘拉深件整形

1—打杆;2—上模板;3—推板;4—整形凹模;5—整形凸模;
6—卸料板;7—凸模固定板;8—卸料螺钉;9—下模板

二、自行车脚踏内板成形模设计

（一）冲压工艺方案的确定

自行车脚踏内板可采用以下三种成形工艺方案:

方案 1:下料（落料）、成形、切边、冲孔,采用单工序模生产。

方案 2:成形-切边复合冲压、冲孔,采用复合模生产。

方案 3:采用级进模生产。

方案 1 模具结构简单,但需多道工序和多副模具,生产成本高,生产率可以满足中小批量生产的要求。方案 2 只需两副模具,工件精度及生产率都较高,可保证工件的技术要求,操作方便。方案 3 只需一副模具,生产率高,操作方便,但模具制造成本较高。通过对上述三种方案的分析比较,该工件的冲压生产以采用方案 2 为最佳。

（二）主要设计计算

1. 变形量计算

自行车脚踏内板台阶主要依靠材料局部成形（压坑）,其变形压坑深度系数为 $4/22＝0.18$,满足一次成形的要求。

2. 排样方式的确定和计算

设计成形-落料模首先要设计条料排样图。根据工艺安排并考虑变形的特点,采用图 5-22 所示的排样方法,工件间搭边值取 5 mm,工件与条料间搭边值为 2 mm,无侧压装置时条料宽度 B 为

$$B＝[D＋2(a＋\delta＋c)]_{-\delta}^{0}＝[66＋2×(2＋0.5＋0.2)]_{-0.5}^{0}＝71.4_{-0.5}^{0}\ \text{mm}$$

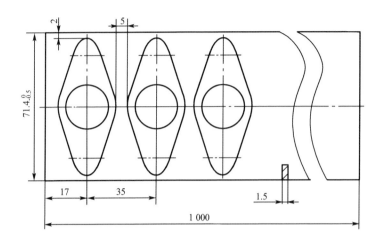

图 5-22　自行车脚踏内板成形-落料排样图

步距 A 为 71.4 mm，选 1 000 mm×1 000 mm 的 10 钢钢板。

3. 冲压力的计算

自行车脚踏内板模具采用正装复合模，拟选择弹性卸料、打杆出件。其冲压力的相关计算如下：

冲裁力　　　　$F=tL\sigma_b=1.5\times(66\times2+3.14\times7\times2)\times300\times10^{-3}=79$ kN

卸料力　　　　　　　　$F_Q=KF=0.05\times79=3.95$ kN

顶件力　$F_{Q2}=KF=0.04\times79=3.16$ kN

成形力　$F=KLt\sigma_b=1\times3.14\times22\times1.5\times300\times10^{-3}=31$ kN

根据计算结果，冲压设备拟选 J23-25A。

■ （三）模具总体设计

1. 模具类型的选择

由冲压工艺分析可知，应采用正装复合模。

2. 定位方式的选择

因为该模具采用的是条料，所以控制条料的送进方向采用导料销，无侧压装置；控制条料的进给步距采用挡料销。

3. 卸料、废料出料方式的选择

因为工件是料厚为 1.5 mm 的 10 钢钢板，材料相对较软，卸料力也比较小，故可采用弹性卸料。采用正装复合模、上出料。

4. 导向方式的选择

为了提高模具寿命和工件质量，便于安装调整，该复合模采用中间导柱的导向方式。

（四）主要零部件设计

1. 工作零件的结构设计

（1）凸凹模

凸凹模外形按落料凸模设计，内孔按成形凹模设计，结合工件外形并考虑加工，将凸凹模设计成直通式，最后精加工为慢走丝加工，其总长 L 可按式(2-35)计算，即

$$L = h_1 + h_2 + t + h = 20 + 15 + 2 + 28 = 65 \text{ mm}$$

具体结构如图 5-23(a)所示。

（2）成形凸模

因成形孔为圆形，故成形凸模采用直通台阶式。一方面加工简单，另一方面便于装配与更换。凸模结构如图 5-23(b)所示。

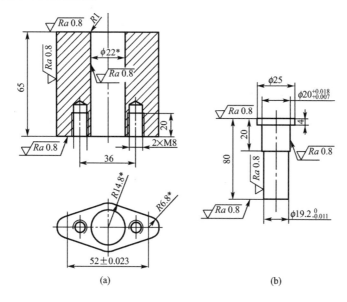

材料：Cr12MoV　热处理：(58～60)HRC

技术要求：带 * 的尺寸与凸模、凹模对应尺寸配制，保证间隙为 0.12～0.16 mm

图 5-23　凸凹模及凸模的结构

（3）凹模

凹模采用整体式，在线切割机床上加工。安排凹模在模架上的位置时，将其中心与模柄中心重合。其轮廓尺寸可按式(2-43)～式(2-45)计算。

凹模厚度 $H = Kb_1 = 0.28 \times 66 = 18$ mm(查表 2-10 得 $K = 0.28$)，取 $H = 25$ mm；

凹模宽度 $B = b_1 + (2.5 \sim 4)H = 66 + 2.5 \times 25 = 128.5$ mm；

凹模长度 $L = L_1 + 2C = 30 + 2 \times 28 = 86$ mm(送料方向，查表 2-11 得 $C = 28$ mm)。

凹模轮廓尺寸为 130 mm×90 mm×25 mm，其结构如图 5-24 所示。

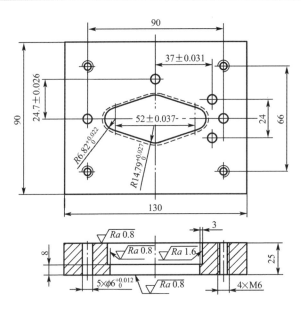

材料:Cr12MoV   热处理:(60~62)HRC

图 5-24   凹模的结构

2. 卸料、顶料部件的设计

(1)卸料板的设计

卸料板的周界尺寸与凹模的周界尺寸相同,厚度为 10 mm。卸料板采用 45 钢制造,淬火硬度为(40~45)HRC。

(2)卸料螺钉的选用

卸料板上设置 4 个卸料螺钉,公称直径为 8 mm,螺纹部分为 M6×10 mm。卸料螺钉尾部应留有足够的行程空间。卸料螺钉拧紧后,应使卸料板超出凸模端面 1 mm,有误差时通过在螺钉与卸料板之间安装垫片来调整。

(3)顶件块的设计

正装复合模工件一般采用上出工件,为节约材料,通常在凹模下加一垫块,以增加顶件块的行程。顶件块与弹顶器用顶杆相连。

3. 模架及其他零部件设计

该模具采用中间导柱模架,这种模架的导柱在模具中间位置,冲压时可防止因偏心力矩而引起的模具歪斜。以凹模周界尺寸为依据选择模架规格。导柱(dL)分别为 $\phi28$ mm×160 mm、$\phi32$ mm×160 mm,导套(dLD)分别为 $\phi28$ mm×115 mm×42 mm、$\phi32$ mm×115 mm×45 mm。上模座厚度取 30 mm,上、下模垫板厚度取 10 mm,上、下固定板厚度取 20 mm,下垫块厚度取 10 mm,下模座厚度取 35 mm,则该模具的闭合高度为

$$H_闭 = 30+35+10+10+65+80-2=228 \text{ mm}$$

凸模冲裁后进入凹模的深度为 2 mm。

可见,该模具闭合高度小于所选压力机 J23-25A 的最大装模高度(270 mm),可以使用,如果模具闭合高度大于所选压力机 J23-25A 的最大装模高度,则应修改模具设计或另选压力机。

（五）模具总装图

通过以上设计，可得到如图 5-25 所示的模具总装图。模具上模部分主要由上模板、垫板、凸凹模、固定板及卸料板等组成。卸料方式采用橡胶卸料，以橡胶为弹性元件。下模部分由下模座、凹模、凸模、固定板等组成。模具工作时，首先由推块与凸凹模将材料压紧，当上模下行时，凸模在材料上形成凸台。上模继续下行，将材料冲下。

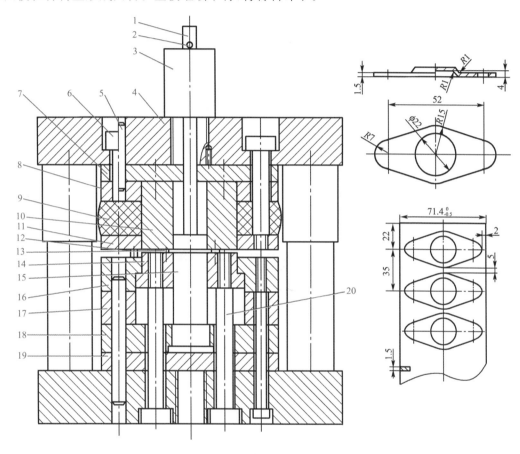

图 5-25　模具总装图

1—打杆；2—销；3—模柄；4—模架；5—销钉；6—螺钉；7—上垫板；8—凸凹模固定板；

9—橡胶；10—凸凹模；11—卸料板；12—导料销；13—挡料销；14—推块；15—凸模；

16—凹模；17—垫块；18—凸模固定板；19—下垫板；20—卸料螺钉

素养提升

　　随着我国模具行业投入增加，企业装备水平和实力有了很大提高。模具产业的快速发展和开拓创新，促进了我国模具行业总体水平提高和科技进步，教育学生始终坚持守正与创新。更多内容扫描延伸阅读二维码进行延伸阅读与学习。

延伸阅读

////////////// 复习与思考题 //////////////

1.如图 5-26 所示零件,材料为 10 钢。判断该零件能否冲底孔翻边成形,计算底孔的冲孔直径以及翻边凸、凹模工作部分的尺寸。

2.如图 5-27 所示零件,材料为 LY12M,厚度为 1 mm。计算翻边凸、凹模工作部分的尺寸,并设计翻边模具结构。

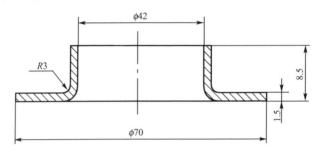

图 5-26 题 5-1 图

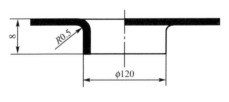

图 5-27 题 5-2 图

3.两个形状相似的零件如图 5-28 所示,尺寸 D、h 见表 5-6,材料为 08 钢。判断该零件能否一次翻边成形。如果能,计算翻边力并设计凸模及确定凸、凹模间隙;如果不能,则说明应采用什么方法成形。

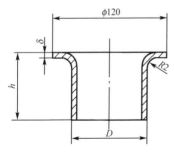

图 5-28 题 5-3 图

表 5-6 题 5-3 图的尺寸

零件号	尺寸/mm	
	D	h
1	40	8
2	35	2

模块六
级进冲压工艺与模具设计

任务描述

- 零件名称：支架。
- 零件简图：如图 6-1 所示。
- 材料：10。
- 批量：大批量。
- 工作任务：制定冲压加工工艺并设计模具。

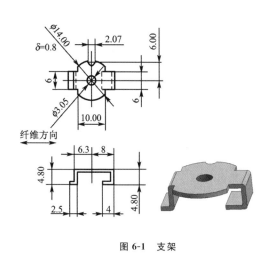

图 6-1　支架

一、概　述

在现代工业产品的成批及大量生产中，冲压是主要生产手段之一；而在冲压加工中，级进冲压占有重要地位。级进冲压是在一副模具内按照所需要加工的零件的冲压工艺，分成若干个等距离工位，在每个工位上设置一定的冲压工序，完成零件某一部分冲压工作。被加工材料（条料或带料）在自动送料机构的控制下，精确地控制送进步距，经逐个工位的冲压后，即可得到所需要的冲压件。这样，一个比较复杂的冲压件的冲压只需要一副级进模就可完成全部冲压工序。级进模又称连续模、跳步模或多工位级进模，是高精度、高效率、高寿命模具，其工位数已达几十个，多的已有 70 多个。级进冲压的次数可达每分钟几百次，纯冲裁高达 1 500 次/min。多工位级进模是技术密集型模具的重要代表，是冷冲模发展方向之一。

■ (一)多工位级进模的特点

多工位级进模与普通冷冲模相比具有如下显著特点：

(1)可以完成多道冲压工序,局部分离与连续成形相结合。

(2)具有高精度的导向和准确的定距系统。

(3)备有自动送料、自动出件、安全检测等装置。

(4)模具结构复杂,镶块较多,制造精度要求高,制造和装调难度大。

(5)冲压生产率高、操作安全性好、自动化程度高、产品质量高、模具寿命长、设计制造难度大,但冲压生产总成本并不高。

多工位级进模主要用于冲制厚度较薄(一般不超过 2 mm)、产量大、形状复杂、精度要求较高的中、小型零件。

■ (二)多工位级进模的分类

1.按冲压工序性质分类

(1)冲裁多工位级进模

冲裁多工位级进模是多工位级进模的基本形式,有冲落形式级进模和切断形式级进模两种。冲落形式级进模完成冲孔等工序后落料,切断形式级进模完成冲孔等冲裁工序后切断。

(2)成形工序多工位级进模

①冲裁并且包括弯曲、拉深、成形中的某一工序,如冲裁弯曲多工位级进模、冲裁拉深多工位级进模、冲裁成形多工位级进模。

②冲裁并且包括弯曲、拉深、成形中的某两个工序,如冲裁弯曲拉深多工位级进模、冲裁弯曲成形多工位级进模、冲裁拉深成形多工位级进模。

③由几种冲压工序结合在一起的冲裁、弯曲、拉深、成形多工位级进模。

2.按冲压件成形方法分类

(1)封闭形孔级进模

封闭形孔级进模的各个工作形孔(侧刃除外)与被冲零件的各个形孔及外形(或展开外形)的形状完全一样,并且分别设置在一定的工位上,材料沿各个工位经过连续冲压,最后获得成品或工件,如图 6-2 所示。

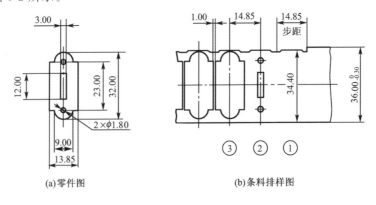

(a)零件图　　　　　　(b)条料排样图

图 6-2　封闭形孔连续式多工位冲压

(2)切除余料级进模

切除余料级进模对冲压件较为复杂的外形和形孔采取逐步切除余料的办法(对于简单的

形孔,模具上相应形孔与之完全一样),经过逐个工位的连续冲压,最后获得成品或工件。这种级进模的工位一般比封闭形孔级进模多,如图 6-3 所示为切除余料的八个工位的冲压件。

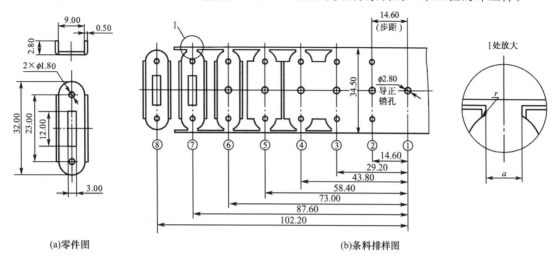

(a)零件图　　　　　　　　　　　　(b)条料排样图

图 6-3　切除余料的八个工位的冲压件

■ (三)级进冲压示例

图 6-4 所示为小型拉深弯曲件的排样示例。零件材料为 H62 黄铜,厚度 $t=0.4$ mm。该零件采用带料切口(或称切槽)的级进拉深工艺,经过三次拉深成形。在工位⑥~⑨使用安装在凸模上的导正销对工件进行导正定位。零件的弯曲成形是在工位⑨将坯料切断以后进行的,称其为切断弯曲。

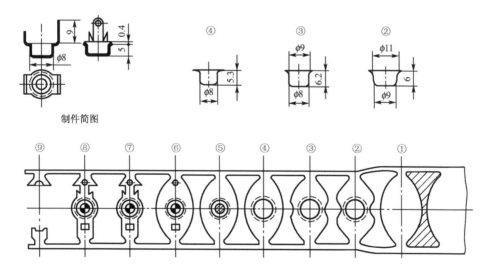

制件简图

图 6-4　接线帽工序排样
①—切槽;②—首次拉深;③—二次拉深;④—拉深成形;⑤—冲底孔;
⑥—冲小孔;⑦—切外形;⑧—空位;⑨—切断弯曲

图 6-4 中坯料的拉深通常也被称为带料切口连续拉深。带料连续拉深一般用于冲制产量大、外形尺寸在 50 mm 以内、材料厚度不超过 2 mm 的以连续拉深为主的冲压件。根据零件的结构特点,连续拉深后可以在适当的工位安排冲孔、翻边、局部切除余料、局部弯曲等工序,

并在最后工位进行分离。适于连续拉深的带料必须具有良好的塑性,冷作硬化效应弱。黄铜(H62、H68)、低碳钢(08F、10F)、纯铝、铝合金(3A21)和含镍-钴合金(可伐合金 Ni29Co18)等材料都适用于连续拉深。带料连续拉深通常使用自动送料装置进行送料,有带料切口连续拉深和整体带料拉深(图 6-5)两种方式。其中带料切口连续拉深比整体带料拉深应用更普遍。

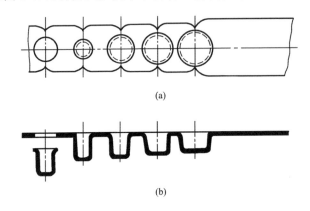

(a)

(b)

图 6-5　整体带料拉深

带料级进拉深中涉及的工艺问题基本与普通拉深相同,但其模具结构属于级进模具结构的内容。

二、多工位级进模结构示例

(一)簧片冲孔落料级进模

如图 6-6 所示为簧片零件,材料为软黄铜 H62,厚度 $t=0.5$ mm,大批量生产。该零件属于电气行业中常见的大批量生产的典型零件。该零件的冲压需要冲孔、落料两道基本工序。因此,可能的冲压方案有:全部安排单工序生产;使用冲孔落料复合模生产;采用级进模生产。因为零件尺寸小,生产批量又较大,所以从操作安全、方便以及提高生产率的角度出发,使用级进冲压的生产方式是最合适的。该模具结构上采用了双侧刃定距、横向送料的形式。该模具的工艺计算部分与冲裁部分基本相同,而模具结构则属于级进模具结构内容。如图 6-7 所示为其排样图。

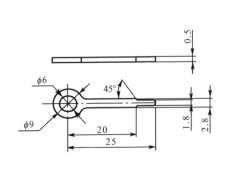

图 6-6　簧片零件

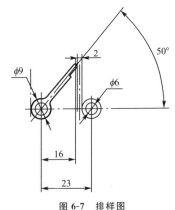

图 6-7　排样图

模具工作过程如图 6-8 所示。

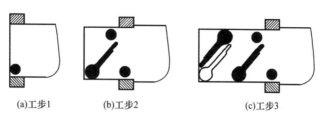

(a)工步1　　　(b)工步2　　　(c)工步3

图 6-8　模具工作过程

工步 1:条料送进至侧刃挡板,开始冲压,冲出一个小孔,在条料两侧分别裁去一个步距的窄条,使条料两侧边分别出现一个横肩。

工步 2:推进条料,使条料紧靠侧刃挡板,进行第二次冲压,在条料上两侧分别再冲出一个小孔,并分别裁去一个步距的窄条,同时落下一个工件。

工步 3:再次推进条料,使第二次冲出的横肩紧靠侧刃挡板,进行第三次冲压;同时冲出两个小孔,同时落下两个工件。进行模具结构设计时,根据材料状态、厚度以及零件的排样图,选定的模具结构为"矩形横向送料弹压卸料典型组合"形式。根据选定的凹模板的尺寸规格以及典型组合形式,选取对角导柱模架,如图 6-9 所示。

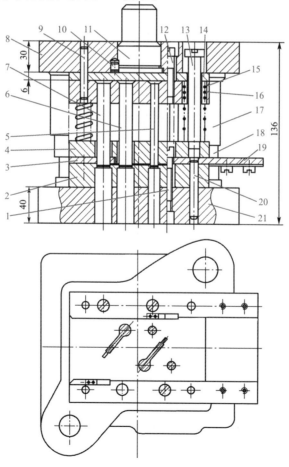

图 6-9　簧片冲孔落料级进模

1、12—螺钉;2—凹模;3—侧面导板;4—卸料板;5、6—凸模;7—侧刃;
8—上模座;9、20—定位销;10—防转销;11—模柄;13—卸料螺钉;14—垫板;
15—凸模固定板;16—弹簧;17—导套;18—导柱;19—承料板;21—下模座

■ (二)冲孔落料弯曲级进模

如图 6-10(a)所示为冲孔落料弯曲级进模。图 6-10(b)为零件产品图,图 6-10(c)为排样图。条料从右边送进,其冲压过程为:第一工位由侧刃切边定位,第二工位冲圆孔、槽及两工件之间的分离长槽,第三工位为空位,第四工位弯曲,第五工位为空位,第六工位切断,使工件成形。该模具在结构上采用了弹压导板模架,各凸模与凸模固定板之间采用间隙配合,方便凸模的装拆与更换。凸模由弹压导板导向,导向准确。导板由卸料螺钉与上模连接。这种导向结构能够消除因为压力机导向误差对模具带来的影响。弯曲凹模镶块与凹模之间采用镶拼形式,以方便冲孔凹模磨损刃磨后通过磨削凹模镶块的底面来调整两者的高度,从而保证零件的高度尺寸。凹模在凹模镶块左上位置制成和工件底部同样的形状,目的在于方便工件的推出。图 6-9 和图 6-10 所示均为普通级进模。

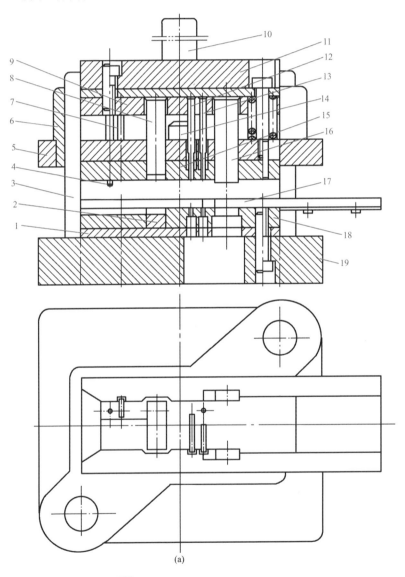

(a)

图 6-10　冲孔落料弯曲级进模

1—垫板;2—凹模镶块;3—导柱;4—导正销;5—弹压导板;6—导套;7—切断凸模;8—弯曲凸模;9—凸模固定板;10—模柄;
11—上模座;12—分离凸模;13—冲槽凸模;14—限位柱;15—导板镶块;16—侧刃;17—导料板;18—凹模;19—下模座

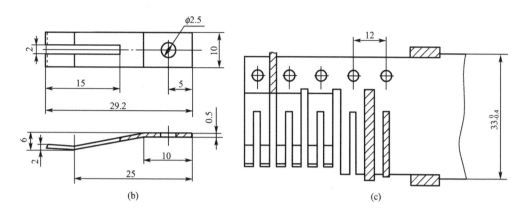

图 6-10　冲孔落料弯曲级进模(续)

(三)带料连续拉深等级进模

如图 6-11 所示为电位器外壳带料连续拉深多工位级进模。采用带料连续拉深的条件:一是该冲压方案适用于普通拉深方法难以操作的小型空心件;二是条料在不进行中间退火的情况下,允许的总拉深系数小于零件成形需要的总拉深系数。带料连续拉深极限总拉深系数 m_z 见表 6-1。电位器外壳零件符合上述两点,因此采用带料连续拉深。

表 6-1　　　　　　　　　　　带料连续拉深极限总拉深系数 m_z

材料	抗拉强度 σ_b/MPa	伸长率 δ/%	极限总拉深系数 m_z		
			不带推件装置		带推件装置
			$t \leqslant 1.2$ mm	1.2 mm$<t<$2 mm	
08F	300～400	28～40	0.40	0.32	0.16
H62、H68	300～400	28～40	0.35	0.29	0.20～0.24
软铝	80～110	22～25	0.38	0.30	0.18

电位器外壳零件图及冲压排样方案如图 6-12 所示,属于有工艺切口的带料连续拉深排样。带料连续拉深按是否冲工艺切口可分为无工艺切口连续拉深和有工艺切口连续拉深两类,如图 6-13 所示。对于带料宽度和送进步距的计算,其依据是拉深件坯料展开计算方法和工艺切口形式,同时考虑了带料连续拉深的材料变形特点后所推荐的搭边值。

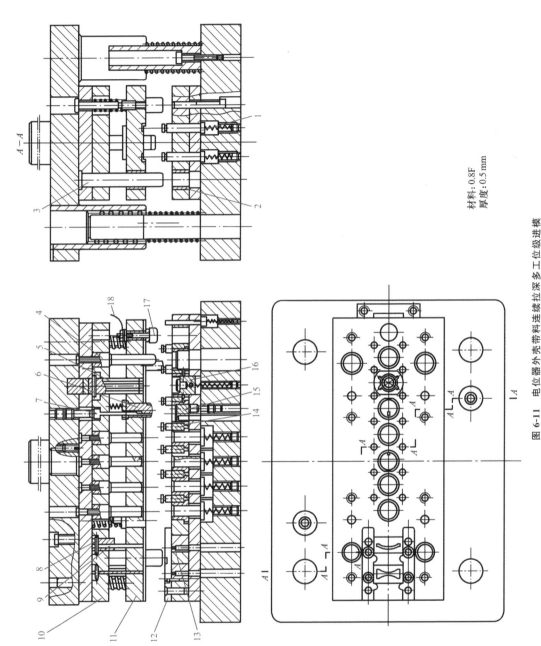

材料:0.8F
厚度:0.5 mm

图 6-11 电位器外壳带料连续拉深多工位级进模

1—浮动导料销;2—小导套;3—小导柱;4—翻边凸模;5—切边凸模;6—导向套;7—冲小方孔凸模;8—凸模护套;9—冲缺口凸模;
10—凸模固定板;11—卸料板;12—侧面导板;13—冲缺口凹模;14—冲孔凹模镶块;15—冲孔凹模;16—顶件块;17—检测导正销;18—导线

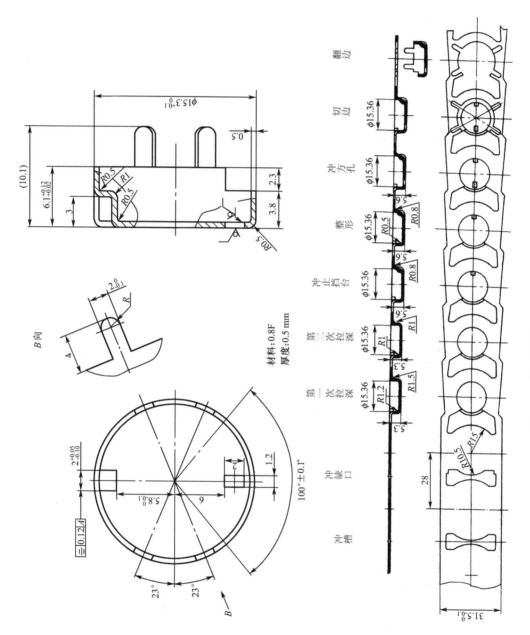

材料：0.8F
厚度：0.5 mm

图 6-12　电位器外壳零件图及冲压排样方案

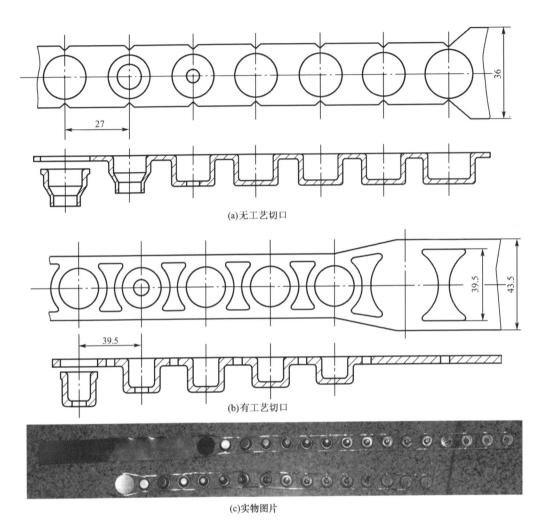

(a)无工艺切口

(b)有工艺切口

(c)实物图片

图 6-13　带料连续拉深的分类

工艺切口的基本形式有多种,有的工艺切口应根据零件的成形过程,经过分析、试验后确定。电位器外壳排样图中的工艺切口就是根据零件上高度为 3.8 mm 的缺口部位成形过程确定的。

带料连续拉深时的坯料变形特点与有凸缘圆筒件相似,其连续拉深工步尺寸计算与有凸缘圆筒件相似。但由于工步之间的相互影响以及工艺的稳定,其极限拉深系数比单个坯料进行多次拉深的极限拉深系数大,尤其是无工艺切口的连续拉深。

带料连续拉深多工位级进模的设计与其他多工位级进模的设计是有一定区别的。电位器外壳连续拉深模的结构特点以及带料连续拉深模设计时应注意的问题如下:

(1)卸料板为整体式结构,冲工艺切口和首次拉深时最好单独设立压料板,尤其当压边力较大时。卸料板下面开一深 0.5 mm、宽 34 mm 的槽,以免在拉深过程中带料被压得太紧。采用弹压卸料(或压料),以对零件凸缘平面起校正作用。各拉深工步均设有顶件器,将工件顶出凹模。

(2)带料以导料板和浮动导料销导向,并以浮动导料销辅助抬料与卸料。步距的精确定位靠导向套和翻边凸模导正。

(3)冲裁凸模与拉深凸模的高度差比拉深工件高度小一些,以便于调节拉深高度。

三、多工位级进模排样设计

(一)多工位级进模的设计步骤

和普通冷冲模设计一样,多工位级进模设计时首先必须进行冲压零件工艺性分析和冲压工艺设计,然后再进行模具设计。因为多工位级进模集中了分离工序与成形工序中许多不同性质的冲压工序,所以其设计与普通冲模有很大的不同,要求也要高得多。例如,在进行冲压工艺设计时必须得到试制或小批量生产的技术数据或工序样件,必要时还可以使用简易模具或手工进行工艺验证,以获得较为准确的零件展开形状及尺寸、工序性质、工序数量、工序顺序以及工件(半成品)尺寸等。这些都是多工位冲压条料排样设计的重要依据,而多工位级进模排样设计是多工位级进模结构设计的关键。排样之后便可进行凸模、凹模、凸模固定板、垫板、卸料装置及导料、定距等零部件的结构设计。最后绘制模具总装图和零件图,并提出使用与维护的说明。

(二)多工位级进模的排样设计内容

排样的目的在于确定从坯料转变为零件的冲压过程。在进行模具结构设计之前,必须解决以下三个主要问题:

(1)如何从条料上截取零件的坯料?

(2)冲压过程包含的冲压工序有哪些?

(3)如何组合及安排冲压工序?

而排样可以集中解决上述问题。

多工位级进模的排样具体包含以下三类:

(1)坯料排样(详见模块二的相关内容)。

(2)冲切刃口设计。

(3)工序排样。

如图 6-14 所示为三种排样方案的比较,本模块主要讲述后两种方案。

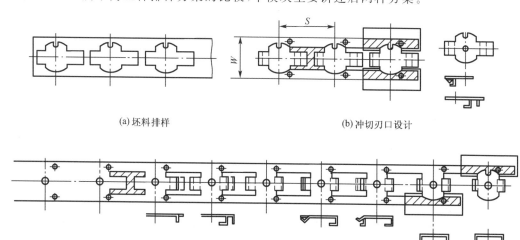

(a)坯料排样　　　　　　　　(b)冲切刃口设计

(c)工序排样

图 6-14　三种排样方案的比较

（三）冲切刃口设计

冲切刃口设计是指将零件的复杂外形和内形孔分为几次冲切,从而实现外形和内形孔轮廓的分解和重组,以设计合理的凸模和凹模刃口外形,实现复杂零件冲压或优化模具结构。

1. 冲切刃口设计原则

冲切外形应在坯料排样后进行,轮廓分解与重组应遵循以下原则:

（1）优化模具结构,分解段数量应尽可能少,凸模和凹模外形要简单、规则,便于加工,同时应具有足够的强度,如图 6-15 所示。

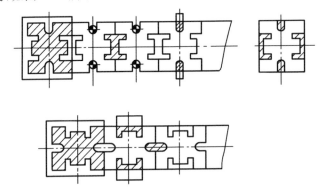

图 6-15　刃口分解

（2）保证零件的形状、尺寸等技术要求。

（3）各分解段的连接应平直或圆滑。

（4）分解段搭接点应尽量少,搭接点位置应避开冲裁件的薄弱部位和外形的重要部位。

（5）有公差要求和使用过程中有滑动配合要求的直边应一次冲切,不宜分段,以免误差积累。

（6）复杂内形、外形以及有窄槽或细长臂的部分最好分解。

（7）外轮廓各段毛刺方向有不同要求时应分解。

（8）刃口分解应考虑加工设备条件和加工方法。

2. 坯料切废后相关部位的连接方式

由于模具制造误差和步距误差积累,经过各工位切除废料后,容易在外缘或各形孔的连接处出现不平直、不圆滑、错牙、尖角、塌角等缺陷。坯料切废后相关部位的连接方式有以下三种:

（1）搭接

搭接是指零件展开后,在其折线的连接处进行分断,分解为若干个形孔分别切除,如图 6-16 所示。搭接量一般大于 $0.5t$（t 为材料厚度）,若不受搭接形孔尺寸限制,搭接量可达 $(1\sim2.5)t$,最小不能小于 $0.4t$。

（2）平接

平接是在零件的直边上先切去一段,然后在另一工位再切去余下的一段,经过两次（或多次）冲切后,形成完整的平直直边,如图 6-17 所示。采用这种连接方式可以提高材料利用率,模具制造步距精度、凸模和凹模制造精度高,并且在直边的第一次冲切和第二次冲切的两个工位必须设置导正销导正。

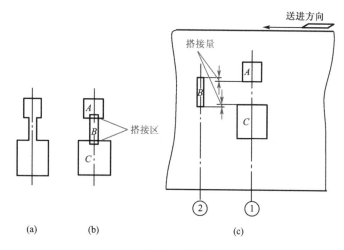

图 6-16 搭接

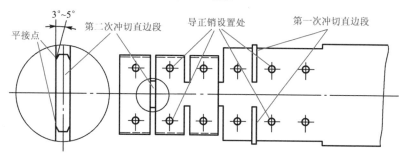

图 6-17 平接

（3）切接

与平接相似，切接是圆弧分段切废，即在前工位先冲切一部分圆弧段，在以后工位再冲切出其余的圆弧部分，要求先后冲切出的圆弧光滑连接，如图 6-18 所示。

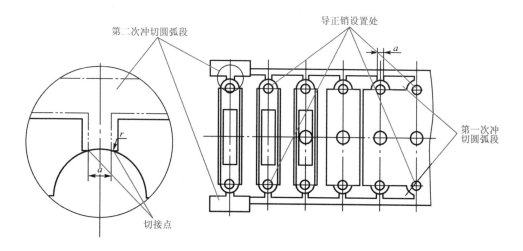

图 6-18 切接

（四）工序排样

1. 工序排样的内容和类型

（1）工序排样的内容

①在冲切刃口设计的基础上，将各工序内容进行优化组合而形成一系列工序组，对工序排序，确定工位数和每一工位的加工工序。

②确定载体形式与坯料定位方式。

③设计导正孔直径，确定导正销数量。

④绘制工序排样图。

（2）工序排样的类型

按坯料外形和零件获得方式可将工序排样分为以下三种（图6-19）：

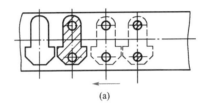

(a)

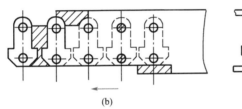

(b)

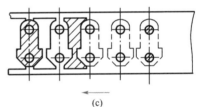

(c)

图 6-19　工序排样的类型

①落料型工序排样　将零件内部孔的冲切工序安排在开始的若干工位，在最末工位安排落料工序。如图6-19(a)所示，工件通过落料与载体分离，并从凹模孔中落下。这种类型适用于冲制外形简单的零件。

②切边型工序排样　将坯料的外轮廓分解，在不同的工位上分段逐次冲切，在最末一个工位通过冲切工件外轮廓最后一段处的废料使零件与条料分离，并在凹模表面获得工件，如图6-19(b)所示。这种类型适用于冲制外形复杂的零件。切边型工序排样中分解段连接部位的尺寸见表6-2。

表 6-2　　　　　　　　切边型工序排样中分解段连接部位的尺寸　　　　　　　　　　　mm

切边形式	图例		分解段连接部位的尺寸		
			b	C	C_{min}
R形凸模分断			$0\sim25$	$1.2t$	1.5
			$25\sim50$	$1.5t$	2.0
			$50\sim100$	$2.0t$	3.0
			b	C	C_{min}
直线形凸模分断			$0\sim25$	$1.2t$	2.0
			$25\sim50$	$1.5t$	3.0
			$50\sim100$	$2.0t$	4.5

切边形式	图例	分解段连接部位的尺寸		
		b	A	A_{min}
切槽		$0 \sim 25$	$0.8t$	0.9
		$25 \sim 75$	$1.0t$	1.2
		$75 \sim 150$	$1.2t$	1.8
		$150 \sim 250$	$1.3t$	2.4
切长槽		L	S	S_{min}
		$0 \sim 10$	$1.2t$	1.8
		$10 \sim 20$	$1.5t$	2.5
		$20 \sim 40$	$2.0t$	3.5

③混合型工序排样 前边工位按切边型工序排样,最末工位以不封闭的方式落料,与落料型排样的末工位类似,如图 6-19(c)和图 6-20 所示。混合型工序排样适用于冲制外形复杂的零件,是常用的工序排样方式。

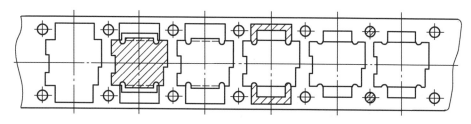

图 6-20 混合型工序排样

2.空位

空位是指工件通过时,不进行任何冲压加工的工位。设置空位的目的在于提高模具强度,保证模具寿命和产品质量,在模具中设置特殊机构并作为储备工位。如图 6-4 所示工序排样中,工位⑧即空位。

3.载体

多工位级进模在条料送进的过程中要不断地切除余料。在各工位之间及到达最后工位之前,需要保留一些材料将其连接起来,以保证条料的连续送进,称这部分材料为载体。载体必须具有足够的强度和刚度。条料载体的基本类型有单侧载体、双侧载体以及中间载体。

(1)单侧载体

单侧载体如图 6-21 所示,在条料的一侧留出一定宽度的材料,并在适当的位置与工件连接,适用于切边型工序排样,其尺寸见表 6-3。

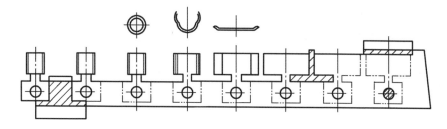

图 6-21 单侧载体

表 6-3 单侧、双侧载体尺寸 mm

载体类型	图例	载体尺寸	
单侧载体		t	A_{min}
		≤0.3	3
		0.3~0.8	4
		0.8~1.2	6
		1.2~2.0	8
双侧载体		t	B_{min}
		≤0.3	1.5
		0.3~0.8	2
		0.8~1.2	3
		1.2~2.0	4

（2）双侧载体

双侧载体是单侧载体的加强形式，在条料两侧分别留出一定宽度的材料运载工件。主要用于材料厚度较薄、零件精度要求较高的场合，但材料利用率低，其尺寸见表6-3。

（3）中间载体

中间载体常用于一些对称弯曲成形件，利用材料不变形的区域与载体连接，成形结束后切除载体。中间载体可分为单中载体和双中载体。中间载体在成形过程中平衡性较好。图6-22所示是同一个零件选择中间载体时不同的排样方法。图6-22（a）所示为单件排列，图6-22（b）所示为可提高生产率一倍的双排排样。图6-23所示零件要进行两侧以相反方向卷曲的成形，选用单中载体难以保证成形件成形后的精度要求，而选用可延伸连接的双中载体即可保证成形件的质量。此方法的缺点是载体宽度较大，会降低材料的利用率。中间载体常用于材料厚度大于0.2 mm的对称弯曲成形件。

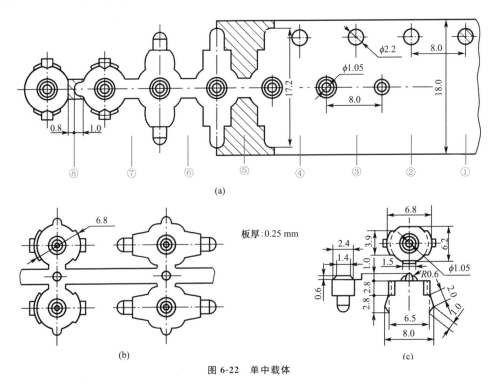

图 6-22 单中载体

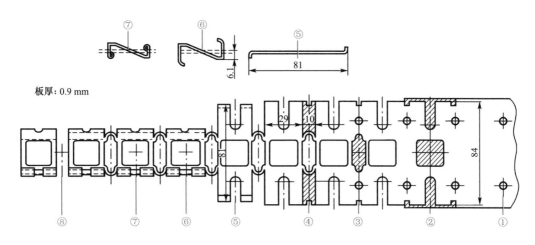

图 6-23　双中载体

（五）多工位级进模的定距

1.步距与步距精度

步距是指级进模中条料逐次送进时每次应向前移动的距离。多工位级进模的工位间公差称为步距公差,它直接影响冲压件的精度。步距公差小,冲压件精度高,但模具制造困难。应根据零件精度、复杂程度、材质、料厚、模具工位数、送料及定位方式适当确定级进模的步距公差。其经验公式为

$$\pm T/2 = \pm \frac{T'K}{2\sqrt[3]{n}} \tag{6-1}$$

式中　$\pm T/2$——步距对称偏差值;

　　　T'——零件沿送料方向的最大轮廓尺寸(展开后)精度提高三级后的实际公差值;

　　　n——工位数;

　　　K——修正系数,见表 6-4。

表 6-4　　　　　　　　　　　　修正系数 K 值

冲裁(双面)间隙 Z/mm	K	冲裁(双面)间隙 Z/mm	K
0.01～0.03	0.85	0.12～0.15	1.03
0.03～0.05	0.90	0.15～0.18	1.06
0.05～0.08	0.95	0.18～0.22	1.10
0.08～0.12	1.00		

为了消除工位的步距积累误差,每一工位的位置尺寸均由第一工位标起,公差均为 $\pm T/2$。

2.定位误差

在级进模中,条料的定位精度直接影响冲压件的精度。在模具步距精度一定的条件下,可以通过载体设计和设置导正销达到要求的条料定位精度。条料定位误差经验计算公式为

$$T_\Sigma = CT\sqrt{n} \tag{6-2}$$

式中 T_Σ——条料定位积累误差；

T——级进模步距公差；

n——工位数；

C——精度系数。单载体每步均设置导正销时，$C=1/2$；加强导正定位时，$C=1/4$。双载体每步均设置载体时，$C=1/3$；加强导正定位时，$C=1/5$。当载体隔一步导正时，精度系数取 $1.2C$；隔两步导正时，精度系数取 $1.4C$。

3. 工件定位方式

级进模工作时要求工件在每一工位都能准确定位，而工件依附于条料。可以采用挡料销、侧刃、自动送料装置对工件在送进时进行定距，设置导正销则可以对工件精确定位。

侧刃是级进模中常用的定位元件，其冲切缺口的宽度尺寸如图 6-24 所示。根据 A 值大小，有时还需要对坯料排样时确定的宽度进行适当调整。侧刃冲切后的条料宽度与导料板之间的间隙不宜过大，一般为 $0.05\sim0.15$ mm，薄料取小值，厚料取大值。

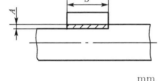

	mm
t	A_{min}
<0.3	1.0
$0.3\sim0.8$	1.5
$0.8\sim1.2$	2.0
$1.2\sim2.6$	4.0

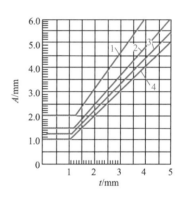

图 6-24 侧刃冲切缺口尺寸

1—S 为 50 mm 以上；2—S 为 20~50 mm；3—S 为 10~20 mm；4—S 为 10 mm 以下

侧刃冲切缺口长度略大于步距基本尺寸（S），可以使导正销插入条料导正孔后有使条料回退 $0.03\sim0.05$ mm 的余地，从而达到精确定位的目的。

高速冲压中条料的自动送进多使用自动送料装置，送料步距精度取决于送料装置的精度。但对步距精度要求高时，仍要使用导正销。

■ (六)导正

图 6-25 所示为导正工作原理。导正利用安装在上模上的导正销插入条料上的导正孔来校正条料的位置，导正孔直径与导正销的矫正能力相关。导正孔直径太小，导正销容易弯曲变形，降低导正精度；导正孔直径太大，则会降低材料利用率以及载体强度。一般取导正孔直径大于或等于料厚的 4 倍，薄料（$t<0.5$ mm）导正孔直径大于或等于 1.5 mm。其经验值见表 6-5。

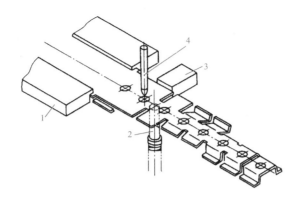

图 6-25　导正工作原理

1—导料板；2—顶料销；3—侧刃挡块；4—导正销

表 6-5	导正孔直径的经验值	mm
t		d_{min}
<0.5		1.5
0.5~1.5		2.0
>1.5		2.5

（七）工序排样原则与要点

图 6-26 所示为工序排样过程。

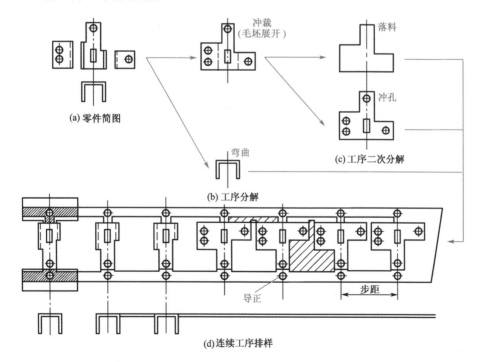

图 6-26　工序排样过程

1.级进冲裁工序排样

(1)有孔位精度要求的孔尽可能在同一工位冲出,当无法安排在同一工位时,可安排在相近工位上冲制。

(2)轮廓较大的冲切工序尽量安排在中间工位,使压力中心与模具几何中心重合。

(3)工序安排应考虑模具加工制造条件与难易程度。

2.级进弯曲工序排样

(1)尽可能将上模的冲压方向作为冲压件弯曲变形方向。

(2)当弯曲线位置对条料的纤维方向无特殊要求时,一般以弯曲件宽度方向作为条料送进方向,可以避免使模具结构过于窄长。

(3)为避免弯曲裂纹,应使弯曲部位冲切余料方向与工件弯边方向相同,使毛刺位于弯曲成形的内侧。

(4)采取向上或向下弯曲要考虑冲切余料时的毛刺方向、模具结构形式以及条料送进时是否稳定和方便。

(5)弯曲排样时应尽量采用小的送进线高度,如图 6-27 所示。平板毛坯弯曲后成为立体工件,工件在送进时为了不被凹模挡住,坯料平面应离开凹模一定的高度,该高度即送进线高度。

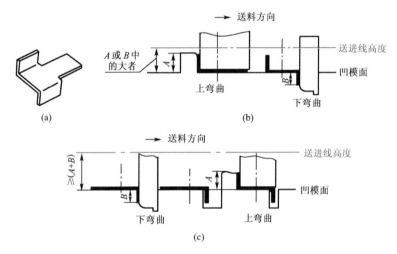

图 6-27 送进线高度

3.级进拉深工序排样

级进拉深工序排样普遍采用工艺切口。表 6-6 所列为典型工艺切口的形式及应用。

表 6-6　　　　　　　　　　　　　典型工艺切口的形式及应用

序号	切口或切槽形式	应用	特点
1		用于材料厚度 $t<1$ mm、直径 $d>5$ mm 的圆形浅拉深件	(1)首次拉深工位,材料起皱情况比无切边时好; (2)侧搭边会弯曲,妨碍送料

续表

序号	切口或切槽形式	应用	特点
2		用于材料比较厚(t>0.5 mm)的圆形件,应用较广	(1)不易起皱,送料方便; (2)条料会缩小,不能用来定位; (3)费料
3		用于矩形件的拉深	(1)不易起皱,送料方便; (2)条料会缩小,不能用来定位; (3)费料

4.含有局部成形时级进模的工序排样

冲孔、切除余料及其他成形通常安排在局部成形之后进行,以避免局部成形影响原来已经形成的变形。如图 6-28 所示,工序安排为先压筋,后冲切余料,然后进行两个方向的弯边以及弯边后的冲孔。

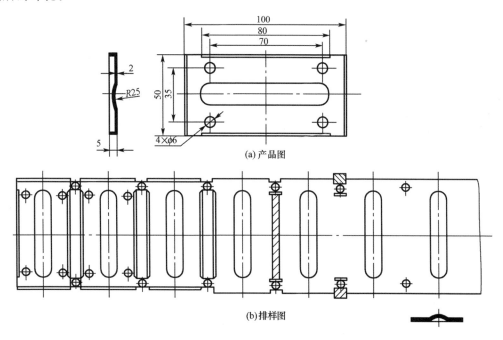

(a) 产品图

(b)排样图

图 6-28　含有局部成形时级进模的工序排样

（八）工序排样示例

条料工序排样图是指条料在级进冲压过程中,为完成各冲压加工工序所设置的工位布置图,如图 6-29 所示,其中给出了冲压各部位的冲压顺序、模具总工位数和加工工位数、各工位加工内容、工位排列顺序、步距公称尺寸及控制步距精度的方式、载体结构形式、导正销的设置位置、冲件展开图在条料上的排列方式、条料的宽度等。条料工序图设计工作完成以后,经过检查无误应标注必要尺寸,如条料宽度、步距公称尺寸、载体宽度、导正销孔径等,并标出工位序号或有效工位代号。工位尺寸以排样图的坐标原点为基准进行标注。

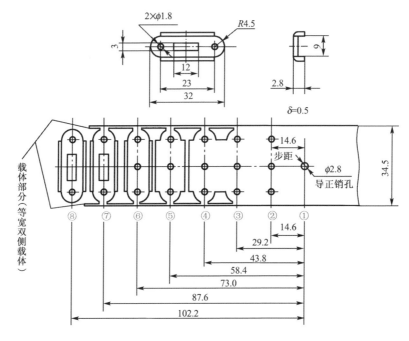

图 6-29　工序排样图示例

①—冲导正销孔;②—冲两个 $\phi1.8\ \mathrm{mm}$ 圆孔;③—空工位;④—冲切两端局部余料;

⑤—冲两工件之间的分断槽余料;⑥—弯曲;⑦—冲中部长方孔;⑧—载体切断,零件与条料分离

四、多工位级进模结构设计

多工位级进模结构设计对模具的工作性能、制造工艺性、成本、生产周期以及模具寿命等起决定性作用。

(一)总体设计

总体设计是指以工序排样图为基础,根据零件成形要求确定级进模的基本结构框架。

1. 模具基本结构设计

级进模基本框架主要由正倒装关系、导向方式、卸料方式三个要素组成。

(1)正倒装关系

由于正装式模具结构容易出件和排除废料,因此在级进模中多采用正装式结构。

(2)导向方式

导向方式分为外导向和内导向两种。外导向主要指模架中上模座的导向;内导向则是指利用小导柱和小导套对卸料板进行导向,卸料板进而对凸模进行导向。内导向也称为辅助导向,常用于薄料、凸模直径小、零件精度要求高的级进模。

图 6-30 所示为内导向小导柱和小导套的典型结构。

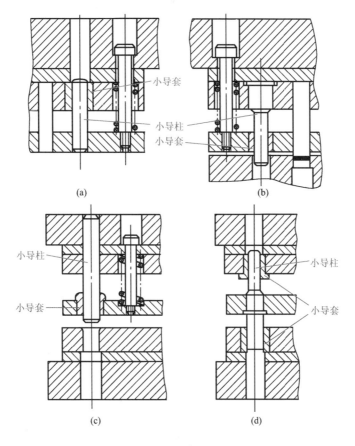

图 6-30　内导向小导柱和小导套的典型结构

（3）卸料方式

多工位级进模多采用弹压卸料装置，当工位数较少、料厚大于 1.5 mm 时，也可以采用固定卸料。

2. 模具基本尺寸

如图 6-31 所示，模具公称尺寸主要有模具的平面轮廓尺寸、闭合高度、凸模的基准高度和各模板的厚度。

（1）模具的平面轮廓尺寸

模具的平面轮廓尺寸以凹模外形尺寸为基础，以最终选择的模架尺寸为准。

（2）凸模的基准高度

因为凸模绝对高度不一样，所以可以选择一基准凸模高度，根据料厚和模具大小等因素确定，一般取 35～65 mm。其余凸模高度按照基准高度计算差值。

（3）模板厚度

模板厚度包括凹模板、凸模固定板、垫板、卸料板以及导料板的厚度。各模板的厚度取值见表 6-7。

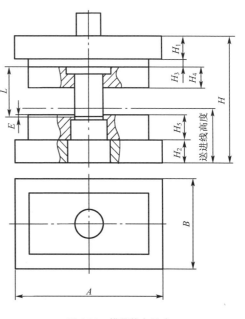

图 6-31　模具基本尺寸

表 6-7   级进模模板厚度   mm

名称	模板厚度				备注
凹模板	A				A 为模板长度，t 为条料或带料厚度
	t	≤125	125～160	160～300	
	≤0.6	13～16	16～20	20～25	
	0.6～1.2	16～20	20～25	25～30	
	1.2～2.0	20～25	25～30	30～40	
固定卸料板	A				
	t	≤125	125～160	160～300	
	≤1.2	13～16	16～20	16～20	
	1.2～2.0	16～20	20～25	20～25	
弹压卸料板	A				
	t	≤125	125～160	160～300	
	≤0.6	13～16	16～20	20～25	
	0.6～1.2	16～20	20～25	25～30	
	1.2～2.0	20～25	25～30		
垫板	A	≤125	125～160	160～300	
		5～13	8～16		
凸模固定板	L	40	50	60	70	L 为凸模长度
		13～16	16～20	20～25	22～28	
导料板	t				X 为卸料方式，t 为料厚
	X	≤1	1～6		
	固定	4～6	6～14		
	弹压	3～4	4～10		

总体设计时还应考虑的因素包括模架、压力机的选择以及模具价格与生产周期等。

■ (二)凸模设计

在多工位级进模中,凸模种类一般都比较多,截面有圆形和异形,功用有冲裁和成形,凸模的大小和长短各异,且有不少是细小凸模。

1.细小凸模

对细小凸模应实施保护且使之容易拆装。如图 6-32 所示为常见细小凸模及其装配形式。

2.带顶出销的凸模结构

带顶出销的凸模结构如图 6-33 所示。

3.成形磨削凸模结构

成形磨削凸模结构如图 6-34 所示。

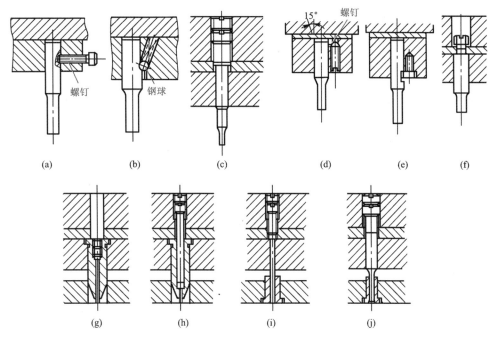

图 6-32　常见细小凸模及其装配形式

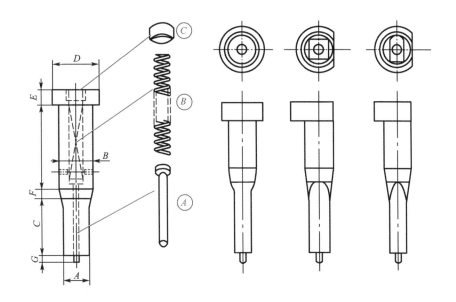

图 6-33　带顶出销的凸模结构

4. 凸模固定方法

异形凸模一般采用直通结构，用螺钉吊装固定。图 6-35 所示为凸模常用固定方法。同一副模具中的凸模固定方法应基本一致。

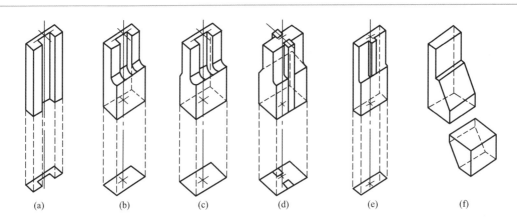

图 6-34　成形磨削凸模结构

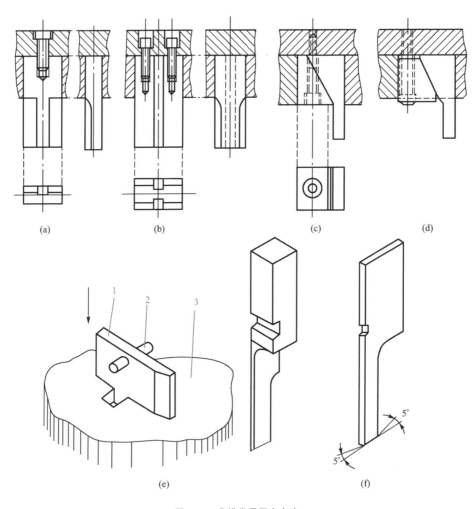

图 6-35　凸模常用固定方法

1—凸模；2—销钉；3—凸模固定板

5.刃磨后不改变闭合高度的结构

如图 6-36 所示,凸模刃磨后,将磨削的垫片也磨薄,使其修磨量等于凸模的刃磨量,同时将垫片换成增厚相同量的新垫片。这样,刃磨前、后凸模的刃口在同一水平面上。

（三）凹模设计

除了工步较少或纯冲裁、精度要求不很高的级进模凹模为整体式的以外,一般凹模采用镶拼式结构。凹模镶拼原则与普通冲裁凹模基本相同。

1.凹模的外形尺寸

（1）凹模厚度

凹模厚度 H 可以根据冲裁力和刃口轮廓长度参照图6-37确定。当凹模冲裁的轮廓长度超过 50 mm 时,从曲线中查出的数据要乘以修正系数,修正系数见表 6-8。凹模厚度的最小值为 7.5 mm。凹模表面积在 55 mm^2 以上时,H 的最小值为 10.5 mm。图 6-37 中的材料为合金工具钢,当凹模材料采用非合金工具钢时,应乘以系数 1.3。此外,凹模厚度还应加上凹模刃口的修磨量。

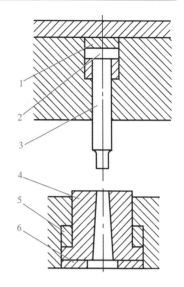

图 6-36 刃磨后不改变闭合高度的结构

1—更换的垫片；2—磨削的垫片；

3—凸模；4—凹模镶套；5—磨削的垫圈；

6—更换的垫圈

表 6-8 凹模厚度修正系数

l/mm	50～75	75～150	150～300	300～500	＞500
修正系数	1.12	1.25	1.37	1.56	1.60

（2）凹模长度

从凹模的工作刃口到外形要有足够的距离,图 6-38 中给出了凹模刃口到外边缘距离的经验值。此外,还要考虑留有螺钉孔和定位销孔的位置,统筹加以确定。

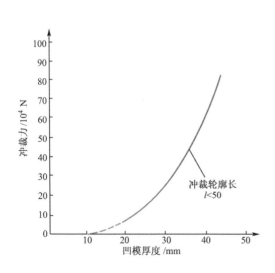

图 6-37 凹模厚度

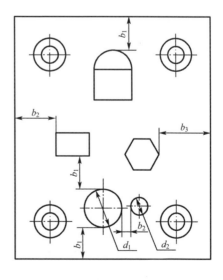

$b_1 \geqslant 1.2H, b_2 \geqslant 1.5H, b_3 \geqslant 2.0H$（$H$ 为凹模厚度）

图 6-38 凹模刃口到外边缘的距离

2. 镶拼式凹模结构

由于凹模尺寸较大，工位数较多，并且使用寿命要求高，因此常采用镶入式结构或拼块式结构，如图 6-39 所示。

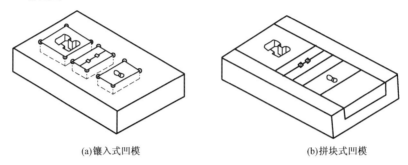

(a)镶入式凹模   (b)拼块式凹模

图 6-39　镶拼式凹模结构

（1）镶入式凹模结构

如图 6-40 所示，镶入式凹模一般是在凹模基体上开出圆孔或矩形孔（可通可不通），在孔内镶入镶件，镶件可以是整体的也可以是由拼块组成的。这种结构节约材料，也便于镶件的更换，常用于精度要求高的小型级进模。

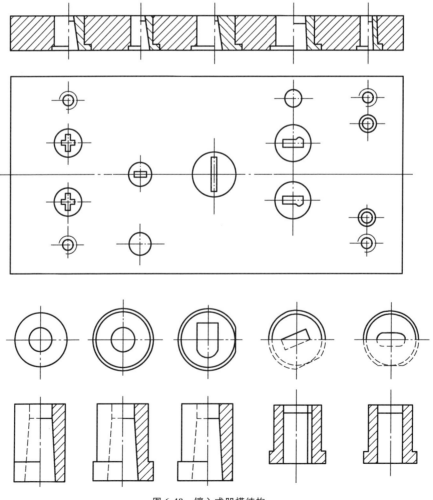

图 6-40　镶入式凹模结构

（2）拼块式凹模结构

如图 6-41 所示为拼块式凹模结构。

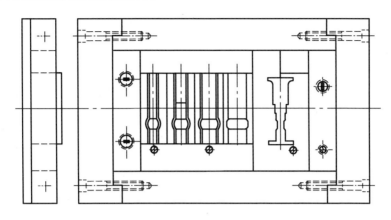

图 6-41　拼块式凹模结构

3. 倒冲机构

有些零件在成形时需要向上进行弯曲、翻边等，为了实现由下向上的冲压，需要在凹模规定的工位安装利用杠杆机构实现弯曲或翻边凸模由下向上运动的倒冲机构，如图 6-42 所示。倒冲机构属于加工方向转换机构之一。

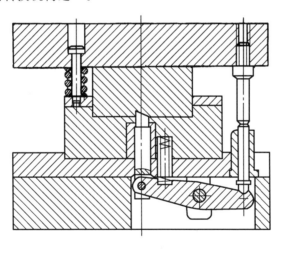

图 6-42　倒冲机构

（四）导料装置

带料经过冲裁、弯曲、拉深等变形后，在条料厚度方向上会有不同高度的弯曲和凸起，为了顺利送进带料，必须将已经成形的带料托起，使凸起和弯曲部位离开凹模洞壁并略高于凹模工作表面。上述工作由导料系统来完成。完整的导料系统包括导料板、浮顶器（或浮动导料销）、承料板、侧压装置、除尘装置以及安全检测装置等。

1. 带台阶导料板与浮顶器配合使用的导料装置

带台阶导料板与浮顶器配合使用的导料装置如图 6-43 所示。浮顶器有销式、套式和块式。由图 6-43 可知,套式浮顶器使导正销得到保护。浮顶器数量一般应设置为偶数且左右对称布置,在送料方向上间距不宜过大;条料较宽时,应在条料中间适当位置增加浮顶器。

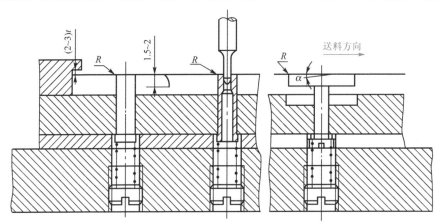

图 6-43　带台阶导料板与浮顶器配合使用的导料装置

2. 带槽浮动顶料销的导料装置

带槽浮动顶料销的导料装置既起导料作用,又起浮顶条料的作用,也是常用的结构形式,如图 6-44(a) 所示。图 6-44(b) 和图 6-44(c) 的设计是错误的。由于带槽浮动顶料销与条料为点接触,不适用于料边为断续的条料的导向,故在实际生产中常采用浮动导轨式导料装置,如图 6-45 所示。

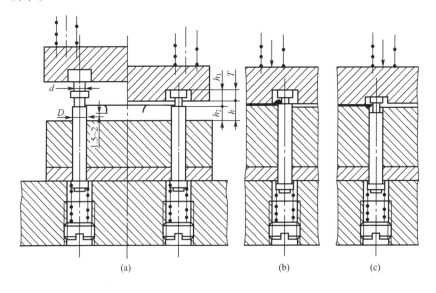

(a)　　　　　　　　　　(b)　　　　　　　　(c)

图 6-44　带槽浮动顶料销的导料装置

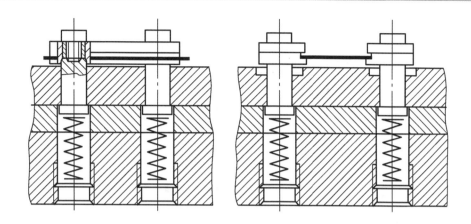

图 6-45 浮动导轨式导料装置

若结构尺寸不正确,则在卸料板压料时会产生如图 6-44(b)和图 6-44(c)所示的问题,即条料的料边产生变形,这是不允许的。

(五)导正销

条料的导正定位常使用导正销与侧刃配合定位,侧刃进行定距和初定位,导正销进行精定位。而条料的定位与送料进距的控制则靠导料板、导正销和送料机构来实现。在工位的安排上,一般导正孔在第一工位冲出,导正销设在第二工位,检测条料送进步距的误差检测凸模可设在第三工位。如图 6-46 所示为凸模式导正销的结构形式。

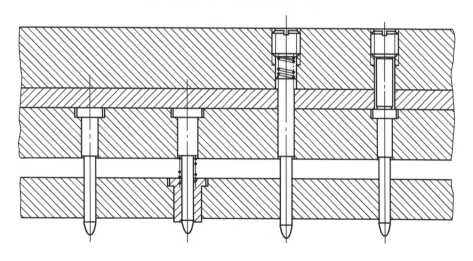

图 6-46 凸模式导正销的结构形式

导正销工作段部分伸出卸料板压料面的长度不宜过长,以防止上模部分回程时条料带上去或由于条料窜动而卡在导正销上而影响正常送料。导正销工作段的伸出长度通常取 $(0.5 \sim 0.8)\delta$,如图 6-47 所示。

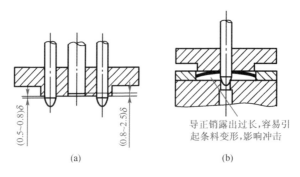

图 6-47　导正销工作段的伸出长度

（六）卸料装置

1.作用及组成

多工位级进模结构中一般使用弹压卸料装置,其作用主要有压料、卸料、导向保护等。图 6-48 所示为弹压卸料板的组成。

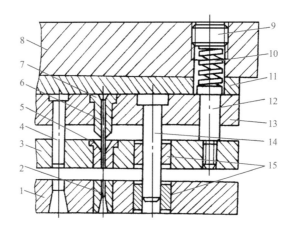

图 6-48　弹压卸料板的组成

1—凹模;2—凹模镶块;3—弹压卸料板;4—凸模;5—凸模导向护套;6—小凸模;7—凸模加强套;8—上模座;

9—螺塞;10—弹簧;11—垫板;12—卸料螺钉;13—凸模固定板;14—小导柱;15—小导套

2.结构

卸料装置一般采用分段拼装结构。图 6-49 所示为由五个分段拼块组合而成的弹压卸料板。基体按基孔制配合开出通槽,两端的两段按位置精度压入基体通槽后分别用定位销和螺钉定位固定,中间三段磨削后直接压入基体通槽内,仅用螺钉连接。通过对各分段结合面进行微量研磨加工来调整、控制各形孔的尺寸和位置精度。通过研磨各分段接合面,去除过盈量,也容易保证卸料板各导向形孔与相应凸模间的步距精度与配合间隙。拼合调整好的卸料板,连同装上的弹性元件、辅助小导柱和小导套,通过卸料螺钉安装到上模上。

3.安装

卸料板一般采用卸料螺钉吊装在上模上,如图 6-50 所示。

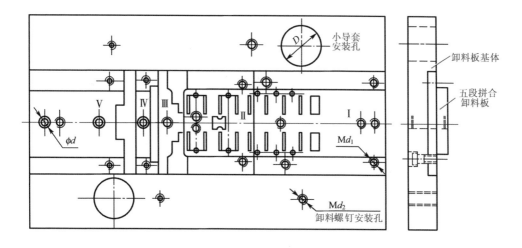

图 6-49　镶拼式弹压卸料板

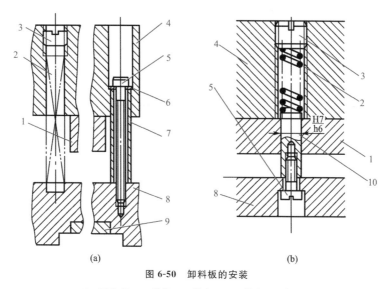

(a)　　　　　　　　　　(b)

图 6-50　卸料板的安装

1—固定板;2—弹簧;3—螺塞;4—上模座;5—螺钉;

6—垫片;7—管套;8—卸料板;9—卸料板拼块;10—卸料销

4.卸料螺钉

卸料螺钉宜采用图 6-51(a)所示结构,以便于控制工作长度 L,也便于在凸模每次刃磨时工作长度被同时磨去同样的高度;如采用图 6-51(b)所示结构,则应加上如图所示的垫片,可以达到同样的效果。

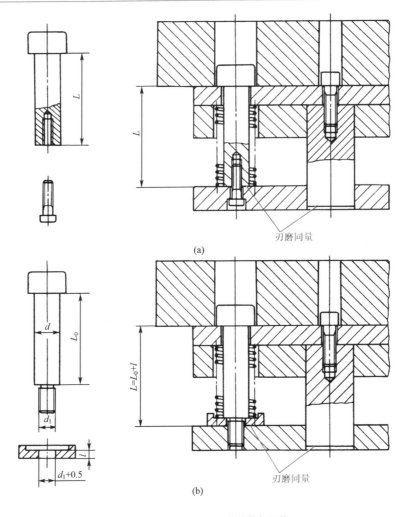

图 6-51　卸料螺钉的结构与调整

（七）自动送料装置

多工位级进模自动送料装置一般使用辊轴式送料装置（该装置已经形成了一种标准化的冲压自动化周边设备）、气动夹持式送料装置、钩式送料装置、PLC 控制的步进电动机送料装置等。

1. 辊轴式送料装置

辊轴式送料装置适用于条料、卷料的自动送进，通用性强，结构种类多，可供多种压力机使用。利用辊轴单向周期性旋转及辊轴与卷料之间的摩擦力，以推式或拉式实现材料的送进。辊轴的间歇旋转通常是由压力机滑块的往复运动或曲轴的回转运动带动各种机械传动机构来实现的。如图 6-52 所示为单边卧辊推式辊轴自动送料装置。

2. 气动夹持式送料装置

以压缩空气为动力，当压力机滑块下降时，由在滑块上固定的撞块撞击送料装置的导气阀，气动送料装置的主气缸推动送料夹紧机构的气缸和固定夹紧机构的气缸，使它们完成送料和定位工作。

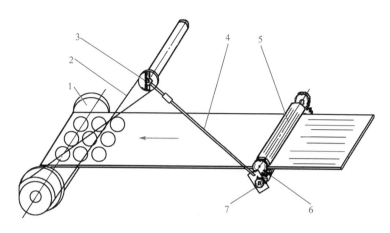

图 6-52　单边卧辊推式辊轴自动送料装置

1—废料卷筒；2—带；3—偏心盘；4—拉杆；5—上辊轴；6—下辊轴；7—棘轮

3.钩式送料装置

(1)工作原理

钩式送料装置是一种结构简单、制造方便、制造成本低的自动送料装置。各种钩式送料装置的共同特点是靠拉料钩拉动工艺搭边，实现自动送料。这种送料装置只能使用在有搭边且搭边具有一定强度的冲压生产中，在拉料钩没有钩住搭边时，需靠手工送进。在级进冲压中，钩式送料通常与侧刃、导正销配合使用才能保证准确的送料步距。该类装置送进误差为±0.15 mm，送进速度一般小于 15 m/min。钩式送料装置可由压力机滑块带动，也可由上模直接带动，后者应用比较广泛。图 6-53 所示为由安装在上模的斜楔带动的钩式送料装置。其工作过程是：开始几个工件用手工送进，当达到送料钩位置时，上模下降，安装于下模的滑动块在斜楔的作用下向左移动，铰接在滑动块上的拉料钩将材料向左拉移一个步距 A，此后拉料钩停止不动（图 6-53 所示位置），上模继续下降凸模冲压，当上模回升时，滑动块在拉簧的作用下，向右移动复位，使带斜面的拉料钩跳过搭边进入下一孔位完成第一次送料，而条料则在止退簧片的作用下静止不动。以此循环，达到自动间歇送进的目的。

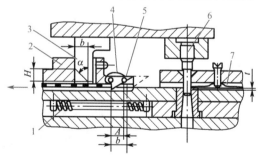

图 6-53　钩式送料装置

1—拉簧；2—滑动块；3—斜楔；4—支座；5—拉料钩；6—凸模；7—止退簧片

钩式送料装置的送料运动一般在上模下行时进行，因此送料必须在凸模接触材料前结束，以保证冲压时材料定位在正确的冲压位置。若送料设计在模具开模上升时进行，材料的送进必须在凸模上升脱离冲压材料后开始。

（2）送料钩行程的计算

为了保证送料钩顺利地落下一个孔，应使 $S_{钩}>A$，如图 6-54 所示。

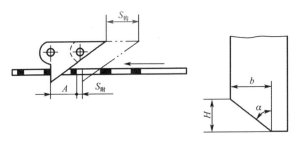

图 6-54　送料钩行程的计算

$$S_{钩}=A+S_{附}$$

式中，$S_{附}$一般取 $1\sim3$ mm。

图 6-54 所示送料钩最大行程等于斜楔斜面的投影，即 $S_{钩max}=b$。当 $S_{钩}<b$ 时，可在 T 形导轨底板上安装限位螺钉，使送料滑块复位时在所需位置上停住，从而获得所需的送料进距。

（3）压力机行程与斜面高度的尺寸关系

为保证送料与冲压两者互不干涉，压力机的行程 S 应满足

$$S\geqslant H+t+(2\sim4)$$

式中，H 是斜楔斜面的高度，在带料级进拉深中 $S\geqslant H+$工作高度。

（八）安全检测装置

安全检测装置的设置目的在于防止失误，以保护模具和压力机免受损坏。其位置既可设置在模具内，也可设置在模具外。如图 6-55 所示为利用浮动导正销检测条料误送的机构。当导正销因送料失误不能进入条料的导正孔时，便随上模的下行被条料推动向上移动，同时推动接触销使微动开关闭合，而微动开关同压力机的电磁离合器同步工作，因此电磁离合器脱开，压力机滑块停止运动。

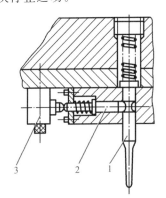

图 6-55　导正销检测机构

1—浮动检测销（导正销）；2—接触销；3—微动开关

五、支架零件级进模设计

(一)基本冲压工序

该零件的冲压主要包括落料、冲孔、两侧弯曲三种基本冲压工序,如图 6-56 所示。

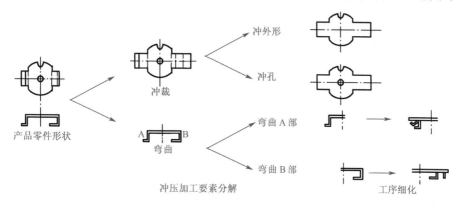

图 6-56 工序分解图

(二)坯料展开图

坯料展开图如图 6-57 所示。

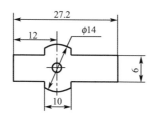

图 6-57 坯料展开图

(三)零件工艺性分析

1. 尺寸精度

按未注公差,尺寸精度取 IT14 级。

2. 材料

10 钢适合冲压。

3. 冲裁工艺性

零件外形、内孔的冲裁可以使用普通冲裁工艺来完成。

4. 弯曲工艺

弯曲圆角及直边高度符合弯曲工艺要求,各弯角可以一次弯曲成形。

(四)冲压工艺方案拟订

根据零件冲压所需要的落料、冲孔、弯曲基本冲压工序,将其进行适当组合及集中,可以有多种冲压方案,其中比较典型的方案有:单工序冲压,即落料—冲孔—首次弯曲—二次弯曲;采用级进模连续冲压。

考虑到第一种方案生产率低,工序件需要多次定位、操作不方便、不安全,并且零件的尺寸小、生产批量大,因此选择第二种方案。钢板选取 1 000 mm×2 000 mm×0.8 mm 的冷轧钢板。

(五)排样

根据零件展开尺寸,综合考虑模具结构以及冲压工序实现要求,确定排样方案,如图 6-58 所示。

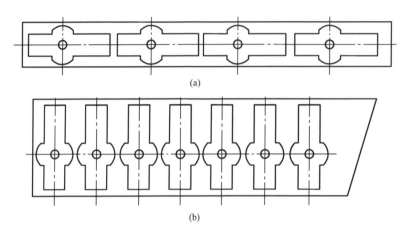

图 6-58　排样

搭边值确定:查冲裁搭边值表,初步确定中间搭边宽度为 1.5 mm,侧面搭边宽为1.8 mm。因此步距初定为 28.7 mm,条料宽度为 17.6 mm。据此可进一步计算出材料的利用率。

(六)工序排样

冲压过程包含弯曲工序,考虑到出件方便,采用切边型排样。

1. 冲切刃口设计

冲切刃口设计如图 6-59 所示。

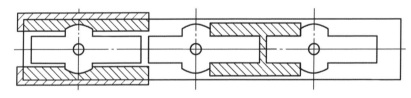

图 6-59　冲切刃口设计

2. 弯曲工位工作原理

弯曲工位工作原理如图 6-60 所示。

3. 载体

选取双载体,在载体上冲导正孔,载体宽度取 5 mm。

4. 定位及导正

采用侧刃控制送料步距,进行初定位;采用导正销精确定位,导正方式为间接导正。导正孔布置在两侧的载体上,根据表 6-3 选取导正孔直径为 3 mm。因为弯曲部分在条料的中部,所以采用双侧浮顶销将条料顶至送进线高度,采用槽式顶料销,起宽度方向的导料作用。

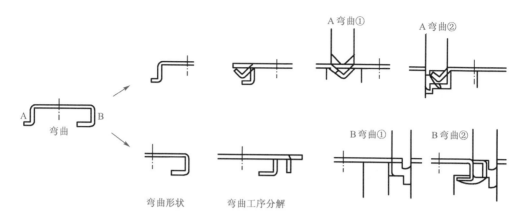

图 6-60 弯曲工位工作原理

5. 工序排样图

工序排样如图 6-61 所示。工位①,冲工件孔及导正孔,侧刃切边;工位②,切槽;工位③,弯曲 A 部外角(图 6-60);工位④,弯曲 A 部内角(图 6-60);工位⑤,弯曲 B 部外角(图6-60);工位⑥,弯曲 B 部内角(图 6-60);工位⑦,空位;工位⑧,切边;工位⑨,切边。

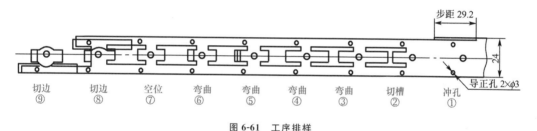

图 6-61 工序排样

6. 条料尺寸

考虑载体尺寸,取条料宽度 24 mm,步距 29.2 mm。

7. 步距精度

工位数 $n=9$,由轮廓尺寸查得 $T'=0.084$,由冲裁间隙查表 2-3 得 $Z=0.040\sim0.056$,再根据冲裁间隙查表 6-4 得 $K=0.95$;根据式(6-1)计算步距精度 $\pm T/2=0.019$ mm,取 $\pm T/2=0.02$ mm。

8. 钢板剪料方式

钢板剪料方式如图 6-62 所示。

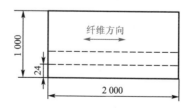

图 6-62 钢板剪料方式

每块钢板可剪 40 个条料,每个条料可冲 68 个零件,每块钢板可以冲 2 720 个零件。

（七）冲压力计算

冲压力主要计算冲裁力、弯曲力及卸料力。具体计算过程略。

（八）模具总体结构设计

1. 基本结构形式

（1）正倒装结构

正倒装结构采用正装式级进模。

（2）导向

由于采用手工送料，因此为方便操作选用对角导柱模架。根据零件精度要求，模架选用外导向。

（3）卸料方式

卸料方式选用弹压卸料装置。

2. 公称尺寸

（1）模板尺寸

根据图 6-61 所示的工序排样，凹模工作区尺寸大多在 124 mm×290 mm 左右，圆整后取 150 mm×300 mm。其他模板尺寸与凹模一致。

（2）工作行程

最大行程为工位⑥弯曲工序，实际弯曲行程 4 mm，在模具开启状态下，凸模下表面到凹模上表面的最小距离为 6 mm。

（3）模板厚度及冲孔凸模高度

凹模板厚度为 30 mm；卸料板厚度为 25 mm；凸模固定板厚度为 25 mm；垫板厚度为 10 mm；冲孔凸模高度为 65 mm。

（4）模具工作区高度（不含模架）

开启高度大于 110 mm，闭合高度约为 100 mm。

3. 模架

根据国家标准选取：

模架　315 mm×220 mm×260 mm　Ⅰ　GB/T 2852—2008；

上模座　315 mm×220 mm×45 mm　GB/T 2855.1—2008；

下模座　315 mm×220 mm×55 mm　GB/T 2855.2—2008；

导柱　35 mm×210 mm，40 mm×210 mm　GB/T 2861.1—2008；

导套　35 mm×115 mm×43 mm，40 mm×115 mm×43 mm　GB/T 2861.6—2008；

模具开启高度为 260 mm，闭合高度为 220 mm。

4. 压力机选取

根据冲压力选取 J23-25 型压力机，其工作参数满足模具工作要求。

5. 模柄

选择压入式模柄，规格为 A50×105　JB/T 7646.1—2008。

■ （九）结构设计

1. 工作单元结构

凸模采用固定板安装在上模,凹模采用镶入式结构,采用定位销定位,用螺钉固定在下模上。

2. 卸料机构

卸料板采取整体式,其工作行程为 4 mm,选取弹簧提供弹压力。

3. 定距机构

采用侧刃定距。

4. 顶料机构

根据工序要求,选用槽式顶料销作为顶料机构。顶料销弹顶行程为 5 mm。在有导正销的工位采用套式顶料销,

5. 送料方式

采取手工送料方式。

6. 模具零件固定

模板采取定位销定位,螺钉固定。因为各凸模平面尺寸较小,所以模板上型孔配合定位,均采用凸台或铆开式结构固定。

7. 安全装置

模具采用手工送料,但操作在模具危险区之外,比较安全。为了使废料顺利落下,下模座的漏料孔应比凹模落料孔大。

8. 零件材料

凸模与凹模选用合金工具钢 Cr12MoV,卸料板选用 T10A。

■ （十）模具零件设计

1. 工作零件

冲裁间隙查表得 0.040～0.056;凸、凹模刃口尺寸等尺寸计算内容略。

2. 凸模高度

以工位⑥弯曲凸模高度 h 为基准:冲中央孔凸模高度为 $h-3$;冲导正孔凸模高度为 $h-3$;工位③弯曲凸模高度为 h;工位④弯曲凸模高度为 h;工位⑤弯曲凸模高度为 $h-2.5$;工位⑧切边凸模高度为 $h-3$;工位⑨切边凸模高度为 $h-3$。

3. 弹性元件设计

选用普通弹簧作为模具弹性元件,用于提供卸料力和弹顶力。具体计算略。

4. 其他零件设计

略。

5. 模具零件强度校核

略。

■ （十一）模具装配

模具装配如图 6-63 所示。

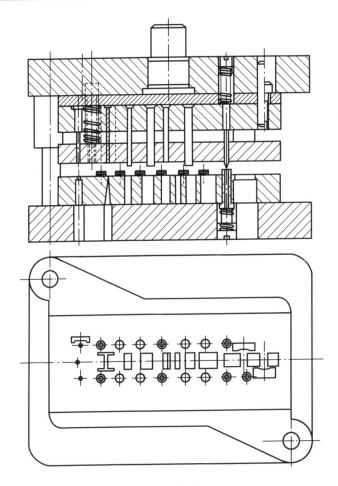

图 6-63　模具装配

级进模装配及试模

1. 实训目的

掌握典型模具装配工艺及调试方法;分析和解决模具装配调试过程中出现的一些问题。

2. 实训内容

级进模的装配及调试。

3. 实训用具

(1)设备:冲压机或油压机一台及钻床等。

(2)工具:级进冲裁模一套(图 6-64)、钻头、铰刀、固定模具所需的工具等。

(3)材料:镀锌铁皮,材料厚度为 1 mm;Q235A 钢,材料厚度为 1.2 mm。

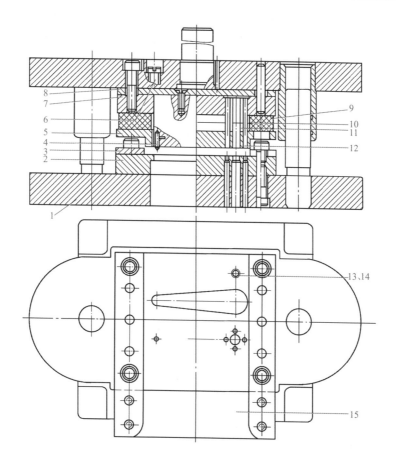

图 6-64 手柄级进模装配图

1—下模座；2—凹模；3—导料板；4—导正销；5—卸料板；6—卸料螺钉；7—凸模固定板；8—垫板；
9—橡胶；10—外形凸模；11—大孔凸模；12—小孔凸模；13—活动挡料销；14—弹簧；15—承料板

4. 实训步骤

根据级进模装配要点，选凹模作为装配基准件，先装下模，再装上模，并调整间隙、试冲、返修。

（1）凸、凹模预配

装配前仔细检查各凸模形状及尺寸以及凹模型孔是否符合图纸要求的尺寸精度、形状；将各凸模分别与相应的凹模孔相配，检查其间隙是否加工均匀，不合适者应重新修磨或更换。

（2）凸模装配

以凹模孔定位，将各凸模分别压入凸模固定板 7 的型孔中，并挤紧牢固。

（3）装配下模

在下模座 1 上划中心线，按中心预装凹模 2、导料板 3；在下模座 1、导料板 3 上用已加工好的凹模分别确定其螺孔位置，并分别钻孔、攻螺纹；将下模座 1、导料板 3、凹模 2、活动挡料销 13、弹簧 14 装在一起，并用螺钉紧固，打入销钉。

（4）装配上模

在已装好的下模上放等高垫铁，再在凹模中放入厚 0.12 mm 的纸片，然后将凸模与固定板组合装入凹模；预装上模座，划出与凸模固定板相应的螺孔、销孔位置并钻、铰螺孔、销孔；用螺钉将固定板组合、垫板、上模座连接在一起，但不要拧紧；将卸料板套装在已装入固定板中的凸模上,装上橡胶和卸料螺钉,并调节橡胶的预压量,使卸料板高出凸模下端约1 mm;复查凸、凹模间隙并调整合适后紧固螺钉;安装导正销 4、承料板 15;切纸检查,合适后打入销钉。

（5）试冲与调整

装机试冲并根据试冲结果做相应调整。

5.实训报告

实训报告见表 6-9。

表 6-9　　　　　　　　　　　　　实训报告

姓名		同组人员		年　　月　　日

1.简述级进模的装配过程和要点。

2.简述模具间隙的调整方法。

素养提升

　　经过数代人的顽强拼搏和追赶,我国的模具设计与制造 CAD/CAM 技术有了长足的进步,目前已经位居世界先进水平。每一位使用模具设计与制造 CAD/CAM 技术的学生当树立文化自信。更多内容扫描延伸阅读二维码进行延伸阅读与学习。

延伸阅读

////////////// **复习与思考题** //////////////

1.工序排样有哪几种类型? 各有何特点及应用?

2.载体的作用是什么?

3.如图 6-65 所示零件,材料为 Q235A,厚度为 1.5 mm。试设计一副采用弹性卸料、固定挡料销和导正销定位的多工位级进模,绘出排样图和总装图。

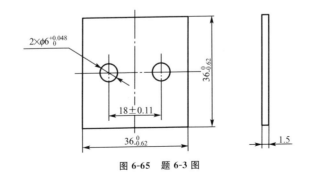

$2 \times \phi 6^{+0.048}_{0}$

18 ± 0.11

$36^{0}_{-0.62}$

$36^{0}_{-0.62}$

1.5

图 6-65　题 6-3 图

模块七
汽车覆盖件冲压工艺与模具设计

任务描述

本模块主要介绍汽车覆盖件的分类、成形特点、典型覆盖件成形工艺制定、拉深/翻边/修边基础、拉深模/修边模/翻边模的结构设计要点等内容。

一、概 述

（一）认识汽车覆盖件

汽车制造四大工艺是指冲压、焊装、涂装和总装。据统计，汽车上有 $60\%\sim70\%$ 的零件是用冲压工艺生产出来的。汽车覆盖件（以下简称覆盖件）是指构成汽车车身或驾驶室、覆盖发动机和底盘的薄金属板料制成的异形体表面和内部零件，如图 7-1 所示。轿车的车前板和车身、载重车的车前板和驾驶室等都是由覆盖件和一般冲压件构成的。覆盖件组装后构成了车身或驾驶室的全部外部和内部形状，它既是外观装饰性的零件，又是封闭薄壳状的受力零件。与一般冲压件相比，覆盖件具有材料薄、形状复杂、结构尺寸大和表面质量要求高等特点。覆盖件的工艺设计和冲模结构设计都具有特殊性。因此，在实践中常把覆盖件从一般冲压件中分离出来，作为一种特殊的类别加以研究和分析。

（二）覆盖件分类

覆盖件通常分为外覆盖件（图 7-2）、内覆盖件（图 7-3）和骨架类覆盖件（图 7-4）三类。外覆盖件和骨架类覆盖件的外观质量有特殊要求，内覆盖件的形状往往更复杂。

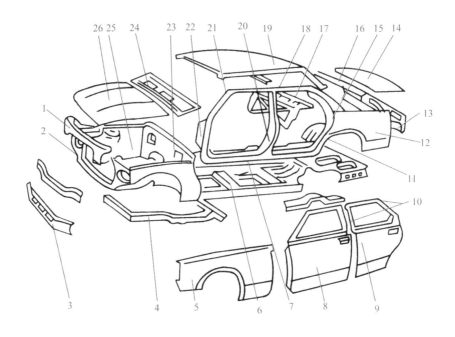

图 7-1　汽车覆盖件

1—发动机罩前支撑板；2—固定框架；3—前裙板；4—前框架；5—前翼子板；6—地板总成；7—门槛；
8—前门；9—后门；10—门窗框；11—车轮挡泥板；12—后翼子板；13—后围板；14—行李舱盖；
15—后立柱；16—后围上盖板；17—后窗台板；18—上边梁；19—顶盖；20—中立柱；21—前立柱；
22—前围侧板；23—前围板；24—前围上盖板；25—前挡泥板；26—发动机罩

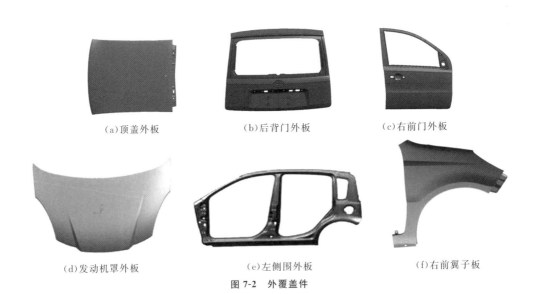

（a）顶盖外板　　　　　　（b）后背门外板　　　　　　（c）右前门外板

（d）发动机罩外板　　　　（e）左侧围外板　　　　　　（f）右前翼子板

图 7-2　外覆盖件

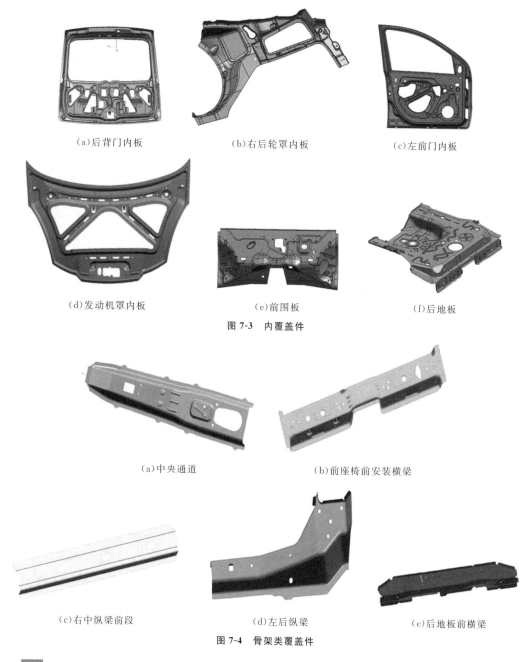

(a)后背门内板 　　　　(b)右后轮罩内板 　　　　(c)左前门内板

(d)发动机罩内板 　　　　(e)前围板 　　　　(f)后地板

图 7-3　内覆盖件

(a)中央通道 　　　　(b)前座椅前安装横梁

(c)右中纵梁前段 　　　(d)左后纵梁 　　　　(e)后地板前横梁

图 7-4　骨架类覆盖件

（三）覆盖件冲压成形特点

1.覆盖件的质量要求

（1）尺寸精度　覆盖件必须有很高的尺寸精度(包括轮廓尺寸、孔位尺寸、局部形状的各种尺寸等)，以保证焊装或组装时的准确性、互换性，便于实现车身焊装的自动化和无人化，也保证车身外观形状的一致性和美观性。

（2）形状精度　特别是外覆盖件，要求具有很高的形状精度，必须与主模型相符合。否则将偏离车身总体设计，不能体现车身的造型风格。

（3）表面质量　外覆盖件(尤其是轿车)表面不允许有波纹、皱纹、凹痕、擦伤、压痕等缺陷，棱线应清晰、平直,曲线应圆滑、过渡均匀。

(4)刚性　覆盖件在成形过程中,材料应有足够的塑性变形,以保证零件具有足够的刚性,使汽车在行驶中受振动时,不能产生较大的噪声,以减轻驾驶员的疲劳,更不能因振动而产生早期损坏甚至空洞。

(5)工艺性　良好的工艺性是针对产品结构设计而言的,即在一定生产规模条件下,能够较容易地安排冲压工艺和冲压模具设计,能够最经济、最安全、最稳定地获得高质量产品。

2. 覆盖件的结构特征

(1)总体尺寸大。如驾驶室顶盖的毛坯尺寸可达 2 800 mm× 2 500 mm。

(2)相对厚度小。板料的厚度一般为 0.8～1.2 mm,相对厚度(板厚与毛坯最大长度之比)最小值可达 0.000 3 mm。

(3)形状复杂。不能用简单的几何方程式来描述其空间曲面。

(4)轮廓内部带有局部形状。而这些内部形状的成形往往对整个冲压件的成形有很大的影响,甚至是决定性的影响。

3. 覆盖件的成形特点

(1)成形工序多　覆盖件冲压成形一般经过落料、拉深、整形、修边、翻边等工序完成,其中拉深工序最为关键,从根本上决定了整形、修边、翻边和冲孔等工序的内容和顺序,尽管在一定程度上受其他工序的制约。

(2)拉深是复合成形　无论覆盖件分块有多大、形状有多复杂,尽可能在一次拉深中成形出全部空间曲面形状,以及曲面上的棱线筋条和凸台。否则很难保证覆盖件几何形状的一致性和表面光滑形状。因为二次拉深经常会发生拉深不完整的情况,造成覆盖件表面质量的恶化。外覆盖件的同一表面尽可能一次成形,如果分两次成形,在交接处会残存不连续的面,这样表面喷涂装饰后外观效果不良。

(3)拉深时变形不均匀　简单零件的形状对称,深度均匀,压边面积比其余部分面积大,只要压边力调节合适,便能防止起皱。而大型覆盖件形状复杂,深度不匀,又不对称,压边面积比其余部分小,因而需要采用拉深筋来加大进料阻力;或是利用拉深筋的合理布排,改善毛坯在压边圈下的流动条件,使各区段金属流动趋于均匀,才能有效地防止起皱。如图 7-5 所示为覆盖件的拉深过程。当板料与凸模刚开始接触时,板面内会产生压应力,随着拉深的进行,当压应力超过允许值时,板料就会失稳起皱。预防起皱可以增加工艺补充材料或设置拉深筋。工艺补充是为了控制成形阻力而补充增加的实体部分,如图 7-6 所示。

(4)拉深深度浅　有些覆盖件,由于拉深深度浅(如汽车外门板),拉深时材料得不到充分的拉深变形,容易起皱,且刚性不够,这时需采用拉深槛来加大压边圈下材料的牵引力,从而增大塑性变形程度,保证零件在修边后弹性畸变小,刚性好,以消除"鼓膜状"的缺陷,避免零件在汽车运行中发生颤抖和噪声。拉深筋剖面呈半圆弧形状,拉深槛剖面呈梯形,类似于门槛。拉深筋通常安装在凹模洞口中,拉深槛则是固定在凹模上。拉深槛流动阻力较大,主要应用于拉深深度浅且外形较为平滑的零件生产中,可以有效减小压边圈产生的凸缘宽度以及毛坯尺寸。

(5)大而稳定的压边力　在普通带气垫的单动压床上,压边力只有公称吨位的 20% 左右,而且压边力调节时可能性小,故仅适用于简单零件的拉深。对于大型覆盖件的拉深,需要的变形力和压边力都较大,因此,在大量生产中,此类零件的拉深均在双动压床上进行,双动压床具有拉深(内滑块)与压边(外滑块)两个滑块,压边力可达到拉深力的 60% 以上,且四点连接的外滑块可进行压边力的局部调节,这可满足覆盖件拉深的特殊要求。

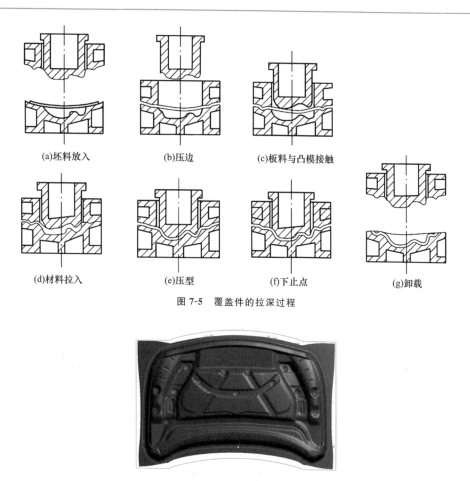

(a)坯料放入　　　　(b)压边　　　　(c)板料与凸模接触

(d)材料拉入　　　　(e)压型　　　　(f)下止点　　　　(g)卸载

图 7-5　覆盖件的拉深过程

图 7-6　工艺补充

（6）高强度、高质量、抗腐蚀的钢板　为保证覆盖件在拉深时能经受最大限度的塑性变形而不致于产生破裂，对原材料的机械性能、金相组织、化学成分、表面粗糙度和厚度精度都提出很高、很严的要求。

（7）数字模型为依据　覆盖件模具型面数学模型属于工艺模型，它从覆盖件产品模型演变而来，还要向有限元模型、数控加工模型转化。

二、汽车覆盖件成形工艺设计基础

（一）覆盖件成形工艺设计基础

1.覆盖件成形工艺制定

覆盖件冲压工艺（Die Layout）的设计是指对某覆盖件产品的形状尺寸进行科学分析后，制定出最合理的冲压工艺方案，并对各工序模具设计提出具体要求，具体内容和流程如图 7-7 所示。覆盖件冲压工艺方案制定又称工法设计，简称 DL 设计。工法图也称 DL 图。如图 7-8 所示。

右顶盖弧形腹板
DL 图

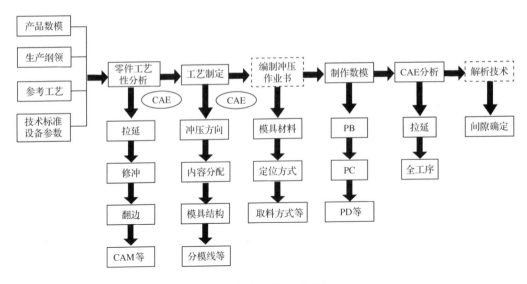

图 7-7　覆盖件冲压工艺设计

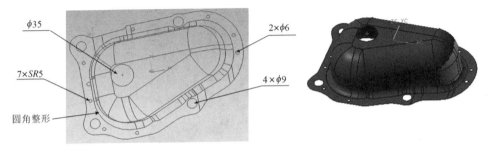

图 7-8　雨刷机加强板及覆盖件 DL 图

2. 覆盖件工法专业术语及冲压加工工序名称中英文对照表

表 7-1 为覆盖件工法中英文对照。表 7-2 为冲压加工工序名称中英文对照。

表 7-1　　　　　　　　　　　　　　覆盖件工法中英文对照

英文	中文	英文	中文
DIE LAYOUT	工法图	MATERIAL	材质
DIE FACE	模面	DIRECTION OF PRESS	冲压方向
DRAW BEAD	拉延筋	TRIM STEEL	修边刀块
DRAW DIE	拉延模	FL UP	向上翻边
PUNCH PROFILE	凸模分模线	FL DOWN	向下翻边
BLANK HOLDER STROKE	压边圈行程	PROGRESSIVE DIE	连续模
PAD	压料板	PITCH	步距
BLANKING DIE	落料模	NECK	暗裂
TRIM DIE	修边模	BURR	毛刺
FLANGE DIE	翻边模	CRACK	开裂
ROTATE CAM	旋转斜楔	WRINKLE	起皱
STAMPING	冲压	TRIM LINE	修边线
SHOCK LINE	冲击线	OVER DRAW	过拉延

英文	中文	英文	中文
UNDER CUT	加工死角	START POINT	基准点
CHECK HOLE	CH孔（合模基准孔）	PUNCH RETAINER	凸模固定板
BOTTOM MARK	到底标记	RELIEF	让空
SCRAP	废料	CLEARANCE	刃口间隙
MASTER	基准侧	MATCH FACE	匹配面
CONCAVE	凹模	DIE HEIGHT	模具闭合高度
CONVEX	凸模	FEED LEVEL	送料高度

表 7-2 　　　　　　　　　　　　　　冲压加工工序名称中英文对照

工序名称	英文全称/简称	工序名称	英文全称/简称
剪切	Shear/SH	压印	Emboss/EMB
落料	Blank/BL	叠接	Joggle/JOG
切割	Cut/CUT	翻边	Flange/FL
冲缺	Notch/NOT	斜楔冲孔	CPI
冲孔	Piercing/PI	翻孔	Burring/BUR
修边	Trimming/TR	卷边	Curling/CRL
分割	Separating/SEP	凸胀	Bulge/BLG
整修	Shaving/SHV	缩颈	Necking/NEK
拉深	Draw/DR	弯曲	Bend/BE
再拉深	Redraw/RDR	侧冲孔	CAM Piercing/CAMPI 或 CAMPRC
成形	Form/FO	包边	Hemming/HEM
辊制成形	Roll-form/RO-FO	弯曲整形	Flange AND Restricting/FL+RST
伸展抽制成形	Stretch-draw forming/S. D. F	落料、冲孔	Blank AND Piercing/BL+PRC
校形	Restricting/RST	剪边、冲孔	Trimming AND Piercing/TR+PRC

3. CAE 分析

零件成形质量是工法成败的关键。对于大多数覆盖件来说，必须在前期通过 CAE 分析进行验证。CAE 的最重要功能是进行模拟与仿真，因此常将 CAE 看作是一种计算机软件模拟仿真。在冲模设计中，它的主要功能是协助 CAD/CAM 对实际冲压件的成形性进行分析，保证产品质量。图 7-9 所示为 CAE 分析图例。

CAE 分析的主要作用：

（1）进行冲压工艺性分析，对产品提出设计变更。

（2）对可能发生皱纹、开裂、毛刺等缺陷部位提出建议。

（3）分析零部件的冲压方向、工序数、压力、落料尺寸、零件强度、R 角等。

（4）冲压件回弹的分析处理。

（5）外板件的强度、刚度、滑移线等质量目标的确定。

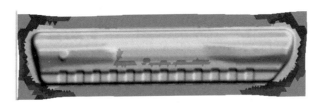

(a)顶盖前横梁拉深成形性能分析

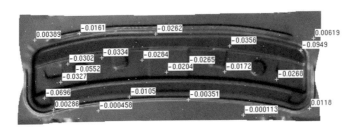

(b)顶盖前横梁拉深成形厚度变薄分析

图 7-9   CAE 分析

4.覆盖件冷冲压成形工艺设计的内容和流程

(1)根据生产纲领确定工艺方案：

小批量生产的覆盖件冲压工艺方案：小批量生产指月产量小于 1 000 件。模具选择只要求拉深和成形工序使用冲模，模具寿命在 5 万件；其他工序，如落料、修边可在通用设备上剪裁，翻边使用简易胎具，冲孔用通用冲孔模或钻床手工钻孔。如果过多地选用冲模，虽然对保证质量有益，但对提高生产效益并无意义，且会使成本骤增。

中批量生产的覆盖件冲压工艺方案：当月产量大于 1 000 件，且小于 10 000 件(卡车)或 30 000 件(轿车)被视为中批量生产。其生产特点是比较稳定地长期生产，生产中形状改变时有发生。模具选择除要求拉深模采用冲模外，其他工序如果影响质量和劳动量大也要相应选用冲模，模具寿命要求在 5 万件~30 万件。模具选择系为 1∶2.5，即一个覆盖件平均选择 2.5 套冲模。

大批量生产的覆盖件冲压工艺方案：当月产量大于 10 000 件(卡车)或 30 000 件(轿车)，且小于 100 000 件时，属于大批量生产。生产处于长期稳定状态，形状改变可能性小，工艺难，工艺方案要为流水线提供保证，每道工序都要使用冲模，拉深、修边冲孔和翻边模安装在一条冲压线上。工序间的流转，基本是人工送料和取件，工业化国家实现了机械化和自动化，近年来开始进入全自动化时期。多工位压床的出现，提高了生产效率和工件质量。

(2)根据覆盖件结构形状，分析成形可能性和确定工序数及模具品种。

(3)根据装配要求确定覆盖件的验收标准。

(4)根据工厂条件决定模具使用的压床。

(5)根据制造要求确定协调方法。

(6)提出模具设计技术条件，确定制造流程，包括结构要求、材料要求等，如图 7-10 所示。

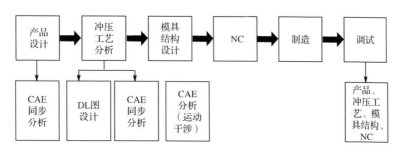

图 7-10 覆盖件模具开发流程

5. 典型覆盖件的冲压工艺

如图 7-11 所示为典型覆盖件的冲压工艺设计实例。

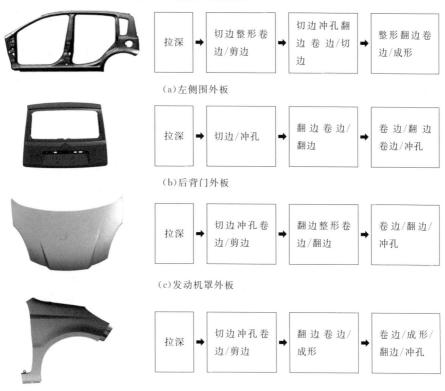

图 7-11 典型覆盖件的冲压工艺设计实例

（二）覆盖件拉深工艺

1. 拉深方向选择

覆盖件的冲压工艺包括拉深、修边、翻边等多道工序。确定冲压方向应从拉深工序开始，然后制定以后各工序的冲压方向，并尽量将各工序的冲压方向设计成一致。拉深冲压方向不但决定了能否拉深出满意的覆盖件，而且影响工艺补充部分的多少以及后续工序的方案。

拉深方向选择的原则如下：

（1）保证能将拉深件的所有空间形状（包括棱线、肋条和鼓包等）一次拉深出来，不应有凸模接触不到的死角或死区。如图 7-12(a)所示，若选择冲压方向 A，则凸模不能全部进入凹模，造成零件右下部的 a 区成为"死区"，不能成形出所要求的形状。选择冲压方向 B 后，则可以使凸模全部进入凹模,成形出零件的全部形状。图 7-12(b)所示为按拉深件底部的反成形部分最有利于成形面确定的拉深方向,若改变拉深方向则不能保证 90°。

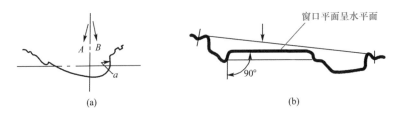

图 7-12 拉深方向确定

(2)有利于减小拉深件的深度:拉深深度太深,会增大拉深成形的难度,容易产生破裂、起皱等质量问题;拉深深度太浅,则会使材料在成形过程中得不到较大的塑性变形,覆盖件刚度得不到加强。

(3)尽量使拉深深度差最小,以减小材料流动和变形分布的不均匀性,如图 7-13 所示。

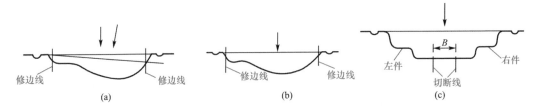

图 7-13 减小拉深深度

(4)保证凸模开始拉深时与拉深毛坯有良好的接触状态。开始拉深时凸模与拉深毛坯的接触面积要大,接触面应尽量靠近冲模中心,如图 7-14 所示。

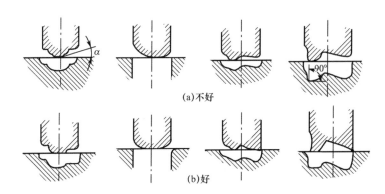

图 7-14 凸模开始拉深时与拉深毛坯的接触状态

2. 拉深工序的工艺处理

拉深工序的工艺处理的内容包括:确定工艺补充、压料面形状、翻边的展开、冲工艺孔和工艺切口等,是针对拉深工艺的要求对覆盖件进行的工艺处理措施。

(1)工艺补充部分与工艺数模 为了实现覆盖件的拉深,需要将覆盖件的孔、开口、压料面等结构根据拉深工序的要求进行工艺处理。为了给覆盖件创造一个良好的拉深条件,需要将覆盖件上的窗口填平,开口部分连接成封闭形状。覆盖件有凸缘的需要平顺改造,使之成为有利成形的压料面,无凸缘的需要增补压料面,这些增添的部分称为工艺补充部分,其与产品数模合在一起称为工艺数模。如图 7-15 所示。

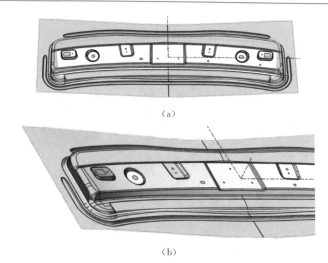

(a)

(b)

图 7-15 工艺数模

工艺补充设计的原则:内孔封闭补充原则(为防止开裂采用与冲孔或工艺切口除外);简化拉深件结构形状原则,如图 7-16 所示;对后工序有利原则(如对修边、翻边定位可靠,模具结构简单)。

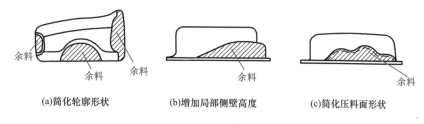

(a)简化轮廓形状　　(b)增加局部侧壁高度　　(c)简化压料面形状

图 7-16 简化拉深件结构

(2)压料面的设计　压料面是工艺补充部分组成的一个重要部分,即凹模圆角半径以外的部分。压料面的形状不但要保证压料面上的材料不皱,而且应尽量造成凸模下的材料能下凹以减小拉深深度,更重要的是要保证拉入凹模里的材料不皱不裂。因此,压料面形状应由平面、圆柱面、双曲面等可展面组成,如图 7-17 所示为压料面的类型,如图 7-18 所示为压料面与冲压方向的关系。图 7-18(a)所示为平压料面,效果最好;图 7-18(b) 所示为压料面对冲压方向向上倾斜,有利于毛坯定位,还能够减少工艺补充部分,倾斜角 a 最好不小于 $45°$;图 7-18(c)所示为压料面向下倾斜,这是覆盖件本身的凸缘面所决定的,压料效果最差。确定压料面形状必须考虑以下几点:

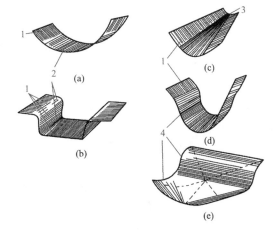

图 7-17 压料面的类型

1—平面;2—圆柱面;3—圆锥面;4—直曲面

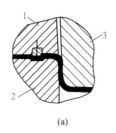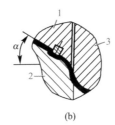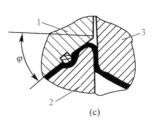

图 7-18　压料面与冲压方向的关系

1—压边圈；2—凹模；3—凸模

①减小拉深深度

图 7-19 所示为减小拉深深度。

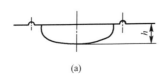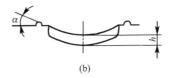

图 7-19　减小拉深深度

②凸模对毛坯一定要有拉深作用

只有使毛坯各部分在拉深过程中处于拉深状态，并能均匀地紧贴凸模，才能避免起皱，如图 7-20 所示。

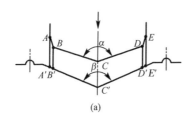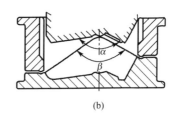

图 7-20　凸模对毛坯产生拉深作用的条件

3. 工艺孔和工艺切口

在制件上压出深度较大的局部突起或鼓包，有时靠从外部流入材料已很困难，继续拉深将产生破裂。这时，可考虑采用冲工艺孔或工艺切口，以从变形区内部得到材料补充。

工艺孔或工艺切口必须设在拉应力最大的拐角处，因此冲工艺孔或工艺切口的位置、大小、形状和时间应在调整拉深模时现场试验确定。

若压料面就是覆盖件本身的凸缘面，则压料面形状是既定的，也就不存在减小拉深深度的问题了。而压料面呈一定的弯曲形状，即拉深坯料在压边圈和凹模压料面压紧下呈一定的弯曲形状是减小拉深深度的主要方法。

图 7-21 所示的左、右门外板压料面形状就是考虑减小拉深深度这一要求，而使压料面形状沿覆盖件外形呈凹形弯曲并使拉深深度均匀的。

4. 拉深、修边和翻边工序间的关系

覆盖件成形各工序间不是相互独立，而是相互关联的，在确定覆盖件冲压方向和工艺补充部分时，还要考虑修边、翻边时工件的定位和各工件的其他相互关系等问题。拉深件在修边工序中的定位有三种：用拉深件的侧壁形状定位；用拉深筋形状定位；用拉深时冲压的工艺孔定

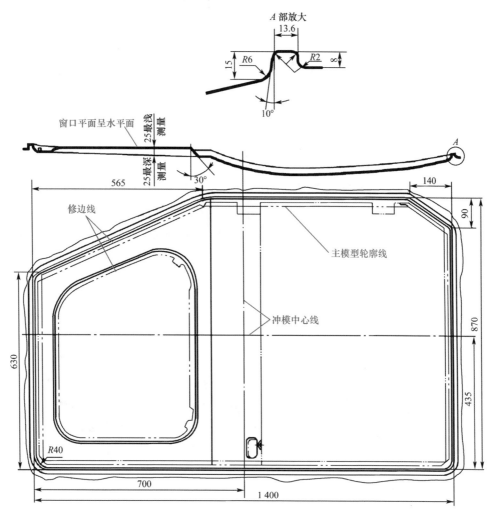

图 7-21　左、右门外板拉深件

位。修边件在翻边工序中的定位,一般用工序件的外形、侧壁或覆盖件本身的孔定位。

■ (三)覆盖件修边工艺

覆盖件的修边轮廓多数是立体不规则的,有时中间还带孔,尺寸变化比较大,修边线也比较长。修边形状的工艺性不仅直接关系到修边质量和修边模具设计,还影响到以后翻边的稳定性。修边工艺设计需考虑的主要问题是修边方向、修边形式、定位方式以及废料的分块与排除等。

1.确定修边方向

所谓修边,就是将拉深件修边线以外的部分切掉。理想的修边方向是修边刃口的运动方向和修边表面垂直。选择修边方向要注意以下特点:

(1)定位要方便可靠　拉深件在修边时一般用拉深件侧壁形状或拉深槛形状定位。用拉深件侧壁形状定位时拉深件是趴着放的,如图 7-22(a)所示;用拉深件的拉深槛形状定位时,拉深件是仰着放的,如图 7-22(b)所示。这两种定位方式方便可靠,并有自动导正作用,只是修边方向相反。

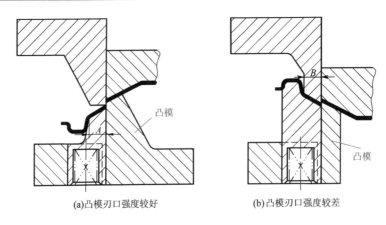

(a)凸模刃口强度较好   (b)凸模刃口强度较差

图 7-22　按拉深件形状定位

（2）要有良好的刃口强度　由于拉深件是凸出形状的，为了使拉深件凸出形状不影响刃口强度，拉深件最好趴着放。如图 7-22（a）所示。

2.确定修边形式

如图 7-23 所示，覆盖件的修边有以下三种形式。

（1）垂直修边　刃口沿上下垂直方向运动。适用于当修边线上任意点切线与水平面的夹角 $\alpha < 30°$（最大可达到 45°）的场合。

（2）水平修边　刃口沿水平方向运动。适用于当侧壁与水平面夹角 $\approx 90°$ 时。

（3）倾斜修边　刃口沿倾斜方向运动。适用于当侧壁与水平面不垂直，但夹角 $> 30°$ 时。

(a)垂直修边   (b)水平修边   (c)倾斜修边

图 7-23　修边形式

3.板料冲裁条件要合理

板料冲裁时刃口运动方向最好与修边表面垂直，若刃口运动方向与修边表面呈一个角度，则应避免近乎平行，因为近乎平行时，材料不是被切断而是被撕开的，不仅影响修边质量，还造成刃口切割的实际厚度增大，致使刃口不可能切割或局部受力大而过早损坏。一般两者相交的角度不宜小于 10°。

4.确定定位方式

（1）一般采用按拉深件形状定位的方式，有按拉深件侧壁形状、按拉深槛形状进行定位两种方式。前者适于空间曲面变化较大的覆盖件，后者适于空间曲面变化较小的浅拉深件。

（2）当无法采用上述方式定位时，可采用工艺孔定位方式，如图 7-24 所示。

5.确定冲孔废料的排除方式

（1）下落捅除式　大块的冲孔废料和中间的冲孔废料，只能在下底板上开废料槽，再加盖板用手捅除废料，这种方式称为下落捅除式。为了减少捅的次数，多储存一些废料，可以适当加大废料槽的高度。

（2）外流储存式 靠近边上的小块的冲孔废料通过斜槽往外流出的方式称为外流储存式，如图 7-25 所示。斜槽斜度应大于 45°，以保证冲孔废料顺利流出。

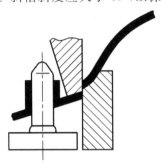

图 7-24 工艺孔定位

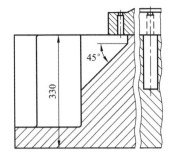

图 7-25 废料外流储存式

6. 确定修边废料的分块和排除方式

修边时须将拉深件的工艺补充部分全部切掉，因此废料较多，对于较长和圈状的废料，为了安全和方便，还需要进行分块。修边废料的分块应根据废料的排除方法而定，手工排除修边废料的分块不宜太小，一般不超过 4 块；机械排除废料的分块要小一些，但一般不多于 8 块，便于废料打包机打包即可。分块的位置最好在废料较窄的地方。

（四）覆盖件翻边工艺

翻边对于一般的覆盖件来说通常是冲压工艺的最后成形工序，其作用主要是最后加工覆盖件之间的配合及焊接连接部位尺寸，提高覆盖件的刚度，并对覆盖件进行最终整形，因此，翻边的质量和翻边位置的准确度将直接影响整个汽车车身的装配精度和质量。

覆盖件的翻边轮廓多数是立体不规则的，沿周边各处的翻边变形也不相同，而且多是成形和压弯相混合。轮廓的形状、翻边凸缘的尺寸及形状应具有较好的工艺性，这对翻边质量的影响很大，因此合理的翻边工艺设计非常重要。覆盖件翻边工艺设计的主要内容是确定翻边方向、翻边形式及定位方式等。

1. 确定翻边方向

确定覆盖件的翻边方向必须注意以下几点：

（1）定位要方便可靠 由于切边后工序件的刚性比较差，变形也比较大，而翻边工序又是有关尺寸和形状的最后加工，因此对定位的准确性要求相应地更高了。一般都是采用形状定位，而且工序件通常是趴着放的。

（2）翻边条件要合理 合理的翻边条件如下：

①凹模刃口运动方向和翻边凸缘、立边方向必须一致。

②凹模刃口运动方向和翻边轮廓表面（翻边基面）垂直，或与各翻边基面的夹角相等。

此时凹模刃口的翻边状态和受力状态较好，受侧压力及工序件窜动比较少，因此翻边方向应尽量满足这两个条件。但实际情况是运动方向往往和翻边轮廓表面并不垂直，而是相交呈一个角度，考虑到翻边的可能性，该角度不宜小于 10°。

对于平面翻边，只要翻边方向能满足条件②，就能满足条件①，其翻边方向较易确定。对于类似成形孔的封闭式翻边，其翻边方向只能满足条件①，没有其他选择。对于曲面翻边，要同时满足以上两个条件，理论上也是不可能的。要确定较为合理的翻边方向，应考虑下列两个问题：

● 翻边线上任意点的切线应与翻边方向尽量垂直。（使之趋近于满足条件②）

● 翻边线两端连线上的翻边分力应平衡，这样翻边才能平稳。（使之趋近于满足条件①）因此，曲面翻边的翻边方向，一般取翻边线两端点切线夹角平分线，而不取翻边线两端点连线的垂直方向，如图 7-26 所示。

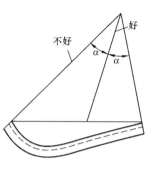

图 7-26　曲面翻边

2.确定翻边形式

有以下三种翻边形式：

（1）垂直翻边　垂直翻边时凹模刃口沿上下垂直方向运动。

（2）水平翻边　水平翻边时凹模刃口沿水平方向运动。

（3）倾斜翻边　倾斜翻边时凹模刃口沿倾斜方向运动。如图 7-27 所示。

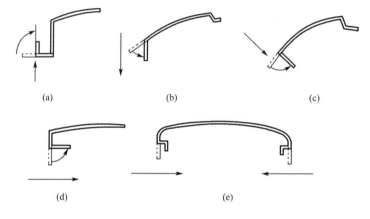

图 7-27　翻边形式

3.确定定位方式

为了定位准确和可靠，可以同时采用几种方法定位：形状定位，形状定位方便可靠；孔定位，孔定位准确；边轮廓定位，结构简单。

定位元件一般有定位块和挡料销两种。

三、汽车覆盖件模具设计基础

（一）覆盖件拉深模设计与实例分析

覆盖件拉深模结构与拉深使用的压力机有着密切关系，可以将其分为单动拉深模和双动拉深模，多为双动拉深模。现在国外覆盖件生产已有采用多工位压力机的趋势。在设计拉深模时，应考虑模具结构紧凑、轻巧、导向可靠、工人送料和取件操作方便、安全等问题。

1. 覆盖件拉深模的典型结构

图 7-28 所示为单动压力机用拉深模，模具主要由三大件构成：凸模、凹模、压料圈。压料圈由通过顶杆孔的顶杆和限位块支承。如图 7-29 示为双动拉深模。当拉深形状复杂、深度较大的覆盖件时，必须采用双动压力机进行拉深。

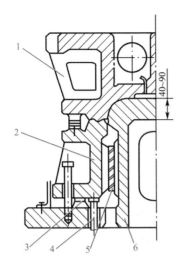

图 7-28 单动拉深模

1—凹模；2—压料圈；3—高速垫；

4—顶杆；5—导板；6—凸模

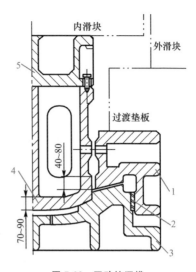

图 7-29 双动拉深模

1—压料圈；2—导板；3—凹模；

4—凸模；5—固定座

　　拉深模的凸模、凹模、压料圈一般都采用铸件（用聚苯乙烯泡沫塑料为模型的实型铸造），要求既要尽量减小质量，又要有足够的强度，因此铸件上的非重要部位应挖空，影响到强度的部位应加添立筋。铸件材料常用镍-铬铸铁、铬-钼-钒铸铁、铜-钼-钒铸铁和钼-钒铸铁四种，其中镍-铬铸铁应用最多。其结构尺寸可参考有关设计手册。

　　2.拉深模工作零件的设计

　　（1）凸模设计　凸模是覆盖件拉深模的主要成形部分。其轮廓尺寸和深度即产品尺寸。工作部分铸件壁厚应为 70～90 mm，如图 7-30 所示。凸模上沿压料面有一段 40～80 mm 的直壁必须加工，该直壁向上用 45°斜面过渡缩小，其缩小值 b 为 15～40 mm，为不加工面。材料一般为 HT250。

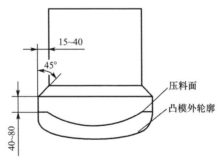

图 7-30　凸模外轮廓

　　（2）凹模设计　覆盖件在拉深过程中，被压边圈压紧的毛坯是通过凹模圆角逐步进入凹模内腔，直至被拉深成凸模形状的。因此凹模的主要作用是形成凹模压料面和凹模拉深圆角。如果还要成形装饰棱线、装饰肋条、凸包及凹坑等，则需在凹模里装上成形用凸模或凹模。凹模的结构形式有：

　　①闭口式凹模　凹模底部是封闭的。在覆盖件拉深模中，绝大多数都是闭口式凹模。如图 7-31 所示为顶盖拉深模，它的凹模就是闭口式的，形成封闭式凹模型腔，用于加强筋成形的凹槽可直接在型面上加工出来（也可采用镶件）。当拉深件形状圆滑、拉深深度较浅、没有直壁

或直壁很短时,可采用顶件板或手工撬开方式将拉深件顶出;当拉深件拉深深度较大、直壁较长时,则需要采用活动顶出器或压料板将拉深件顶出。

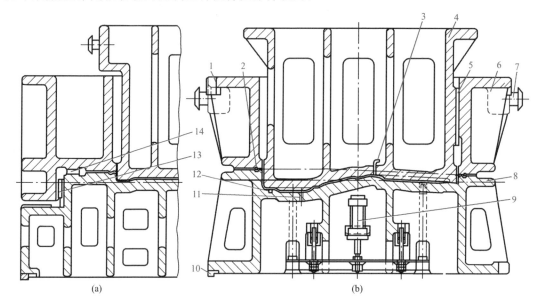

图 7-31 采用闭口式凹模结构的微型汽车后围拉深模
1、7—起重棒;2—定位块;3、11—通气孔;4—凸模;5—导板;6—压料圈;
8—凹模;9—顶件器;10—定位键;12—到位标志;13—耐磨板;14—限位板

这种结构适用于拉深件形状不太复杂,坑包、肋棱不多,镶件或顶出器安装孔轮廓简单,能够直接在凹模型腔立体曲面上划线加工的情况。

②通口式凹模 凹模底部的凹模口是通的,下面加模座,反拉深凸模紧固在模座上,形成凹模芯。这种结构适用于拉深件形状比较复杂,坑包、肋棱较多,棱线要求清晰的情况。由于成形凹模芯或顶出器的轮廓形状复杂,而且与凹模上安装孔配合精度较高,故无法直接在凹模型腔立体表面上划线加工,因此须采用通口式凹模结构,在模座凹模支持平面上按图纸或投影样板划线加工,以便使加工后的凹模、凹模芯和顶出器安装固定在模座上,再一起进行仿形铣、数控铣或加工中心加工。如图 7-32 所示为带有凹模芯的通口式凹模结构,适用于拉深件拉深深度较浅,没有直壁或直壁很短,不需要顶出器而用顶件板或手工撬顶将拉深件顶出的拉深模。

凹模压料面宽度尺寸如图 7-33 所示,压料面尺寸 K 值应按拉深前毛坯的展开料宽再加大 40～60 mm,K 值一般为 130～240 mm。

3. 拉深模的导向机构

(1)单动压力机上用拉深模的导向 单动压力机用拉深模,其凸模通常装在工作台上,凹模装在滑块上。其导向机构的结构形式如图 7-34 所示。图 7-34(a)所示为凸模与压料圈间用滑板导向;而凹模与压料圈间用导板导向。凹模与压料圈间还可用箱式背靠块导向,(图 7-34(b))和导块式导向(图 7-34(c)),导向机构应对称布置。

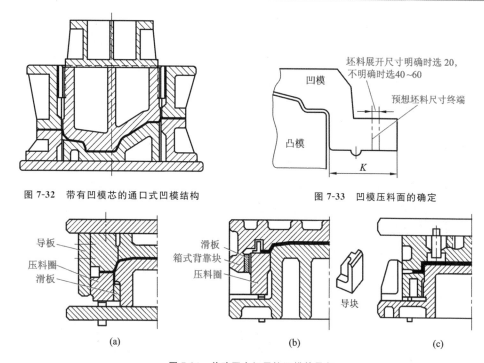

图 7-32　带有凹模芯的通口式凹模结构　　　图 7-33　凹模压料面的确定

图 7-34　单动压力机用拉深模的导向

（2）双动压力机上用拉深模的导向　双动拉深压力机用拉深模，其凹模通常装在工作台上，凸模装在内滑块上，压料圈装在外滑块上。导向机构的结构形式如图 7-35 所示。图 7-35（a）所示为压料圈与凹模用背靠式导向，图 7-35（b）所示为凸模与压料圈之间采用滑板导向。滑板等导向零件材料采用 T10A，热处理硬度为 60HRC 或 QT600-3A，正火处理。新型自润滑导板（滑块）是在板面上钻孔并填满石墨，在供油困难的地方特别适用。在实际生产中，导板是安装在凸模上，还是安装在压料圈上，应根据机床的加工条件确定，压料圈导板的加工深度不宜大于 250 mm。为了减小加工深度，可以将导板尺寸加长装在凸模上，相应的压料圈凸台长度就可以缩短。

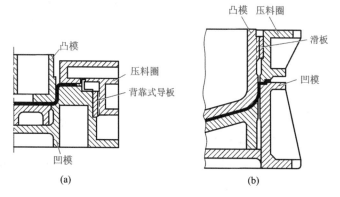

图 7-35　双动压力机用拉深模

4. 拉深筋和拉深槛设计

（1）拉深筋的作用　拉深筋的作用是增大或调节拉深时坯料各部位的变形阻力，控制材料流入，提高拉深稳定性，增加制件刚度，避免起皱和破裂现象发生。在汽车覆盖件拉深时，拉深方向、工艺补充部分和压料面形状是能否获得满意拉深件的先决条件，而合理布置的拉深筋或拉深槛则是必要条件,是防止覆盖件起皱和破裂的有效方法。

(2)拉深筋的布置 拉深筋的布置非常重要,如果布置不合理,会加剧起皱和破裂现象。应注意以下几点:

①必须在对材料流动状况进行仔细分析后,再确定拉深筋的布置方案。

②直壁部位拉深进料阻力较小,可放 1~2 条拉深筋;圆角部位拉深进料阻力较大,可不放拉深筋。当两处拉深深度相差较大时,其相邻部位,在拉深深度浅的一边可放一条拉深筋,深的一边则不放。

③在圆弧等容易起皱的部位,应适当放拉深筋。

④ 一般将拉深筋设置在上面压料圈的压料面上,而将拉深筋槽设置在下面凹模的压料面上,以便于拉深筋槽的打磨和研配(在压力机上调整模具时,一般不打磨拉深筋)。

(3)拉深筋的种类和结构尺寸

①图 7-36 所示为常用拉深筋的结构。

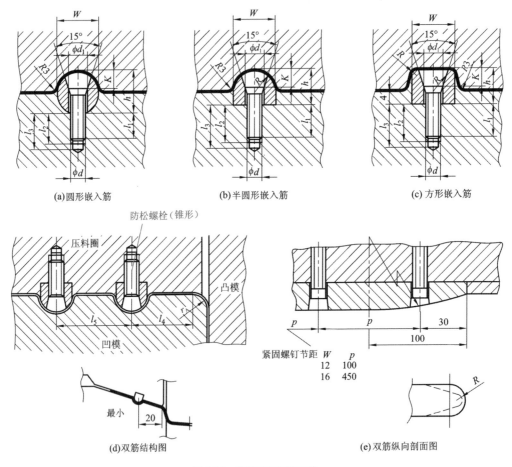

图 7-36 常用拉深筋的结构

②拉深筋的宽度 W 根据拉深件的大小常取 12 mm 或 16 mm;拉深筋的长度 L 在图样上不标注,制作时一般取 500 mm 左右,直线部分取长些,曲线部分取短些。当 $W=12$ mm 时,紧固螺钉中心距 100 mm;当 $W=16$ mm 时,取 150 mm;螺钉紧固后,其头部须打磨成拉深筋一致形状,如图 7-36(e)所示。

③拉深筋的结构尺寸见表 7-3。

表 7-3				拉深筋的结构尺寸							mm	
名称	肋宽 W	d×p	d_1	l_1	l_2	l_3	h	K	R	l_4	l_5	
圆形嵌入肋	12	M6×1.0	6.4	10	15	18	12	6	6	15	25	
	16	M8×1.25	8.4	12	17	20	16	8	8	17	30	
半圆形嵌入肋	12	M6×1.0	6.4	10	15	18	11	5	6	15	25	
	16	M8×1.25	8.4	12	17	20	13	6.5	8	17	30	
方形嵌入肋	16	M6×1.0	6.4	10	15	18	11	5	3	15	25	
		M8×1.25	8.4	12	17	20	13	6.5	4	17	30	

④拉深槛的结构与尺寸如图 7-37 所示。

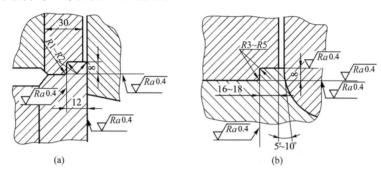

(a)　　　　　　　　(b)

图 7-37　拉深槛

5. 通气孔设计

覆盖件拉深模的凸、凹模都必须考虑设置通气孔。

(1)通气孔的形式　通常在凹模底面相应位置铸孔、钻孔或铣槽,在凸模上相应位置钻孔,如图 7-38(a)所示。通气孔的数量一般为 2～6 个,孔的尺寸、位置视覆盖件形状、尺寸及模具的结构特点而定。一般铸孔的直径为 $\phi60\sim\phi120$mm,直接钻孔的直径为 $\phi3\sim\phi10$ mm。

(2) 通气孔的设置原则

① 凸、凹模上、下成形处不设。

② 曲率半径小、材料流动大处不设。

③ 外板的凹模,通气孔面斜度在 5/1 000 以下时可设通气孔。

④ 通气孔的面积约为凸模面积的 1.5%。

⑤ 当通气孔位于上模时,还要采取加气管或盖板等措施,防止灰、沙等杂物进入,如图 7-38(b)和图 7-38(c)所示。

6. 工艺孔设计

工艺孔就是为了生产和制造过程的需要,在工艺上增设的孔,而非产品制件上有的孔。通常工艺孔有以下两种形式:

(1)定位用工艺孔　有些覆盖件形状比较平缓,或受冲压方向的限制,无法利用拉深件侧壁及拉深筋、槛作为后续工序定位,而必须利用工艺孔来定位。工艺孔的位置应设在以后要切掉的工艺补充部分上,一般设在压料面上,并且在拉深完成以后冲出。其数量一般为两个及以上。

(2)研磨用工艺孔　覆盖件往往需要经过拉深、切边、冲孔、翻边等多道工序才能完成。在模具制造时,为使后工序模具的研磨更加快速准确,减小孔与形状的位置公差,常采用在全工

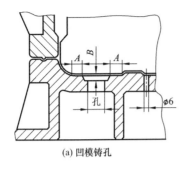

(a) 凹模铸孔

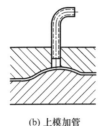

(b) 上模加管

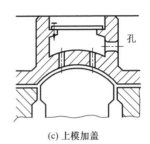

(c) 上模加盖

图 7-38 通气孔的设置

(外板 $A \geqslant 50$ mm;内板 $A \leqslant 50$ mm;$B = 10 \sim 20$ mm)

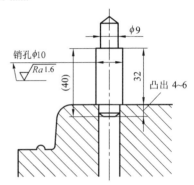

图 7-39 研磨销的结构尺寸

序中设置两处研磨用工艺孔的方法。当拉深模调试合格后,一般在合格的拉深件形状面比较平缓且突出的地方冲出 $\phi 10$ mm 的研磨用工艺孔,并在后续各工序模具相应位置装上 $\phi 10$ mm 销钉进行定位,如图 7-39 所示。当研磨完成后,再将销钉拔掉。研磨工艺孔的孔位公差为 ± 0.01 mm。另外,需注意的是,在拉深模结构上应考虑使冲工艺孔产生的废料易于排出。

7. 其他应注意事项

(1)覆盖件拉深模的凸模、凹模、压料圈等主要零件一般为铸件。为了既减轻模具质量,又保证模具强度,常将这些铸件的非重要部位挖空,而在受力部位添加立肋增强。

(2)模具装夹槽覆盖件模具一般是使用 T 形螺栓装夹固定在工作台上的,模具装夹槽与工作台 T 形槽相对应,用于安装 T 形螺栓。

(3)全台位于上、下模接合面之间,用于安装限位块、导柱、导套等部件,模具越大,要求安全台的尺寸越大,数量越多。其尺寸如图 7-40 所示。

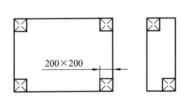

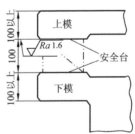

图 7-40 模具安全台的设置

(4)为便于覆盖件模具的吊运和安装,一般在铸件上要铸出起重棒,其尺寸按表 7-4 选取。当模具零件质量超过 20 kg 时,应设置起吊螺孔,用于安装起吊螺钉。为便于模具的装配和维修还应设置灵巧方便的翻转机构。

表 7-4　　　　　　　　　　　　　　　起重棒的尺寸

直径 d/mm	25	32	40	50	68	80
允许载荷/t	1	1.5	2.5	4	6	10

注:按每个起重棒可起重计算选用;下模按全模质量计算确定。

■■ （二）覆盖件修边模设计及典型结构

1.覆盖件修边的特点

覆盖件的修边通常在拉深成形后进行,是覆盖件冲压加工中非常重要的一道工序,一般是不可缺少的。覆盖件修边模是用于将经拉深、成形、弯曲后工件的边缘及中间部分实现分离的冲裁模。它与普通落料模、冲孔模有很大的不同,主要体现在覆盖件的修边线多为较长的不规则轮廓,工件经拉深变形后形状复杂,模具刃口冲切的部位可能是任意的空间曲面,而且冲压件往往有不同程度的弹性变形,冲裁分离过程通常存在较大的侧向力等。这使得对覆盖件修边模的设计制造提出了更高的要求。因此,修边模有如下特点:

(1)凸、凹模工作部分一般均采用拼块结构,为了节约模具钢,有的还采用堆焊刃口结构,图 7-41 所示为拼块的结构形式。

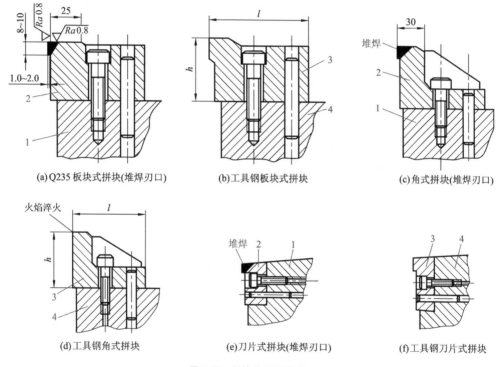

(a)Q235 板块式拼块(堆焊刃口)　　(b)工具钢板块式拼块　　(c)角式拼块(堆焊刃口)

(d)工具钢角式拼块　　(e)刀片式拼块(堆焊刃口)　　(f)工具钢刀片式拼块

图 7-41　拼块的结构形式

1、4—模体;2、3—拼块

(2)冲压往往是多方向的。根据切边拼块运动的方向有三种修边,即垂直修边、水平修边、倾斜修边,如图 7-42 所示,要据零件的形状,有的零件只要一个方向的切边,有的则需要两个方向或以上的切边。如图 7-42(b)所示,水平切边和倾斜修边需要斜楔滑块机构,为此,必须正确设计计算斜楔滑块角度和行程关系、斜楔滑块角度和力的关系以及斜楔滑块结构和滑块复位机构的设计。

(3)采用废料切刀装置,但废料切刀结构不同于前面所述的标准结构,而是采用拼块式废料刀。其上模是利用凹模拼块的接合面(该面高出凹模面)作为废料刀一个刃口,下模在凸模拼块之外相应处装一个废料切刀,如图 7-43 所示。图中 $a=2\sim3$ mm,$b=6\sim8$ mm,$c\geqslant t$,(t 为材料厚度),$h=4\sim5$ mm,$l_1=10$ mm,$l_2=30\sim40$ mm。废料切刀沿工件周围布置一圈,其布置的位置及角度应有利于废料滑落而离开模具工作部位。为了便于清除废料,一般采用倒装式模具。

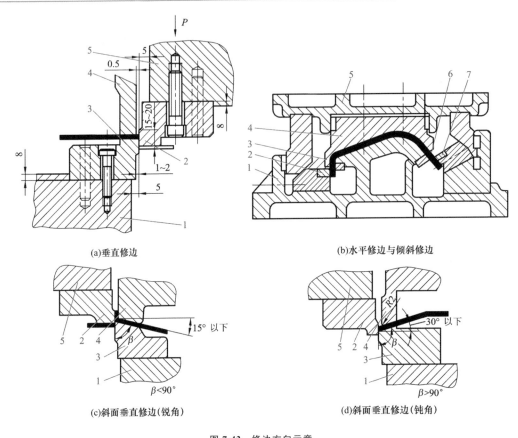

(a)垂直修边

(b)水平修边与倾斜修边

(c)斜面垂直修边(锐角)

(d)斜面垂直修边(钝角)

图 7-42　修边方向示意

1—下模；2、7—凹模拼块；3、6—凸模拼块；4—推件器；5—上模

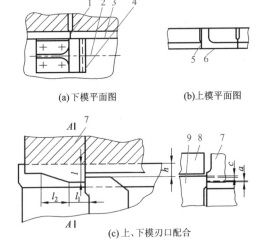

(a)下模平面图

(b)上模平面图

(c)上、下模刃口配合

图 7-43　废料切刀

1—凸模拼块接合面；2—工件外形；3—凸模刃口；4—废料刀刃口；

5—凹模拼块接合面；6—凹模刃口；7—凹模拼块；8—推件器；9—凸模拼块

2.修边模典型结构

图 7-44 所示为垂直修边冲孔复合模，该模具属于斜面（钝角）、平面垂直修边，水平面上垂直冲孔。同理，根据零件形状及孔位置的需要，也有倾斜冲孔、水平冲孔和在小于 30°斜面上垂

直冲孔。修边或修边冲孔模一般以导柱导套导向。

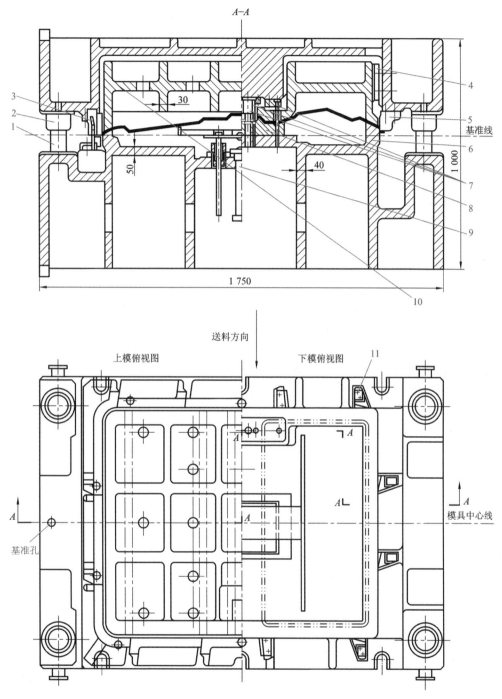

图 7-44 垂直修边冲孔复合模

1—导柱;2—导套;3—定位杆;4—内滑板;5—凹模镶块;6—凸模;

7—冲孔凸模;8—冲孔凹模;9—气动顶件器;10—推件器;11—废料切刀

（三）覆盖件翻边模设计及典型结构

汽车覆盖件的翻边一般是其冲压成形的最后工序,翻边的质量将直接影响汽车整车的装配精度和质量。翻边工序除了要满足覆盖件的装配尺寸要求外,还要改善切边工序造成的变形,提高覆盖件的刚性。覆盖件的翻边轮廓多是立体不规则的形状,材料的变形过程复杂多变。这给翻边模的设计制造提出了较高的要求,进行翻边模设计时应充分考虑翻边方向、制件定位方式、模具刃口分块、模具的结构形式、模具的制造、使用及维修等多方面的因素。

1.覆盖件翻边模的分类

(1)垂直翻边模　垂直翻边模的翻边凹模刃口沿上下方向垂直运动。

(2)斜楔翻边模　斜楔翻边模的翻边凹模刃口沿水平或倾斜方向运动。需要斜楔机构将压力机滑块的垂直方向运动,转变为凹模刃口沿翻边方向运动。

(3)垂直斜楔翻边模　垂直斜楔翻边模的凹模刃口既有上下垂直方向运动,又有水平或倾斜方向运动。

2.覆盖件翻边模结构设计要点

(1)翻边凹模镶块交接部位的设计　覆盖件翻边通常包括轮廓外形的翻边和窗口封闭内形的翻边。翻边位置沿制件外形或内形的边缘呈立体不规则分布,一般由一个方向的运动来完成翻边是不可能的,而必须由两个或两个以上不同的运动方向的翻边凹模共同完成翻边,因此覆盖件翻边模的凹模通常是由几组沿不同方向运动的凹模组成。各组凹模的局部结构形式,一般也如切边模采用镶块式结构,其设计方法可参照前节所述。覆盖件翻边凹模设计的关键是如何对沿不同方向运动的各组凹模镶块的交接部位进行处理:

①对轮廓外形翻边时交接部位的处理方法

其交接部位多数设在变形较大的拐角区域,材料主要受压缩变形。拐角处不采用单独凹模镶块翻边,因此成为翻边的交接部位。该部位翻边成形的方法是:先由一个方向的运动进行翻边,形成有利于后续翻边的过渡形状,接着由另一个方向的运动重复一次翻边,使积瘤消除,从而达到较好的翻边质量。必须仔细考虑两组凹模镶块交接部位的形状,有时甚至需要试验确定。

②对窗口内形翻边时交接部位的处理方法

其交接部位一般设在平滑、变形较小的四边上,材料主要受拉伸变形。拐角处与四边均采用单独凹模镶块翻边,因此在拐角凹模镶块与四边凹模镶块之间形成交接部位。该部位翻边成形的方法是:先由拐角凹模镶块翻边,接着由四边的凹模镶块重复一次翻边,这样既可消除过渡形状的积瘤,又使凹模镶块最后形成一个完整的凹模形状来限制材料变形,从而达到较好的翻边质量。翻边凹模镶块交接部位的设计,其具体结构可看典型结构示例。

(2)轮廓外形翻边凸模扩张结构的设计　工件翻边后,尤其是水平或倾斜翻边后,由于翻边凸缘的妨碍,工件可能会取不出来。对于轮廓外形翻边,通常要采用翻边凸模扩张结构,即在翻边凹模翻边时,翻边凸模先扩张成一个完整的刃口形状,而在翻边完成后,翻边凸模再缩小,让开翻边后的工件凸缘,使工件可以取出。翻边凸模扩张结构的动作一般通过斜楔机构来实现。其具体结构可参见典型结构示例。

3.覆盖件翻边模典型结构

图 7-45 所示为两边向内水平翻边模,上模下行,压料板首先把工件紧紧压在凸模座上,接着凸模在中间斜楔作用下扩张到翻边位置后不动,翻边凹模镶块与滑块一起在斜楔的推动下向内翻起,上模下行,凹模在弹簧作用下复位,凸模也在弹簧作用下向内收缩,取出工件。

汽车覆盖件模具
设计实例

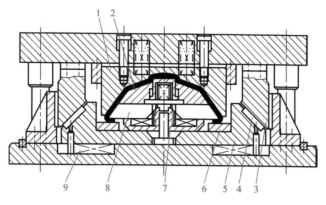

图 7-45　双边向内水平翻边模
1—压料板；2—凸模座；3—斜楔；4—滑板；5—滑块；
6—凹模镶块；7—中间斜楔；8—凸模；9—弹簧

素养提升

　　通过介绍"时代楷模"南仁东带队攻坚的先进事迹，学习他执着追求、无私奉献的科学精神，为建设世界科技强国而努力奋斗。更多内容扫描延伸阅读二维码进行延伸阅读与学习。

延伸阅读

复习与思考题

1. 说出覆盖件常用工序的中文名称和简称。

2. 拉深筋在板件成形中起什么作用？

3. CAE 分析在覆盖件模具设计中有什么作用？

4. 拉深模的工作部分为哪三部分？

5. 如何对压边圈进行限位设计？常用的等高套筒有哪几种？

6. 拉深模 CH 孔有什么作用？

7. 大型汽车覆盖件修边冲孔模压料板如何进行限位？安全限位的行程和工作限位的行程相差多少？

8. 大中型整形冲孔模上、下模如何导向？

参考文献

［1］李芳华.汽车覆盖件模具设计［M］.北京:机械工业出版社,2022

［2］王孝培.冲压手册［M］.3 版.北京:机械工业出版社,2012

［3］孙佳楠.冲压成形工艺与模具数字化设计［M］.北京人民邮电出版社,2023

［4］周树银.冲压模具设计及主要零部件加工［M］.6 版.北京:北京理工大学出版社,2021

［5］陈炎嗣.冲压模具实用结构图册［M］.2 版.北京:机械工业出版社,2020

［6］杨占尧.冲压模具图册［M］.3 版.北京:高等教育出版社,2015

［7］冯炳尧,王南根,王晓晓.模具设计与制造简明手册［M］.4 版.上海:上海科学技术出版社,2015

［8］张侠,陈剑鹤,于云程.冷冲压工艺与模具设计［M］.3 版.北京:机械工业出版社,2022

［9］金龙建.冲压模具设计及实例详解［M］.北京:化学工业出版社,2014

［10］范建蓓.冲压模具设计与实践［M］.北京:机械工业出版社,2013

［11］向小汉.汽车覆盖件模具设计［M］.北京:机械工业出版社,2013

附 录

附录一　常用冷冲压术语（摘自 GB/T 8845—2017）

自动模：送料、出件及排除废料完全由自动装置完成的模具。

工作零件：直接对毛坯和板料进行冲压加工的冲模零件。

镶件：与主体工作零件分离制造，嵌在主体工作零件上的局部工作零件。

拼块：拼成凹模或凸模的若干分离制造的零件。

柔性模：用液体、气体、橡胶等柔性物质作为凸（凹）模的冲模。

始用挡料销：级进模中，在条料开始进给时使用的挡料销（块）。

侧压板：将位于两个导料板间的条料压向一侧的导料板，消除导料板与条料之间的间隙，保证条料正确送进的侧面压料板。

限位块（柱）：在冲压过程中，限制冲压行程和深度的块（柱）状零件。

推件块：把制件或废料由凹模（装于上模）中推出的块状零件。

打杆：穿过模柄孔，把压力机滑块上的打杆横梁的力传给推板的杆件。

废料切断刀：在落料、切边过程中将废料切断的零件。

弹顶器：安装在下模的下方或下模座的下部，用气压、油压、弹簧、橡胶通过托板、托杆、顶杆给压边圈或顶件块加以向上的力的弹顶装置。

压边圈：在拉深模或成形模中，为了调节材料流动的阻力，防止起皱而压紧毛坯边缘的零件。

导板：在冲压过程中，与凸模滑动配合并对凸模运动进行导向的板件。

滑板：在大的成形模和拉深模中，为了导正上模内部或下模内部的各零部件间的相对位置关系用的淬硬板或嵌有润滑材料的板。

耐磨板：镶在冲模内产生相对移动的零件滑动面上的淬硬板或嵌有润滑材料的板。

弹压导板：在弹压导板模中，保护凸模并对凸模起导向作用，又借助弹性件起卸料、压料作用的导板。

斜楔：用于变换冲压力和运动方向的零件。

滑块：与斜楔配合实现运动方向的改变，并沿变换后的方向作往复滑动的零件。

冲模寿命：冲模从开始使用到报废时所能加工的总制件数称为冲模寿命。

刃磨寿命：冲模刃口从刃磨后到下次刃磨所能加工的制件数称为刃磨寿命。

送料方向：毛坯或条料进入模具的方向。

附录二 普通非合金钢冷轧与热轧薄板的厚度公差

附表1　　　　普通非合金钢冷轧与热轧薄板的厚度公差　　　　mm

钢板厚度	A(高级精度)	B(较高精度)	C(普通精度)	
	冷轧优质钢板	普通优质钢板		
		冷轧和热轧	热轧	
	全部宽度		宽度<1 000	宽度≥1 000
0.2、0.25、0.30、0.35、0.40	±0.03	±0.04	±0.06	±0.06
0.45、0.50	±0.04	±0.05	±0.07	±0.07
0.55、0.60	±0.05	±0.06	±0.08	±0.08
0.65、0.70、0.75	±0.06	±0.07	±0.09	±0.09
0.80、0.90	±0.06	±0.08	±0.10	±0.10
1.0、1.1	±0.07	±0.09	±0.12	±0.12
1.2	±0.09	±0.11	±0.13	±0.13
1.25、1.30、1.40	±0.10	±0.12	±0.15	±0.15
1.5	±0.11	±0.12	±0.15	±0.15
1.6、1.8	±0.12	±0.14	±0.16	±0.16
2.0	±0.13	±0.15	+0.15 −0.18	±0.18
2.2	±0.14	±0.16	+0.15 −0.19	±0.19
2.5	±0.15	±0.17	+0.16 −0.20	±0.20
2.8、3.0	±0.16	±0.18	+0.17 −0.22	±0.22
3.2、3.5	±0.18	±0.20	+0.18 −0.25	±0.25
3.8、4.9	±0.20	±0.22	+0.20 −0.30	±0.30

附录三　标准公差数值(GB/ T 1800.1—2020)

附表 2　　　　　　　　标准公差数值(GB/ T 1800.1—2020)

公称尺寸/mm		公差等级																			
大于	至	IT01	IT0	IT1	IT2	IT3	IT4	IT5	IT6	IT7	IT8	IT9	IT10	IT11	IT12	IT13	IT14	IT15	IT16	IT17	IT18
		μm													mm						
—	3	0.3	0.5	0.8	1.2	2	3	4	6	10	14	25	40	60	0.1	0.14	0.25	0.4	0.6	1	1.4
3	6	0.4	0.6	1	1.5	2.5	4	5	8	12	18	30	48	75	0.12	0.18	0.3	0.48	0.75	1.2	1.8
6	10	0.4	0.6	1	1.5	2.5	4	6	9	15	22	36	58	90	0.15	0.22	0.36	0.58	0.9	1.5	2.2
10	18	0.5	0.8	1.2	2	3	5	8	11	18	27	43	70	110	0.18	0.27	0.43	0.7	1.1	1.8	2.7
18	30	0.6	1	1.5	2.5	4	6	9	13	21	33	52	84	130	0.21	0.33	0.52	0.84	1.3	2.1	3.3
30	50	0.6	1	1.5	2.5	4	7	11	16	25	39	62	100	160	0.25	0.39	0.62	1	1.6	2.5	3.9
50	80	0.8	1.2	2	3	5	8	13	19	30	46	74	120	190	0.3	0.46	0.74	1.2	1.9	3	4.6
80	120	1	1.5	2.5	4	6	10	15	22	35	54	87	140	220	0.35	0.54	0.87	1.4	2.2	3.5	5.4
120	180	1.2	2	3.5	5	8	12	18	25	40	63	100	160	250	0.4	0.63	1	1.6	2.5	4	6.3
180	250	2	3	4.5	7	10	14	20	29	46	72	115	185	290	0.46	0.72	1.15	1.85	2.9	4.6	7.2
250	315	2.5	4	6	8	12	16	23	32	52	81	130	210	320	0.52	0.81	1.3	2.1	3.2	5.2	8.1
315	400	3	5	7	9	13	18	25	36	57	89	140	230	360	0.57	0.89	1.4	2.3	3.6	5.7	8.9
400	500	4	6	8	10	15	20	27	40	63	97	155	250	400	0.63	0.97	1.55	2.5	4	6.3	9.7
500	630			9	11	16	22	32	44	70	110	175	280	440	0.7	1.1	1.75	2.8	4.4	7	11
630	800			10	13	18	25	36	50	80	125	200	320	500	0.8	1.25	2	3.2	5	8	12.5
800	1000			11	15	21	28	40	56	90	140	230	360	560	0.9	1.4	2.3	3.6	5.6	9	14
1000	1250			13	18	24	33	47	66	105	165	260	420	660	1.05	1.65	2.6	4.2	6.6	10.5	16.5
1250	1600			15	21	29	39	55	78	125	195	310	500	780	1.25	1.95	3.1	5	7.8	12.5	19.5
1600	2000			18	25	35	46	65	92	150	230	370	600	920	1.5	2.3	3.7	6	9.2	15	23
2000	2500			22	30	41	55	78	110	175	280	440	700	1100	1.75	2.8	4.4	7	11	17.5	28
2500	3150			26	36	50	68	96	135	210	330	540	860	1350	2.1	3.3	5.4	8.6	13.5	21	33

附录四　冲模零件材料及其热处理

附表 3　　　　　　　　　　　　　　　　冲模零件材料及其热处理

零件名称		材料	热处理硬度（HRC）	
			凸模	凹模
冲裁模的凸模、凹模、凸凹模及镶件	$t\leqslant 3$ mm，形状简单	T10A、9Mn2V	58～60	60～62
	$t\leqslant 3$ mm，形状复杂	CrWMn、Cr12、Cr12MoV、Cr6WV	58～60	60～62
	$t>3$ mm，高强度材料冲裁	Cr6WV、CrWMn、9SiCr	54～56	56～58
		65Cr4W3Mo2VNb(65Nb)	56～58	58～60
	硅钢板冲裁	Cr12MoV、Cr4W2MoV	60～62	61～63
		GT35、GT33、TLMW50 YG15、YG20	66～68	66～68
	特大批量($t\leqslant 2$ mm)	GT35、GT33、TLMW50 YG15、YG20	66～68	66～68
	细长凸模	T10A、CrWMn	56～60，尾部回火 40～50	
		9Mn2V、Cr12、Cr12MoV	59～62，尾部回火 40～50	
	精密冲裁	Cr12MoV、W18Cr4V	58～60	62～64
	大型模镶件	T10A、9Mn2V	58～60	
		Cr12MoV	60～62	
上、下模座		HT400、ZG310～ZG570、Q235、45	材料为 45 时调质 28～32	
普通模柄		Q235	43～48	
浮动模柄		45		
滑动导柱导套		20	56～62	
滚动导柱导套		GCr15	62～66	
固定板、卸料板、推件板、顶板、侧压板、始用挡块		45	43～48	
承料板		Q235	—	
导料板		Q235、45	材料为 45 时调质 28～32	
一般垫板、重载垫板		45	43～48	
		T7A、9Mn2V	52～55	
		CrWMn、Cr6WV、Cr12MoV	60～62	
一般顶杆、推杆		45	43～48	
重载拉杆、打棒		Cr6WV、CrWMn	56～60	
挡料销、导料销		45	43～48	
导正销		T10A	50～54	
		Cr6WV、Cr12	52～56	
侧刃		T10A、Cr6WV	58～60	
		9Mn2V、Cr12	58～62	
废料切刀		T8A、T10A、9Mn2V	58～60	

零件名称	材料	热处理硬度（HRC）	
		凸模	凹模
侧刃挡块	45	43～48	
	T8A、T10A、9Mn2V	58～60	
斜楔、滑块、导向块	T8A、T10A、Cr6WV、CrWMn	58～62	
限位块（圈）	45	43～48	
锥面压圈、凸球面垫块	45	43～48	
支承块、支承圈	Q235	—	
钢球保持圈	2A11、H62	—	
弹簧、簧片	65Mn、60Si2MnA	42～46	
扭簧	65Mn	44～50	
销钉	45	43～48	
	T7A	50～55	
螺钉、卸料螺钉	45	35～40	
螺母、垫圈、压圈	Q235、45	材料为 45 时为 43～48	

附录五　冲裁金属材料的搭边值

附表 4　　　　　　　　冲裁金属材料的搭边值（适用于大零件）

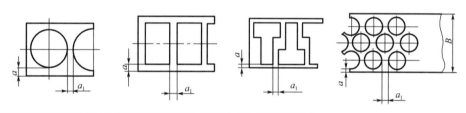

材料厚度 t	手工送料						自动送料	
	圆形		非圆形		往复送料			
	a	a_1	a	a_1	a	a_1	a	a_1
<1	1.5	1.5	2	1.5	3	2	—	—
1～2	2	1.5	2.5	2	3.5	2.5	3	2
1～2	2.5	2	3	2.5	4	3.5	—	—
1～2	3	2.5	3.5	3	5	4	4	3
1～2	4	3	5	4	6	5	5	4
1～2	5	4	6	5	7	6	6	5
1～2	6	5	7	6	8	7	7	6
>8	7	6	8	7	9	8	8	7

注：①冲裁非金属材料（皮革、纸板、石棉板等）时，搭边值应乘以 1.5～2。

　　②有侧刃的搭边 $a'=0.75a$。